普通高等学校"十三五"规划教材

JISUANJI YINGYONG JICHU
计算机应用基础
（Windows 7＋Office 2010）

主　编　詹金珍
编　者　詹金珍　崔　岩　张淑丽
　　　　苏智华　麻小娟　党建林

西北工业大学出版社

【内容简介】 本书以计算机应用基础的基本操作方法与技巧为培养目标,以任务驱动教学思想为指导,突出上机训练操作技巧。

本书共分7章,分别介绍了计算机办公自动化的 Windows 7 操作系统、文字处理软件 Word 2010、表格处理软件 Excel 2010、演示文稿 PowerPoint 2010 和常用软件等,并精选了 15 个上机的实训项目。

本书可作为高等院校的计算机应用基础课程和各层次职业培训的教材,同时也可供其他办公人员参考。

图书在版编目(CIP)数据

计算机应用基础:Windows 7+Office 2010/詹金珍主编. —西安:西北工业大学出版社,2016.8(2021.8 重印)

ISBN 978-7-5612-4875-1

Ⅰ. ①计… Ⅱ. ①詹… Ⅲ. ①Windows 操作系统—高等学校—教材②办公自动化—应用软件—高等学校—教材 Ⅳ. ①TP316.7②TP317.1

中国版本图书馆 CIP 数据核字(2016)第 184439 号

出版发行:西北工业大学出版社
通信地址:西安市友谊西路 127 号　邮编:710072
电　　话:(029)88493844　88491757
网　　址:www.nwpup.com
印 刷 者:兴平市博闻印务有限公司
开　　本:787 mm×1 092 mm　1/16
印　　张:17.25
字　　数:420 千字
版　　次:2016 年 8 月第 1 版　2021 年 8 月第 6 次印刷
定　　价:49.00 元

前　言

　　计算机应用基础是一门实践性很强的课程，重点在于培养学生的计算机操作能力。在实践中掌握计算机的基本操作，训练操作技巧，并逐步理解和掌握计算机办公自动化的操作技巧和方法。

　　本书按照计算机应用基础的教学规律精心设计内容和结构，并结合笔者 10 余年的教学经验进行内容的设计，力争结构合理，难易适中，突出培养学生操作能力和应用办公自动化的实际能力。

　　本书的特点是以计算机应用基础的基本操作方法与技巧为培养目标，以任务驱动教学思想为指导，突出操作的教育特点。书中包含 15 个上机实训项目，图文并茂，实用性强，强调上机训练操作技巧。通过精选的习题和实训的学习，读者可掌握计算机办公自动化的基本操作方法和技巧。

　　本书内容共分为 7 章。第 1 章是计算机基础知识，主要讲述计算机的发展、分类，计算机系统的组成，计算机的工作原理和微型计算机系统；第 2 章是数据在计算机中的表示，主要讲述计算机中数据的表示与编码；第 3 章是 Windows 7 操作系统，主要讲述操作系统的应用和操作；第 4 章是文字处理软件 Word，主要讲述 Word 2010 的基本操作和应用；第 5 章是表格处理软件 Excel，主要讲述 Excel 2010 的基本操作和应用；第 6 章是演示文稿制作软件 PowerPoint，主要讲述 PowerPoint 2010 的基本操作和应用；第 7 章是常用软件，主要讲述多米音乐播放软件、金山词霸翻译软件、WinRAR 解压缩软件和迅雷下载软件的基本操作和应用。

　　全书由詹金珍规划和统稿，由西北工业大学计算机学院李伟华教授审定。第 1～3 章由詹金珍编写，第 4,5 章由崔岩编写，第 6 章由张淑丽编写，第 7 章由苏智华编写；第 1,3,4 章的实训由麻小娟编写，第 5,6 章的实训由党建林编写。

　　编写本书曾参阅了相关文献资料，在此，谨向其作者深表谢意。

　　由于水平有限，书中疏漏或不足之处，敬请读者批评与指正。

编　者
2016 年 4 月

目 录

第 1 章 计算机基础知识 ··· 1
   1.1 计算机概述 ··· 1
   1.2 计算机系统的组成 ·· 5
   1.3 计算机的工作原理 ··· 10
   1.4 微型计算机系统 ·· 12
   1.5 实训内容 ··· 18
   习题 ··· 21

第 2 章 数据在计算机中的表示 ·· 22
   2.1 计算机中的数制 ·· 22
   2.2 数据与编码 ·· 25
   2.3 数据在计算机中的表示 ·· 28
   习题 ··· 31

第 3 章 Windows 7 操作系统 ·· 32
   3.1 Windows 7 操作系统简介 ·· 32
   3.2 Windows 7 的基本操作 ··· 35
   3.3 Windows 7 个性化设置 ··· 39
   3.4 管理文件和文件夹 ··· 50
   3.5 磁盘管理 ··· 56
   3.6 Windows 7 的常用附件 ··· 60
   3.7 Windows 7 控制面板 ·· 64
   3.8 实训内容 ··· 67
   习题 ··· 80

第 4 章 文字处理软件 Word 2010 ··· 82
   4.1 基本操作 ··· 82
   4.2 文本基本操作 ··· 88

  4.3 文档编辑 ……………………………………………………………………… 92
  4.4 表格基本操作 …………………………………………………………… 99
  4.5 插入图片与绘图 ………………………………………………………… 107
  4.6 页面输出设置 …………………………………………………………… 120
  4.7 实训内容 ………………………………………………………………… 124
  习题 ……………………………………………………………………………… 135

第 5 章 表格处理软件 Excel 2010 …………………………………………… 143
  5.1 Excel 的基本概念 ……………………………………………………… 143
  5.2 工作表和单元格的基本操作 …………………………………………… 146
  5.3 表格的外观设计 ………………………………………………………… 155
  5.4 Excel 2010 的公式与函数 ……………………………………………… 162
  5.5 数据分析管理工具 ……………………………………………………… 170
  5.6 工作表的打印输出 ……………………………………………………… 179
  5.7 实训内容 ………………………………………………………………… 181
  习题 ……………………………………………………………………………… 195

第 6 章 演示文稿制作软件 PowerPoint 2010 ………………………………… 203
  6.1 PowerPoint 2010 的基本介绍 ………………………………………… 203
  6.2 演示文稿的创建 ………………………………………………………… 206
  6.3 幻灯片内容的创建与编辑 ……………………………………………… 212
  6.4 幻灯片的设计 …………………………………………………………… 225
  6.5 演示文稿的放映 ………………………………………………………… 230
  6.6 演示文稿的打包与打印 ………………………………………………… 234
  6.7 实训内容 ………………………………………………………………… 241
  习题 ……………………………………………………………………………… 249

第 7 章 常用软件 …………………………………………………………………… 253
  7.1 音频播放软件 …………………………………………………………… 253
  7.2 汉化翻译软件 …………………………………………………………… 256
  7.3 压缩与解压缩软件 ……………………………………………………… 258
  7.4 下载软件 ………………………………………………………………… 261
  7.5 实训内容 ………………………………………………………………… 264

参考文献 ………………………………………………………………………………… 269

第1章 计算机基础知识

计算机(Computer)俗称为电脑。如今,计算机已成为人们学习、工作和生活不可或缺的工具。因此,掌握计算机的使用方法成为人们不可缺少的基本技能。本章主要介绍计算机的发展史、特点、分类、应用,计算机系统的组成、工作原理以及微型计算机系统。

知识要点

- 计算机概述。
- 计算机系统的组成。
- 计算机的工作原理。
- 微型计算机系统。

1.1 计算机概述

计算机是一种用于高速计算的电子计算机器,可以进行数值计算,又可以进行逻辑计算,还具有存储记忆功能。它是能够按照程序运行,自动、高速处理海量数据的现代化智能电子设备。计算机由硬件系统和软件系统所组成,没有安装任何软件的计算机称为裸机。计算机可分为超级计算机、工业控制计算机、网络计算机、个人计算机、嵌入式计算机5类,较先进的计算机有生物计算机、光子计算机、量子计算机等。

1.1.1 计算机发展简史

1946年2月14日,由美国军方定制的世界上第一台电子计算机"电子数字积分计算机"(Electronic Numerical Integrator and Calculator,ENIAC)在美国宾夕法尼亚大学问世了。ENIAC(中文名:埃尼阿克)是美国奥伯丁武器试验场为了满足计算弹道需要而研制成的,这台计算器使用了17 840支电子管,大小为80ft×8ft,重达28t,功耗为170kW,其加法运算速度为5 000次/s,造价约为487 000美元,如图1.1所示。ENIAC的问世具有划时代的意义,表明电子计算机时代的到来。在以后几十年里,计算机技术以惊人的速度发展,没有任何一门技术的性能价格比能在30年内增长6个数量级。计算机的发展历程大约可以分为四代。

图1.1 ENIAC

1. 第一代电子管计算机(1946—1958年)

第一代计算机在硬件方面,逻辑元件采用的是真空电子管,主存储器采用汞延迟线、阴极射线示波管静电存储器、磁鼓、磁芯;外存储器采用的是磁带。软件方面采用的是机器语言、汇编语言。其应用领域以军事和科学计算为主。

其特点是体积大、功耗高、可靠性差、速度慢(一般为每秒数千次至数万次)、价格昂贵,但为以后的计算机发展奠定了基础。

2. 第二代晶体管计算机(1958—1964 年)

第二代计算机在硬件方面采用的是操作系统。软件方面采用的是高级语言及其编译程序。应用领域以科学计算和事务处理为主,并开始进入工业控制领域。其特点是体积缩小、能耗降低、可靠性提高、运算速度提高(一般为数十万次每秒,可高达 300 万次每秒)、性能比第一代计算机有很大的提高。

3. 第三代中、小规模集成电路计算机(1964—1970 年)

第三代计算机在硬件方面,逻辑元件采用中、小规模集成电路(MSI、SSI),主存储器仍采用磁芯。软件方面出现了分时操作系统以及结构化、规模化程序设计方法。其特点是速度更快(一般为数百万次至数千万次每秒),而且可靠性有了显著提高,价格进一步下降,产品走向了通用化、系列化和标准化等。其应用领域开始进入文字处理和图形图像处理领域。

4. 第四代大规模集成电路计算机(1970 年至今)

第四代计算机在硬件方面,逻辑元件采用大规模和超大规模集成电路(LSI 和 VLSI)。软件方面出现了数据库管理系统、网络管理系统和面向对象语言等。1971 年世界上第一台微处理器在美国硅谷诞生,开创了微型计算机的新时代。其应用领域从科学计算、事务管理、过程控制逐步走向家庭。

1.1.2 计算机的特点

1. 运算速度快

计算机能以极快的速度进行计算。现代普通的微型计算机每秒可执行几十万条指令,数据处理的速度相当快,是其他任何工具无法比拟的。而巨型机数据处理速度则达到几十亿次每秒甚至数百亿次每秒。随着计算机技术的发展,计算机的运算速度还在提高。例如天气预报,由于需要分析大量的气象资料数据,单靠手工计算是不可能的,而用巨型计算机只需十几分钟就可以完成。

2. 具有存储与记忆能力

计算机的存储器类似于人的大脑,可以"记忆"(存储)大量的数据和计算机程序。现代计算机的存储系统由内存和外存组成,内存容量已达上百兆甚至几千兆字节,而外存也有惊人的容量。

3. 具有逻辑判断能力

人是有思维能力的,而思维能力本质上是一种逻辑判断能力。计算机借助于逻辑运算,可以进行逻辑判断,并根据判断结果自动地确定下一步该做什么。具有可靠逻辑判断能力是计算机能实现信息处理自动化的重要原因。能进行逻辑判断,使计算机不仅能对数值数据进行计算,也能对非数值数据进行处理,使计算机能广泛应用于非数值数据处理领域,如信息检索、图形识别以及各种多媒体应用等。

4. 自动化程度高

计算机能在程序控制下自动连续地高速运算。由于采用存储程序控制的方式,因此利用计算机解决问题时,人们启动计算机输入编制好的程序以后,计算机可以自动执行,一般不需要人直接干预运算、处理和控制过程。

5. 运算精度高

电子计算机具有以往计算机无法比拟的计算精度,目前已达到小数点后上亿位的精度。

6. 可靠性高

随着微电子技术和计算机技术的发展,现代电子计算机连续无故障运行时间可达到几十万小时以上,具有极高的可靠性。例如,安装在宇宙飞船上的计算机可以连续可靠地运行几年时间。计算机应用在管理中也具有很高的可靠性,而人却很容易因疲劳而出错。另外,计算机对于不同的问题,只是执行的程序不同,因而具有很强的稳定性和通用性。用同一台计算机能解决各种问题,应用于不同的领域。

微型计算机除了具有上述特点外,还具有体积小、质量轻、耗电少、维护方便、可靠性高、易操作、功能强、使用灵活、价格便宜等特点。计算机还能代替人做许多复杂繁重的工作。

1.1.3 计算机的分类

由于计算机的种类繁多,故目前对计算机的分类尚无统一的标准,有的按照计算机的应用范围来分类,有的则按计算机的性能和规模分类。按照计算机的性能和规模分类,计算机可以分为巨型计算机、大型主机、小巨型计算机、小型计算机、工作站和微型计算机六大类。

1. 巨型计算机

巨型计算机亦称为超级计算机(Super Computer),是计算机家族中功能最强、运算速度最高、存储容量和体积最大、价格最昂贵的一类计算机。其主要用于国家级高科技领域和国防尖端技术研究中。例如 2010 年国防科技大学研制的"天河 1 号"巨型计算机的持续计算速度达到 2.566 亿亿次每秒双精度浮点运算、2013 年国防科技大学研制的"天河 2 号"巨型计算机的持续计算速度达到 3.386 亿亿次每秒双精度浮点运算。

2. 大型主机

国外习惯上将大型计算机(Main Frame)称为主机,它是通用系列计算机中的高端机种。其性能仅次于巨型计算机,支持批处理、分时处理、并行处理等,通常用于大型企业、商业管理、高等院校、石油勘测、气象部门以及地球物理研究中。

3. 小巨型计算机

小巨型计算机是新发展起来的小型超级计算机,又称桌面型超级计算机。它可以使巨型计算机缩小成微型计算机大小,又具备超级计算机的性能,使之具有较高的性能价格比。

4. 小型计算机

与大型计算机相比,小型计算机规模小、结构相对简单、价格便宜、维修使用方便,多用于大型数据库和联机事务处理,如工业控制、科研机构、高等院校等。

5. 工作站

工作站是界于小型计算机和微型计算机之间的一种高档台式计算机。工作站大都配置有高分辨率的大显示器和大容量的存储器以及 Unix 操作系统。它功能强、速度快,主要用于图形处理和计算机辅助设计中,所以常称之为图小型工作站。注意,这里的工作站与网络中的"工作站(客户机)"两者的概念是不同的。

6. 微型计算机

微型计算机是为一个用户使用而设计的计算机,又称为 PC。它是目前应用最多的价格低廉的计算机。

1.1.4 计算机的应用

进入 20 世纪 90 年代以来,计算机技术作为科技的先导技术之一得到了飞跃发展,超级并行计算机技术、高速网络技术、多媒体技术、人工智能技术等相互渗透,改变了人们使用计算机的方式,从而使计算机几乎渗透到人类生产和生活的各个领域,对工业和农业都有极其重要的影响。计算机的应用范围归纳起来主要有下述六方面。

1. 科学计算

科学计算亦称数值计算,是指用计算机完成科学研究和工程技术中所提出的数学问题。计算机作为一种计算工具,科学计算是它最早的应用领域,也是计算机最重要的应用之一。在科学技术和工程设计中存在大量的各类数字计算,如求解几百乃至上千阶的线性方程组、大型矩阵运算等。这些问题广泛出现在医药卫生、生物技术、导弹实验、卫星发射、灾情预测等领域,其特点是数据量大、计算工作复杂。在数学、物理、化学、天文等众多学科的科学研究中,经常遇到许多数学问题,这些问题用传统的计算工具是难以完成的,有时人工计算需要几个月、几年,而且不能保证计算准确,使用计算机则只需要几天、几小时甚至几分钟就可以精确地解决。所以,计算机是发展现代尖端科学技术必不可少的重要工具。

2. 数据处理

数据处理又称信息处理,它是指信息的收集、分类、整理、加工、存储等一系列活动的总称。所谓信息,是指可被人类感受的声音、图像、文字、符号、语言等。计算机还可以进行非科技工程方面的数据计算,管理和操纵任何形式的数据资料。其特点是要处理的原始数据量大,而运算比较简单,有大量的逻辑与判断运算。据统计,目前在计算机应用中,数据处理所占的比例最大。其应用领域十分广泛,如人口统计、休闲娱乐、企业管理、电子商务、电子通信、情报检索、QQ 和微信、医药卫生等。

3. 计算机辅助设计

(1)计算机辅助设计(Computer Aided Design,CAD)。计算机辅助设计是指使用计算机的计算、逻辑判断等功能,帮助人们进行产品和工程设计。它能使设计过程自动化,设计合理化、科学化、标准化,大大缩短设计周期,以增强产品在市场上的竞争力。CAD 技术已广泛应用于建筑工程设计、服装设计、机械制造设计、船舶设计等行业。使用 CAD 技术可以提高设计质量,缩短设计周期,提高设计自动化水平。

(2)计算机辅助制造(Computer Aided Manufacturing,CAM)。计算机辅助制造是指利用计算机通过各种数值控制生产设备,完成产品的加工、装配、检测、包装等生产过程的技术。将 CAD 进一步集成形成了计算机集成制造系统 CIMS,从而实现设计生产自动化。利用 CAM

可提高产品质量,降低成本和降低劳动强度。

(3)计算机辅助教学(Computer Aided Instruction,CAI)。计算机辅助教学是指将教学内容、教学方法以及学生的学习情况等存储在计算机中,帮助学生轻松地学习所需要的知识。它在现代教育技术中起着相当重要的作用。

除了上述计算机辅助技术外,还有其他的辅助功能,如计算机辅助出版、计算机辅助管理、计算机辅助绘制和辅助排版等。

4. 过程控制

过程控制亦称实时控制,是用计算机及时采集数据,按最佳值迅速对控制对象进行自动控制或自动调节。利用计算机进行过程控制,不仅大大提高了控制的自动化水平,而且大大提高了控制的及时性和准确性。

过程控制的特点是及时收集并检测数据,按最佳值调节控制对象。在电力、机械制造、化工、冶金、交通等部门采用过程控制,可以提高劳动生产效率、产品质量、自动化水平和控制精确度,减少生产成本,减轻劳动强度。在军事上,可使用计算机实时控制导弹根据目标的移动情况修正飞行姿态,以准确击中目标。

5. 人工智能

人工智能(Artificial Intelligence,AI)是用计算机模拟人类的智能活动,如判断、理解、学习、图像识别、问题求解等。它涉及计算机科学、信息论、仿生学、神经学和心理学等诸多学科。在人工智能中,最具代表性、应用最成功的两个领域是专家系统和机器人。

计算机专家系统是一个具有大量专门知识的计算机程序系统。它总结了某个领域的专家知识而构建了知识库。根据这些知识,系统可以对输入的原始数据进行推理,做出判断和决策,以回答用户的咨询,这是人工智能的一个成功的例子。

机器人是人工智能技术的另一个重要应用。目前,世界上有许多机器人工作在各种恶劣环境,如高温、高辐射、剧毒等。机器人的应用前景非常广阔。现在有很多国家正在研制机器人。

6. 计算机网络

计算机的超级处理能力与通信技术结合起来就形成了计算机网络。人们熟悉的全球信息查询、邮件传送、电子商务、物联网等都是依靠计算机网络来实现的。计算机网络已进入到了千家万户,给人们的生活带来了极大的方便。

1.2 计算机系统的组成

随着计算机技术的快速发展,计算机应用已渗透到社会的各个领域。为了更好地使用计算机,必须对计算机系统有个全面的了解。

1.2.1 计算机系统的组成

一个完整的计算机系统是由硬件系统和软件系统两部分组成的,如图1.2所示。

组成一台计算机的物理设备的总称叫做计算机硬件系统,是计算机工作的基础。指挥计算机工作的各种程序的集合称为计算机软件系统,是计算机的灵魂,是控制和操作计算机工作的核心。计算机通过执行程序而运行,计算机工作是软件、硬件协同工作,二者缺一不可。

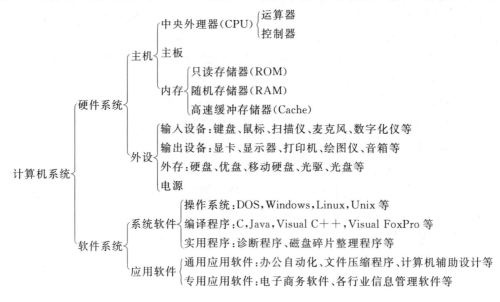

图 1.2　计算机系统组成

1.2.2　计算机硬件系统

计算机硬件(Computer Hardware)是指计算机系统所包含的如运算器、控制器、主板、内存、硬盘、显卡、显示器、键盘、鼠标、声卡、电源、机箱等。每个功能部件各司其职、协调工作。

计算机的工作过程就是执行程序的过程。怎样组织程序,涉及计算机体系结构问题。美籍匈牙利数学家冯·诺依曼(John von Neumann)提出了"计算机要处理的程序和数据先放在存储器中,在计算机运算过程中,由存储器按事先编好的程序,快速地提供给微处理器进行处理,在处理当中不需要用户干预"的原理。从计算机的产生发展到今天,各种类型的计算机都是基于冯·诺依曼思想而设计的。以此"存储概念"为基础的各类计算机称为冯·诺依曼计算机,奠定了现代计算机的基本结构,这一结构又称冯·诺依曼结构。冯·诺依曼在计算机逻辑结构设计上的伟大贡献,使他被誉为"计算机之父"。计算机硬件的主要特点可以归纳为:

(1)计算机的硬件系统由 5 部件组成:运算器、控制器、存储器、输入设备和输出设备,其结构如图 1.3 所示。

(2)使用单一的处理部件来完成计算、存储以及通信的工作。

(3)采用二进制形式表示数据和指令。

(4)在执行程序和处理数据时,必须将程序和数据从外存储器装入主存储器中,然后才能使计算机在工作时自动调整从存储器中取出指令并加以执行。

(5)存储空间的单元是直接寻址的。

(6)存储单元是定长的线性组织。

(7)使用低级机器语言,指令通过操作码来完成简单的操作。

(8)对计算进行集中的顺序控制。

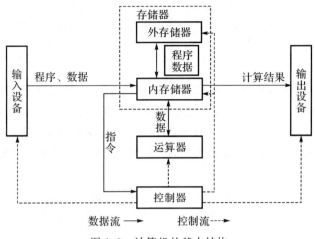

图 1.3 计算机的基本结构

1. 运算器

运算器(Arithmetic Unit)是指计算机中执行各种算术和逻辑运算操作的部件,运算器又称算术逻辑部件(ALU)。运算器是由算术逻辑单元、累加寄存器、数据缓冲寄存器和状态条件寄存器组成,它是数据加工处理部件。

计算机中最主要的工作是运算,大量的数据运算任务是在运算器中进行的。运算器的基本操作包括加、减、乘、除四则运算,与、或、非、异或等逻辑操作,以及移位、比较和传送等操作。计算机运行时,运算器接受控制器的命令而进行动作,运算器所进行的全部操作和操作种类是由控制器发出的控制信号来指挥的,所以它是执行部件。运算器处理的数据来自存储器;处理后的结果数据通常送回存储器,或暂时寄存在运算器中。

2. 控制器

控制器是对输入的指令进行分析,并统一控制计算机的各个部件完成一定任务的部件。控制器由指令寄存器、指令译码器、定时与控制电路、程序计数器、标志寄存器、堆栈和堆栈指针、寄存器组等构成。控制器是计算机的控制中心,它决定了计算机运行过程的自动化。它不仅要保证程序的正确执行,而且要能够处理异常事件。控制器一般包括指令控制逻辑、时序控制逻辑、总线控制逻辑、中断控制逻辑等几部分。控制器的功能是依次从存储器中取出指令、分析指令、向其他部件发出控制信号、指挥计算机各部件协同工作。

3. 存储器

存储器是用来存储程序和数据的部件。对于计算机来说,有了存储器,有了记忆功能,才能保证正常工作。存储器的种类很多,按其用途可分为主存储器和辅助存储器,主存储器又称内存储器(简称内存),辅助存储器又称外存储器(简称外存)。

(1)外存。外存通常是磁性介质(如硬盘、优盘、移动硬盘等)或光盘,能长期保存信息,并且不依赖于电来保存信息,但是由机械部件带动,速度与 CPU 相比就显得慢得多。

(2)内存。内存是指主板上的内存条存储部件,是 CPU 直接与之沟通,并用其存储数据的部件,存放当前正在使用的(即执行中)的数据和程序。内存的物理实质就是一组或多组具备数据输入、输出和数据存储功能的集成电路,内存只用于暂时存放程序和数据,一旦关闭电源或发生断电,其中的程序和数据就会丢失。

内存的主要作用是存放计算机系统执行程序时所需要的数据,存放各种输入、输出数据和中间计算结果,以及与外部存储器交换信息时作为缓冲用。内存的品质直接关系计算机系统的速度、稳定性和兼容性。

内存又分为以下三类:

1)只读存储器(Read Only Memory,ROM):主要用于存放计算机固化的控制程序,只能读出原有的内容,不能由用户再写入新内容。原来存储的内容是由厂家一次性写入的,并永久保存下来,如主板的 BIOS 程序、显卡 BIOS 控制程序、硬盘控制程序等。CPU 对于 ROM 只取不存。ROM 的典型特点是一旦将数据写入 ROM 后,即使在断电的情况下也能够永久地保存数据。

2)随机存储器(Random Access Memory,RAM):是指计算机的主存,CPU 即可从中读出数据又可向它写入数据。RAM 的最大特点是计算机可以随时改变 RAM 中的数据,并且一旦断电,RAM 中数据就会立即丢失。

3)高速缓冲存储器(Cache):是指存取速度比一般随机存取记忆体(RAM)来得快的一种RAM,一般而言,它不像系统主记忆体那样使用 DRAM 技术,而使用昂贵但较快速的 SRAM技术,也有快取记忆体的名称。

高速缓冲存储器是存在于主存与 CPU 之间的一级存储器,由静态存储芯片(SRAM)组成,容量比较小,但速度比主存高得多,接近于 CPU 的速度。在计算机存储系统的层次结构中,高速缓冲存储器是介于中央处理器和主存储器之间的高速小容量存储器。它和主存储器一起构成一级的存储器。高速缓冲存储器和主存储器之间信息的调度和传送是由硬件自动进行的。高速缓冲存储器最重要的技术指标是它的命中率。

4. 输入设备

输入设备(Input Device)是指向计算机输入数据和信息的设备,是计算机与用户或其他设备通信的桥梁。输入设备是用户和计算机系统之间进行信息交换的主要装置之一。键盘、鼠标、摄像头、扫描仪、光笔、手写输入板、数字化仪、游戏杆和语音输入装置等都属于输入设备。输入设备是人或外部与计算机进行交互的一种装置,用于把原始数据和处理这些数据的程序输入到计算机中,并将它们转换为计算机可以识别的形式(二进制)存放在内存中。计算机能够接收各种各样的数据,既可以是数值型的数据,也可以是各种非数值型的数据,如图形、图像、声音等都可以通过不同类型的输入设备输入到计算机中,进行存储、处理和输出。

5. 输出设备

输出设备(Output Device)是计算机硬件系统的终端设备,用于计算机数据的输出,如显示图像、打印、发出声音、控制外围设备操作等,把各种计算结果数据或信息转变为人们能接受的数字、字符、图像、声音等形式表现出来。常见的输出设备有显示器、打印机、绘图仪、影像输出系统、语音输出系统、磁记录设备等。

输入设备和输出设备简称为 I/O(Input/Output)设备。

1.2.3 计算机软件系统

计算机软件(Computer Software)是相对于硬件而言的,它包括计算机运行所需的各种程序、数据及其有关技术文档。程序是计算任务的处理对象和处理规则的描述,文档是为了便于了解程序所需的阐明性资料。程序必须装入机器内部才能工作,文档一般是供人们阅读的,不一定装入机器。只有硬件而没有任何软件支持的计算机称为裸机。在裸机上只能运行机器语言程序,使用很不方便,效率也低。

硬件是软件赖以运行的物质基础,软件是计算机的灵魂,是发挥计算机功能的关键。有了软件,人们可以不必过多地去了解机器本身的结构与原理而方便、灵活地使用计算机。因此,一个性能优良的计算机硬件系统能否发挥其应有的作用,很大程度上取决于所配置的软件性能是否可靠和完善。软件不仅提高了设备的效率、扩展了硬件的功能,也方便了用户的使用。

根据软件用途一般可将其分为系统软件和应用软件两大类。

1. 系统软件

系统软件是指控制计算机的运行,管理计算机的各种资源并为应用软件提供支持和服务的一类软件。系统软件是最靠近硬件的一层,如操作系统、编译程序、应用程序等。其他软件都是经过系统软件发挥作用的。

(1) 操作系统。操作系统(Operating System,OS)是管理和控制计算机硬件与软件资源的计算机程序,是直接运行在"裸机"上的最基本的系统软件,其他软件都必须在操作系统的支持下才能运行。

操作系统是用户和计算机的接口,同时也是计算机硬件和其他软件的接口。操作系统的功能包括管理计算机系统的硬件、软件及数据资源,控制程序运行,改善人—机界面,为其他应用软件提供支持,让计算机系统所有资源最大限度地发挥作用,提供各种形式的用户界面,使用户有一个好的工作环境,为其他软件的开发提供必要的服务和相应的接口等。实际上,用户是不用接触操作系统的,操作系统管理着计算机硬件资源,同时按照应用程序的资源请求,分配资源,如划分CPU时间,内存空间的开辟,调用打印机等。

目前典型的操作系统有Windows,Linux,Unix等。

(2) 编译程序。

1) 程序设计语言。程序设计语言是人与计算机交流的工具,是用来书写计算机程序的工具,也可以用不同语言(如C语言、Java语言、Visual C++语言、Visual FoxPro语言等)来进行描述。只有用计算机指令编写的程序才能被计算机直接执行,其他计算机语言编写的程序还需要经过中间的编译过程。按照程序设计语言发展的过程,程序设计语言大概分为三类。

机器语言。机器语言是由二进制代码0,1按一定规则组成的、能被机器直接理解和执行的指令集合。由于机器语言随机而异、通用性差,同时只适合专业人员使用,因此,现在已经没有人用机器语言直接编程了。

汇编语言。汇编语言使用一些反映指令功能的助记符来代替机器语言中的指令和数据,对实时性要求较高的过程控制等,仍采用汇编语言。但汇编语言的可读性和通用性差,从而出现了高级语言。

高级语言。高级语言是一种让计算机直接理解人的自然语言,不必了解机器的指令系统,如C语言、Java语言、Visual C++语言、Visual FoxPro语言等。

2) 编译程序。用高级语言编写的程序,计算机都不能直接执行,这种程序称为源程序。编译程序是指对整个源程序进行编译处理,产生一个与源程序等价的目标程序,再通过"链接程序"将目标程序与有关的程序库组合成一个完整的"可执行程序"。产生的可执行程序可以脱离编译程序和源程序独立存在,并可反复使用。

(3) 应用程序。应用程序完成一些与管理计算机系统资源及文件有关的任务。应用程序有很多,最基本的有以下 5 种。

1) 系统设置软件。由于系统设置涉及较复杂的知识,一般用户不应该直接修改注册表,而使用系统设置软件进行设置。利用系统设置软件可以对系统进行全面的设置和优化。常用的系统设置软件有超级兔子软件、Windows 优化大师等。

2) 诊断程序。诊断程序有时也称为查错程序。它的功能是诊断计算机各部件能否正常工作,有的既可用于对硬件故障的检测,又可用于对程序错误的定位。因此,它是面向计算机维护的一种软件。例如:对微型计算机加电以后,一般都首先运行 ROM 中的一段自检程序,以检查计算机系统是否正常工作,这段自检程序就是最简单的诊断程序。

3) 文件压缩程序。一个较大的文件经压缩后,生成了另一个较小容量的文件。而这个较小容量的文件,就称为压缩文件。而压缩此文件的过程称为文件压缩。目前网络上有两种常见的压缩格式:一种是 Zip,另一种是 EXE。其中 Zip 的压缩文件可以通过 WinZip 解压缩工具进行解压缩;而 EXE 的压缩文件则是属于自解压文件,只要用鼠标双击图标,便可以自动解压缩。常用的压缩软件有 WinRAR 压缩软件、WinZip 压缩软件等。

4) 杀毒程序。病毒是一种人为设计的以破坏磁盘上的文件为目的的程序。杀毒程序可用于查找并删除病毒。常用的杀毒程序有 U 盘专杀软件、诺顿杀毒软件、MaCfee 杀毒软件、360 杀毒软件、卡巴斯基杀毒软件、百度杀毒软件和瑞星杀毒软件等。

5) 备份程序。备份指将文件系统或数据库系统中的数据加以复制,一旦发生意外或错误操作时,以方便而及时地恢复系统的有效数据和正常运作。如果系统的硬件或存储媒体发生故障,"备份"工具可以保护数据免受意外的损失,如可以使用"备份"创建硬盘中数据的副本,然后将数据存储到其他存储设备。备份可以分为系统备份和数据备份。系统备份指的是用户操作系统因磁盘损伤或损坏、计算机病毒或人为误删除等原因造成的系统文件丢失,从而造成计算机操作系统不能正常引导,因此使用系统备份,将操作系统事先储存起来,用于故障后的后备支援。数据备份指的是用户将数据包括文件、数据库、应用程序等储存起来,用于数据恢复时使用。

2. 应用软件

应用软件是指为针对用户的某种应用目的所撰写的软件。应用软件是用户可以使用的各种程序设计语言,以及用各种程序设计语言编制的应用程序的集合,分为应用软件包和用户程序。应用软件包是利用计算机解决某类问题而设计的程序的集合,供多用户使用。应用软件是为满足用户不同领域、不同问题的应用需求而提供的软件。它可以拓宽计算机系统的应用领域,放大硬件的功能。

1.3 计算机的工作原理

按照冯·诺依曼"存储程序"的概念,计算机的工作过程就是执行程序的过程。要了解计算机是如何工作的,首先要理解计算机指令和程序的概念。

1.3.1 计算机的指令和程序

计算机指令是指能被计算机识别并执行的二进制代码。指令就是指挥计算机完成某一操作的工作程序,程序就是一系列按一定顺序排列的指令,执行程序的过程就是计算机的工作过程。通常一条指令包括两方面的内容:操作码和操作数,操作码是指规定计算机要完成的何种操作,操作数是指规定计算机到什么地方寻找参加运算的数据及其所在的单元地址。

操作码其实就是指指令序列号,用来告诉 CPU 需要执行哪一条指令。操作码是说明计算机要执行哪种操作,如传送、运算、移位、跳转等操作。操作码用不同编码来表示,每一种编码代表一种指令。组成操作码字段的位数一般取决于计算机指令系统的规模。

操作数是指令执行的各种参与操作的对象,操作数指出指令执行的操作所需要数据的来源。在应用指令中,内容不随指令执行而变化的操作数为源操作数,内容随执行指令而改变的操作数为目标操作数。

一种计算机所能识别的一组不同指令的集合,称为该种计算机的指令集合或指令系统。计算机指令包括数据处理指令(加、减、乘、除等)、数据传送指令、程序控制指令、状态管理指令,整个内存被分成若干个存储单元,每个存储单元一般可存放 8 位二进制数(字节编址)。每个存储单元可以存放数据或程序代码,为了能有效地存取该单元内存储的内容,每个单元都给出了一个唯一的编号来标识,即地址。

1.3.2 计算机的工作原理

按照冯·诺依曼"存储程序"的概念,计算机有两个基本能力:一是能够存储程序,二是能够自动地执行程序。计算机在执行程序时须先将要执行的相关程序和数据放入内存储器中,在执行程序时,CPU 根据当前程序指针寄存器的内容取出每一条指令,并加以分析和执行,然后再取出下一条指令并执行,如此循环下去,直到程序结束指令时才停止执行。其工作过程就是不断地取指令和执行指令的过程,最后将计算的结果放入指令指定的存储器地址中。计算机工作过程中所要涉及的计算机硬件部件有内存储器、指令寄存器、指令译码器、计算器、控制器、运算器和输入/输出设备等。

1. 指令的串行执行

指令的串行执行是当执行指令的三个部件依次全部完成后,才开始下一条指令的执行,在此过程中,在执行某功能部件时,其他两个功能部件是不工作的。一条指令的执行过程分为以下 3 个步骤,如图 1.4 所示。

图 1.4 指令的串行执行

(1)取指令。按照指令计数器中的地址,从内存储器中取出指令,并送往指令寄存器。

(2)分析指令。对指令寄存器中存放的指令进行分析,由译码器对操作码进行译码,将指令的操作码转换成相应的控制电位信号;由地址码确定操作数地址。

(3)执行指令。由操作控制线路发出完成该操作所需要的一系列控制信息,去完成该指令所要求的操作。

运行一个程序的过程就是依次执行每条指令的过程,即一条指令执行完成后,为执行下一条指令形成下一条指令地址,继续执行,直到遇到结束程序的指令为止,如图 1.5 所示。

一条指令执行完成,指令计数器加 1 或将转移地址码送入程序计数器,然后再取指令。把计算机完成一条指令所用的时间称为一个指令周期,CPU 的主频越高,指令周期就越短,指令执行的速度就越快,机器也就越快。

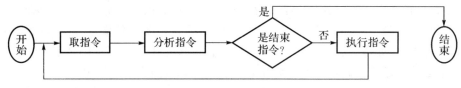

图 1.5　程序的串行执行

2. 指令的并行执行

指令的并行执行是使 3 个功能部件并行工作,可提高计算机执行指令的速度,现在的计算机一般采用流水线技术,如有 3 条指令的并行执行平均理论速度是串行执行的 3 倍,如图 1.6 所示。

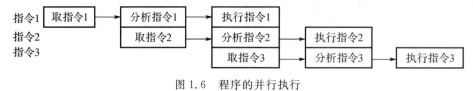

图 1.6　程序的并行执行

1.4　微型计算机系统

微型计算机又称个人计算机(PC),俗称个人电脑,它自 20 世纪 70 年代初诞生以来,发展异常迅速,应用领域几乎遍及各行各业。本节以常见的台式机为例简述微型计算机系统。

1.4.1　微型计算机的主要技术指标

对于大多数普通用户而言,可以从以下几个指标来评价计算机的性能。

通常根据该计算机的字长、主频、运算速度、存储容量(内存容量、外存容量)、外部设备配置和软件配置,评估一台计算机的性能。

1. 字长

计算机的字长决定了其 CPU 一次操作处理实际位数的多少,由此可见,计算机的字长越大,其性能越优良。目前微型计算机的字长以 64 位为主。

2. 主频

CPU 的主频表示在 CPU 内数字脉冲信号振荡的速度,与 CPU 实际的运算能力并没有直接关系。CPU 的主频不代表 CPU 的速度,但提高主频对于提高 CPU 运算速度却是至关重要的。CPU 的 Cache 容量越大,访问 Cache 的命中率就越高,CPU 的速度就越快。

内存主频越高在一定程度上代表着内存所能达到的速度越快。内存主频决定着该内存最高的正常工作频率。目前较为主流的内存等效频率分别是 DDR3 1 066 MHz、1 333 MHz、1 600 MHz、1 800 MHz 和 2 000 MHz。而内存本身并不具备晶体振荡器,因此内存工作时的时钟信号是由主板芯片组的北桥或直接由主板的时钟发生器提供的,也就是说,内存无法决定自身的工作频率,其实际工作频率是由主板来决定的。

3. 运算速度

计算机的运算速度是指每秒钟能执行指令的数量。计算机的整体运行速度不仅取决于 CPU 运算速度,还与其他各分系统的运行速度和存取速度有关,只有在提高 CPU 主频的同时,各分系统运行速度和各分系统之间的数据传输速度都能得到提高后,计算机整体的运行速度才能真正得到提高。

4. 存储容量

存储容量(内存容量、外存容量)是指存储器可以容纳的二进制信息量的总和,用存储器中存储地址寄存器 MAR 的编址数与存储字位数的乘积表示。内存容量是指为计算机系统所配置的内存容量,是 CPU 可直接访问的存储空间,是衡量计算机性能的一个重要指标。

外存容量是指为计算机系统所配置的硬盘容量。CPU 运行程序时直接从内存读数据或程序,而内存的数据或程序来源于硬盘。所以硬盘容量越大,可存储的文件就越多,计算机工作就越方便。硬盘的转速一般有 5 400 r/min 和 7200 r/min 两种。理论上,转速越快读/写速度越快。服务器使用的 SCSI 硬盘转速基本都采用 10 000 r/min,甚至 15 000 r/min 的。

目前硬盘接口分为 SATA、SCSI、光纤通道和 SAS 四种。微型计算机硬盘使用的是 SATA 串口;服务器硬盘使用的是 SCSI 接口;多硬盘系统使用的是光纤通道;SAS 接口是串口连接硬盘接口,可以向下兼容 SATA。

5. 外部设备配置

外部设备配置是指主机所配置的外部设备及各设备的性能指标,如显示器、键盘、鼠标、打印机等。

6. 软件配置

软件配置是指计算机配置的操作系统、应用程序等。

1.4.2 微型计算机的硬件系统

微型计算机的硬件系统是指组成计算机的各种看得见、摸得着的物理设备,包括显示器、主机、键盘、鼠标、音箱等。

1. 主板

主板是计算机主机内部的主要部件,安装在主机箱内,CPU、内存条、网卡、显卡、声卡等均插接在主板上,硬盘、光驱通过线缆与其相连,主机箱背后的键盘接口、鼠标接口、网卡接口、打印机接口也是通过主板引出的,主板的结构如图 1.7 所示。

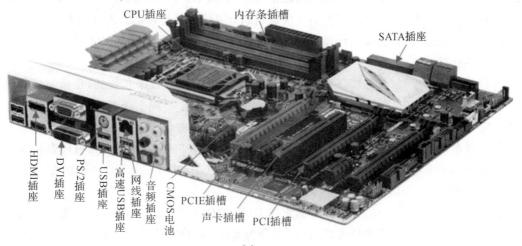

(a)

图 1.7 主板

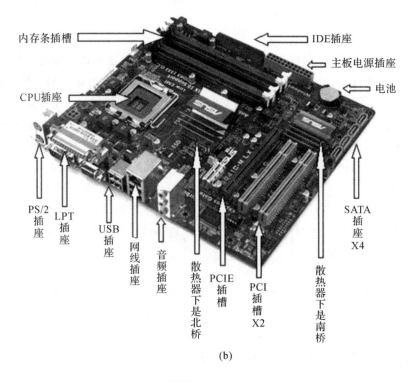

(b)

续图 1.7　主板

2. CPU

CPU 即中央处理器,是微型计算机的核心,其内部结构由控制单元、逻辑单元和存储单元三大部分构成,它们相互协调,进行分析、判断、运算等工作。CPU 安装在主板的 CPU 插座上,主板固定在计算机机箱中,如图 1.8 所示。

3. 内存储器

内存储器简称内存,是微型计算机的记忆核心,如图 1.9 所示。内存主要用来存放当前计算机运行所需要的程序和数据,其大小直接影响到计算机的运行速度。内存越大,信息交换越快,处理速度就越快。目前微型计算机的内存配置是 4GB,8GB,12GB 或 16GB。

4. 外存储器

外存储器简称外存,又称辅存,用于存放大量且暂时不用的程序和数据,是微型计算机的主要存储设备之一。常用的外存储器有固定在主机箱内的 SSD 固态硬盘和机械硬盘,还有接在主机箱外的移动硬盘、即插即用的 U 盘、辅助存储器光盘等。

目前微型计算机的 SSD 固态硬盘配置容量是 128GB,250GB 或 1TB,机械硬盘的配置容量是 500GB,1TB 或 2TB,移动硬盘的配置容量是 500GB,1TB 或 2TB,U 盘的配置容量是 4GB,8GB,16GB,32GB 或 64GB。

光盘必须由光驱来驱动,光驱分为固定在主机箱内的固定式光驱和外接在主机箱的可移动式光驱两种,光驱与光盘的格式相对应,可分为 CD－ROM(只读 CD 光盘驱动器)、DVD－ROM(只读 DVD 光盘驱动器)、CD－RW(可刻录 CD 光盘驱动器)和 DVD－RW(可刻录 DVD

光盘驱动器）。固定式光驱 DVD-RW 如图 1.10 所示,移动式光驱 DVD-RW 如图 1.11 所示。

图 1.8 CPU

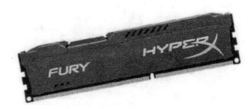

图 1.9 内存储器

图 1.10 固定式光驱 DVD-RW

图 1.11 移动式光驱 DVD-RW

5. 输入设备

输入设备把程序、数字、图形、图像、声音、控制现场的模拟量等数据,通过输入接口转换成计算机可以接收的电信号,是用户和计算机系统之间进行信息交换的主要装置,主要有键盘、鼠标、摄像头、扫描仪、手写输入板、数码相机等。

(1)键盘和鼠标。键盘分有线键盘和无线键盘两种,键盘是计算机系统中最基本的输入设备,用户通过键盘向计算机输入各种字符和命令。鼠标分有线鼠标和无线鼠标两种,鼠标作为窗口软件或绘图软件的首选输入设备,在应用软件的支持下可以快速、方便地完成某项特定的功能,如图 1.12 所示。

图 1.12 键盘和鼠标

(2)摄像头和扫描仪。目前微型计算机使用的摄像头主要是指 USB 接口的数字摄像头,是一种视频输入设备,人们能够通过摄像头在网络上进行有影像、有声音的交谈和沟通,还可将其用于当前各种流行的数码影像、影音处理,如图 1.13 所示。

扫描仪可以将图片、文字、图像等扫描至计算机中,并以图片的格式保存在计算机中,如图 1.14 所示。

图1.13　USB摄像头　　　　　　　　图1.14　扫描仪

6．输出设备

输出设备是计算机的终端设备,用于计算机数据的输出,如显示图像、打印、控制外围设备操作等。常见的输出设备有显示器、显卡与声卡、音箱、打印机、绘图仪等。

(1)显示器。显示器是计算机的主要输出设备,主要用于显示向计算机输入和计算机处理后的信息,显示器有CRT显示器和LCD显示器。LCD显示器如图1.15所示。

图1.15　LCD显示器

(2)显卡和声卡。显卡是计算机中进行数/模信号转换的设备,又称为视频适配器、图形适配器和显示适配器等。它的作用是控制电脑的图形输出,负责将CPU送来的的影像数据处理成显示器能够识别的格式,再送到显示器形成图像。现在的显卡还能够协同CPU进行部分图片的处理,这也是通常所说的3D图形加速功能。显卡的外观如图1.16所示。

声卡是多媒体计算机中最基本的组成部分,是实现声波/数字信号相互转换的设备。声卡的基本功能是把来自话筒、光盘、音/视频中的原始声音加以转换,输出到耳机、音箱、录音机等声响设备,或通过音乐设备数字接口MIDI使乐器发出美妙的声音,如图1.17所示。

(3)音箱。音箱是多媒体计算机必备的设备。声卡的功能已经很完备,加上多媒体音箱的配合,可以尽显计算机的多媒体功能,如图1.18所示。

(4)打印机。打印机是计算机的主要输出设备之一,使用它可以打印各种文件、表格和照片等。打印机分为针式票据打印机、喷墨打印机和激光打印机。激光打印机如图1.19所示。

图1.16　显卡

图1.17　声卡

图1.18　音箱

图1.19　激光打印机

1.4.3　微型计算机的软件系统

计算机软件是指在硬件设备上运行的各种程序及其相关的文件。软件可以充分扩展计算机的功能，提高计算机的效率，它是计算机系统的重要组成部分。计算机的软件分为系统软件和应用软件。

1. 系统软件

系统软件通常负责管理、控制和维护计算机的各种软件和硬件资源，并为用户提供一个友好的操作界面和工作平台。常见的系统软件有操作系统、语言处理程序、系统实用程序、数据库管理系统等。

操作系统是计算机最重要、最基本的软件，它负责管理计算机软、硬件资源，控制程序运行，改善人—机界面和为应用软件提供支持。操作系统有两个作用：一是把硬件裸机扩展为一台容易使用的虚拟机，为应用程序提供运行环境，为用户提供简单方便的工作界面；二是成为计算机的资源管理器，使计算机资源（硬件、软件和数据资源）的利用率更高，使上层的应用程序可以获得比硬件提供的功能更多的支持。

操作系统可以按照开发者不同，分为Unix系统、Linux系统和Windows系统等；按照网络中的功能不同，分为单机操作系统和网络操作系统；按照用户数目不同，分为单用户操作系统和多用户操作系统等。

2. 应用软件

应用软件是微型计算机系统支持下的所有面对实际问题和具体用户群的应用程序的综合。它主要包括数据处理软件、实时处理软件、文字处理软件、表格处理软件、计算机辅助软件、多媒体信息处理软件和网络应用软件等。例如Photoshop、Office、AutoCAD、3DS MAX和Flash等。

1.5 实训内容

实训 1 常用键使用

1. 常用键的介绍

常用键的键符、键名及功能见表 1.1。

表 1.1 常用键的功能

键 符	键 名	功能说明
A～Z(a～z)	字母键	字母键有大写和小写之分
0～9	数字键	数字键的下档为数字,上档为符号
Backspace(←)	退格键	删除当前光标左边一个字符,光标左移一位
Shift(↑)	换挡键	此键一般用于输入上档字符或字母大、小写的转换以及中、英文切换
Ctrl 和 Alt	控制键	"Ctrl"键常用符号"^"表示。与其他键组合,形成组合功能键
Pause/Break	暂停键	暂停正在执行的操作
F1～F12	功能键	各键的具体功能由使用的软件系统决定
Esc	退出键	一般用于退出正在运行的系统,不同软件其功能也有所不同
Tab(⇌)	制表定位键	在制作图表时用于光标定位、光标跳格(8 个字符间隔)
Enter	回车键	输入行结束、换行、执行 DOS 命令
Space	空格键	在光标当前位置输入空格
Capes Lock	大、小字母锁定键	大写或小写字母切换键,计算机默认状态为小写(开关键)
Print Screen	屏幕复制键	DOS 系统:打印当前屏幕(整屏) Windows 系统:将当前屏幕复制到剪切板(整屏)
Del(Delete)	删除键	删除当前光标右边一字符
Ins(Insert)	插入键	插入字符、替换字符的切换
Home	功能键	光标移至屏首或当前行首(由软件系统决定)
End	功能键	光标移至屏尾或当前行末(由软件系统决定)
PgUp(PageUp)	功能键	当前页上翻一页,不同的软件赋予不同的光标快速移动功能
PgDn(PageDown)	功能键	当前页下翻一页,不同软件赋予不同的光标快速移动功能

键盘右上角3个指示灯的说明见表1.2。

表1.2 键盘状态指示灯

名 称	状态说明
Num Lock	亮:数字输入状态;灭:编辑状态
Caps Lock	亮:输入大写状态;灭:输入小写状态
Scroll Lock	亮:屏幕锁定;灭:屏幕解锁

2. 输入法设置

在Window 7中,中文与英文之间的切换用"Shift"键完成,各种中文输入法之间的切换用"Ctrl+Shift"组合键完成,全角与半角的切换用"Shift+Space"组合键完成。中文标点符号的使用见表1.3。

表1.3 中文标点符号

中文标点	对应的键	中文标点	对应的键
、顿号	\	!感叹号	!
。句号	.	(左小括号	(
——破折号	—	)右小括号	)
连字符	-	,逗号	,
……省略号	^	:冒号	:
'左引号	`	;分号	;
'右引号	'	?问号	?
"左双引号	"	〔左大括号	{
"右双引号	"	〕右大括号	}
《左书名号	<	【左中括号	[
》右书名号	>	】右中括号	]
¥人民币	$		

实训2 指法练习

打字时要坐姿正确,背挺直略微前倾,上臂和肘靠近身体,手腕平直,手指微曲,轻轻按在各自的基本键位上。手指的摆放姿势和基本键位,如图1.20所示。

用键盘输入时,将两个拇指轻轻放在空格键上,其余手指分别放在键盘的8个基本键上,参照指法示意图。手指从基本键位出发,伸出并轻击该指负责的键,并利用反弹力迅速回归到基本键。

1. 指位介绍

(1)键盘左半部分由左手负责,右半部分由右手负责。

(2)每一只手指都有其固定对应的按键:

左小指:",""1""Q""A""Z"
左无名指:"2""W""S""X"
左中指:"3""E""D""C"
左食指:"4""5""R""T""F""G""V""B"
左、右拇指:空白键
右食指:"6""7""Y""U""H""J""N""M"
右中指:"8""I""K"","
右无名指:"9""O""L"",""
右小指:"0""-""=""P""[""]"";"" ""/""\"

图 1.20 指法示意图

(3)"A""S""D""F""J""K""L"";"8 个按键称为"基本键",前 4 个键分别对应左手的小指、无名指、中指以及食指,后 4 个键则对应右手的食指、中指、无名指、以及小指。初学触觉打字法时,在打字开始前,打字员应将 8 只手指放置在基本键上,各手指由基本键出发去按其他按键,之后须再迅速回归到基本键,然后再出发去按下一个键。稍微熟练之后,则不须每按一个键便回归基本键,通常只有在打字暂停期间才回归。基本键可以帮助用户经由触觉取代眼睛,用来定位用户的手或键盘上其他的键,亦即所有的键都能经由基本键来定位。

"F"键及"J"键是定位键,这两个按键上各有一个小小的突起,当左手的食指碰到"F"键上的突起,便可以确认食指已回到"F"键上,同理,右手食指碰到"J"键上的突起,便知道已回到了"J"键上。

数字专区的基本键为"4""5""6""Enter",定位键则为"5"。

(4)"Enter"键在键盘的右边,使用右手小指按键。

(5)有些键具有两个字母或符号,如数字键常用来键入数字及其他特殊符号,用右手录入特殊符号时,左手小指按住"Shift"键;若以左手录入特殊符号,则用右手小指按住"Shift"键。

2. 录入练习

在文本文档中进行字母、数字和符号输入的指法练习。

首先在桌面空白处右击鼠标,在弹出的快捷菜单中选择"新建"→"文本文档",并双击打开文本文档编辑窗口,同时按"Shift+Ctrl"键,将输入法切换到英文模式,然后按照正确的指法完成以下操作。

(1)将"Caps Lock"键锁定在大写状态(Caps Lock 指示灯亮),输入英文大写字母。

A B C D E F G H I J K L M N O P Q R S T U V W X Y Z

(2)将"Caps Lock"键锁定在小写状态(Caps Lock 指示灯灭),输入英文小写字母。

a b c d e f g h i g k l m n o p q r s t u v w x y z

(3)将"Caps Lock"键锁定在小写状态(Caps Lock 指示灯灭),输入英文大、小写组合字母(输入小写字母时,需要按住"Shift"键,再按相应的字母键)。

Accept All Changes in Document and Delete All Comments

(4)输入数字和符号(输入上挡符号时要按住"Shift"键)。

0 1 2 3 4 5 6 7 8 9 ! @ # $ % ^ & * ( ) — _ = + { } : ; ' ' " " , . < > / ?

注:也可以利用数字键盘区输入数字,将"Num Lock"键锁定在数字输入状态(Num Lock 指示灯亮),在数字键盘区按相应的数字键即可。

习 题

1. 按照计算机所使用的逻辑元器件,可将计算机划分为哪几个发展阶段?
2. 硬件和软件的主要区别是什么?软件在计算机系统中有何重要性?
3. 微型计算机与其他类型的计算机有何区别?
4. 内存储器在微机系统中有何作用?随机存储器 RAM 在断电后信息即丢失,是不是把内存都一律做成只读存储器更好?
5. 简述计算机硬件系统的组成。
6. 简述计算机的工作原理。
7. 简述计算机软件的定义和分类。

第 2 章　数据在计算机中的表示

计算机最基本的功能是对数据进行处理,这些数据包括数值、字符、图形、图像、文字和声音等。在计算机系统中,这些数据都要转换成 0 或 1 的二进制形式存放,也就是进行二进制编码。本章主要介绍常用的数制及其相互转换、数在计算机中的表示和常见数据编码。

知识要点

- 计算机中的数制。
- 数据与编码。
- 数据在计算机中的表示。

2.1　计算机中的数制

数制是用一组固定的数字和一套统一的规则来表示数的方法。在数值计算中,一般采用的是进位计数。按照进位的规则进行计数的数制,称为进位计数制。计算机中的数制,也称为进位制。计算机领域中常用的进位计数制有 4 种:二进制(Binary,用 B 表示)、八进制(Octal,用 O 表示)、十进制(Decimal,用 D 表示或不用任何标识)、十六进制(Hexadecimal,用 H 表示)。

2.2.1　数制中的三要素

在进位计数制中有基数、数位和位权 3 个要素。

(1) 基数。基数是指进位制中会产生进位的数值,它等于每个数位所允许的最大数值码加 1,也就是这种进位计数制中每个数位允许使用的数码个数。例如十进制,每个数码允许使用 0~9 这 10 个数码中的一个。这样十进制的基数是 10,二进制的基数是 2,八进制的基数是 8,十六进制的基数是 16。

(2) 数位。数位是指数码在一个数位中所处的位置。小数点左边的第一位数码的位置序号是 0,向左依次增加。小数点右边的第一位数码的位置序号是 -1,向右依次减少。例如,十进制 534,百位数位为 5,十位数位为 3,个位数位为 4。

(3) 位权。位权以基数为底,以某一数码所在位置的序号为指数的幂,称为该数码在该位置的权。对于 N 进制数,整数部分第 i 位的位权为 N^{i-1},而小数部分第 j 位的位权为 N^{-j}。例如,十进制第 2 位的位权为 10,第 3 位的位权为 100;而二进制第 2 位的位权为 2,第 3 位的位权为 4。

2.2.2 常用的进位计数制

按进位的原则进行计数的方法称为进位计数制,简称进位制。长期以来,人们在日常生活中形成了多种进位计数制,不仅有经常使用的十进制,还有在计算机内部使用的二进制。但由于二进制数码冗长,书写和阅读都不太方便,所以在编写程序时多用八进制、十六进制数来代替二进制数,或使用十进制数来替换。这里主要介绍与计算机技术有关的几种常用进位计数制。

(1)二进制。在二进制中,每个数位可选的数码有2个:0~1。基数为2,逢2进位,或借1当2。

(2)八进制。在八进制中,每个数位可选的数码有8个:0~7。基数为8,逢8进位。

(3)十六进制。在十六进制中,我们只有0~9这10个数字,所以用A,B,C,D,E,F这5个字母来分别表示10,11,12,13,14,15。字母不区分大小写。因此,每个数位可选的数码有16个:0~9,A,B,C,D,E,F。基数为16,逢16进位。

2.2.3 不同进位计数制之间的转换

1. N进制转换成十进制数

把任意N进制数写成位权展开式后,各位数位乘以各自的位权累加,就可得到该N进制数对应的十进制数。

例 2.1 分别将下面二进制、八进制、十六进制数转换成十进制数。

解 $(11011.101)_B = 1×2^4 + 1×2^3 + 0×2^2 + 1×2^1 + 1×2^0 + 1×2^{-1} + 0×2^{-2} + 1×2^{-3} = (27.625)_D$

$(213.4)_O = 2×8^2 + 1×8^1 + 3×8^0 + 4×8^{-1} = (139.5)_D$

$(7B1)_H = 7×16^2 + 11×16^1 + 1×16^0 = (1969)_D$

2. 十进制数转换成N进制数

将十进制数转换成N进制数时,可将此数分成整数与小数两部分分别转换,然后再拼接起来即可。

(1)整数部分。采用除以N取余数法,即将十进制整数不断除以N取余数,直到商为0,所得的余数从右到左排列,首次取得的余数排在最右边。

(2)小数部分。采用乘以N取整数法,即将十进制小数不断乘以N取整数,直到小数部分为0或达到要求的精度为止,所得的整数从小数点自左到右排列,取得有效精度,首次取得的整数排在最左边。

例 2.2 将十进制数$(37.625)_D$转换成二进制数。

解 (1)整数部分:

```
2|37    取余数
2|18    ……1  a₀   低
2|9     ……0  a₁
2|4     ……1  a₂
2|2     ……0  a₃
2|1     ……0  a₄
  0     ……1  a₅   高
```

(2)小数部分:

```
   0.625    取走整数位
 ×   2
   1.250  → 1  a₋₁  高
 ×   2
   0.50   → 0  a₋₂
 ×   2
   1.00   → 1  a₋₃  低
```

转换结果为
$$(37.625)_D = (a_5 a_4 a_3 a_2 a_1 a_0 . a_{-1} a_{-2} a_{-3})_B = (100101.101)_B$$

验证转换结果的正确性：
$(100101.101)_B = 1×2^5 + 0×2^4 + 0×2^3 + 1×2^2 + 0×2^1 + 1×2^0 + 1×2^{-1} + 0×2^{-2} + 1×2^{-3} = (37.625)_D$

例 2.3 将十进制数 $(139.51)_D$ 转换成八进制数。

解 （1）整数部分：　　　　　　（2）小数部分：

```
  8 | 139    取余数                 0.51     取走整数位
  8 | 17  ……3   a₀ ↑低           ×   8
  8 | 2   ……1   a₁                 4.08  ──→  4   a₋₁  ↑高
      0   ……2   a₂ ↓高          ×   8
                                   0.64  ──→  0   a₋₂
                                ×   8
                                   5.12  ──→  5   a₋₃
                                ×   8
                                   0.96  ──→  1   a₋₄  ↓低（按四舍五入）
```

转换结果为
$$(139.51)_D = (a_2 a_1 a_0 . a_{-1} a_{-2} a_{-3} a_{-4})_O \approx (213.4051)_O$$

验证转换结果的正确性：
$(213.4051)_O = 2×8^2 + 1×8^1 + 3×8^0 + 4×8^{-1} + 0×8^{-2} + 5×8^{-3} + 1×8^{-4} \approx (139.51)_D$

例 2.4 将十进制数 $(1234.52)_D$ 转换成十六进制数。

解 （1）整数部分：　　　　　　（2）小数部分：

```
 16 | 1234   取余数                0.52     取走整数位
 16 | 77  ……3    a₀ ↑低         ×  16
 16 | 4   ……13   a₁               8.32  ──→  8   a₋₁  ↑高
      0   ……2    a₂ ↓高        ×  16
                                  5.12  ──→  5   a₋₂
                               ×  16
                                  1.92  ──→  1   a₋₃
                               ×  16
                                 14.96  ──→ 15   a₋₄ ↓低（按四舍五入）
```

转换结果为
$$(1234.52)_D = (a_2 a_1 a_0 . a_{-1} a_{-2} a_{-3} a_{-4})_H \approx (4D2.851E)_H$$

验证转换结果的正确性：
$(4D2.851E)_H = 4×16^2 + 13×16^1 + 2×16^0 + 8×16^{-1} + 5×16^{-2} + 1×16^{-3} + 15×16^{-4} \approx (1234.52)_D$

3. 二进制、八进制、十六进制数间的相互转换

由于二进制、八进制和十六进制之间存在着特殊关系：$8^1 = 2^3$，$16^1 = 2^4$，即 1 位八进制数相当于 3 位二进制数，1 位十六进制数相当于 4 位二进制数。根据这种对应关系，二进制数转换成八进制数时，从小数点位置开始，整数部分向左，小数部分向右，每 3 位二进制为一组用一位八进制的数字来表示，不足 3 位的用 0 补足。二进制数转换成十六进制数时，从小数点位置开始，整数部分向左，小数部分向右，每 4 位二进制为一组用 1 位十六进制的数字来表示，不足 4 位的用 0 补足。

注：整数前的高位 0 和小数点后的低位 0 可省略。

例 2.5 将二进制数$(10111101110.100101)_B$转换成八进制数。

解 $(\underbrace{010}_{2}\ \underbrace{111}_{7}\ \underbrace{101}_{5}\ \underbrace{110}_{6}.\underbrace{100}_{4}\ \underbrace{101}_{5})_B = (2756.45)_O$

例 2.6 将二进制数$(10111101110.100101)_B$转换成十六进制数。

解 $(\underbrace{0101}_{5}\ \underbrace{1110}_{E}\ \underbrace{1110}_{E}.\underbrace{1001}_{9}\ \underbrace{0100}_{4})_B = (5EE.94)_H$（整数高位和小数低位补零）

例 2.7 将八进制数$(3721.65)_O$转换成二进制数。

解 $(3721.65)_O = (\underbrace{011}_{3}\ \underbrace{111}_{7}\ \underbrace{010}_{2}\ \underbrace{001}_{1}.\underbrace{110}_{6}\ \underbrace{101}_{5})_B$

例 2.8 将十六进制数$(3721.65)_H$转换成二进制数。

解 $(C2B6.E7)_O = (\underbrace{1100}_{C}\ \underbrace{0010}_{2}\ \underbrace{1011}_{B}\ \underbrace{0110}_{6}.\underbrace{1110}_{E}\ \underbrace{0111}_{7})_B$

2.2 数据与编码

通过键盘向计算机中输入的西文字符(字母、数字、各种符号)和中文字符都是字符数据，然而计算机只能存储和处理二进制数，这就需要对字符数据进行编辑，输入的各种字符数据由计算机自动转换成二进制编码存入计算机中。

2.2.1 常用术语

在信息编码中常用的术语有位、字节、字和字长。

1. 位

位(bit)是表示一个二进制数码 0 或 1，是计算机内部数据储存的最小单位。所有数据和操作指令都是由若干位组成的。

2. 字节

字节(Byte)是计算机中表示存储空间的最基本单位。计算机中以字节为单位存储和解释信息，规定 1 个字节由 8 个二进制位构成，即 1 个字节等于 8 个比特(1B=8b)。通常 1 个字节可以存入 1 个 ASCII 码，2 个字节可以存放 1 个汉字国标码。计算机 1 个内存储器包含的字节数，就是这个内存储器的容量，一般采用 KB(千字节)为单位来表示。$1KB = 2^{10}B = 1024B$。计算机中常用的字节还有 MB、GB 和 TB，它们之间的换算关系为

$$1MB = 1024kB, \quad 1GB = 1024MB, \quad 1TB = 1024GB$$

3. 字

计算机进行数据处理时，一次存取、加工和传送的数据长度称为字。一个字通常由一个或多个(一般是字节的整数倍)字节构成。例如 286 微机的字由 2 个字节组成，它的字长为 16 位；486 微机的字由 4 个字节组成，它的字长为 32 位。586 微机的字由 8 个字节组成，它的字长为 64 位。

4. 字长

计算机的每个字所包含的位数称为字长。根据计算机的不同，字长有固定的和可变的两种。固定字长，即字长度不论什么情况都是固定不变的；可变字长，即在一定范围内，其长度是

可变的。计算机的字长是指它一次可处理的二进制数据的位数。计算机处理数据的速率,自然和它一次能加工的位数以及进行运算的快慢有关。计算机的字长决定了其CPU一次操作处理实际位数的多少,由此可见,计算机的字长越大,其性能越优越好。如果一台计算机的字长是另一台计算机的两倍,即使两台计算机的速度相同,在相同的时间内,前者能做的工作是后者的两倍。字长为64位计算机是指该计算机一次可以处理64位二进制数。

2.2.2 BCD码

BCD(Binary-Coded Decimal)码是一种二进制的数字编码形式,用二进制编码的十进制代码。BCD码有多种编码方法,最基本和最常用的有8421码。

8421码是将十进制数码0~9中的每个数分别用4位二进制编码表示。

例2.9 将十进制数$(1329.57)_D$转换成BCD码。

解 $(1329.57)_D = (\underline{0001}\ \underline{0011}\ \underline{0010}\ \underline{1001}.\underline{0101}\ \underline{0111})_{BCD}$
$\qquad\qquad\qquad\ \ 1\quad\ \ 3\quad\ \ 2\quad\ \ 9\quad\ \ 5\quad\ \ 7$

8421码与二进制之间的转换不是直接的,需要先将8421码转换成十进制数,再将十进制数转换成二进制数。

例2.10 将BCD码$(1001100101001.01010111)_{BCD}$转换成二进制数。

解 $(\underline{0001}\ \underline{0011}\ \underline{0010}\ \underline{1001}.\underline{0101}\ \underline{0111})_{BCD} = (1329.57)_D$
$\qquad\quad 1\quad\ \ 3\quad\ \ 2\quad\ \ 9\quad\ \ 5\quad\ \ 7$

(1)整数部分: (2)小数部分:

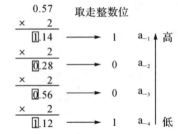

$(1329.57)_D \approx (10100110001.1001)_B$

因此,$(1001100101001.01010111)_{BCD} = (1329.57)_D \approx (10100110001.1001)_B$

2.2.3 字符编码

字符编码(Character Code)是用二进制编码来表示字母、数字、各种特殊符号的。在计算机中,可以使用一个数字编码来表示每一个字符,通过对每一个字符规定一个唯一的数字代号,然后,对应每一个代号,建立其相对应的图形。这样,在每一个文件中,我们只需要保存每一个字符的编码就相当于保存了文字,在需要显示出来的时候,先取得保存起来的编码,然后通过编码表,我们可以查到字符对应的图形,然后将这个图形显示出来,这样就可以看到文字了。这些用来规定每一个字符所使用的代码的表格,就称为编码表。编码就是对日常使用字符的一种数字编号。

计算机中常用的字符编码有EBCDIC码和ASCII码。IBM系列大型机采用EBCDIC码,微型机采用ASCII(American Standard Code for Information Interchange)码是美国标准信息

交换码,被国际化组织指定为国际标准。ASCII 码有 7 位码和 8 位码两种版本。国际上通用的 7 位 ASCII 码是用 7 位二进制数表示一个字符的编码,其编码范围为 $(0000000)_B \sim (1111111)_B$,共有 $2^7=128$ 个不同的编码值,相应可以表示不同的 10 个数字、52 个大小写英文字母、32 个标点符号与运算符、34 个不可打印的控制码字符的编码。ASCII 8 位码是用 8 位二进制数表示一个字符的扩充字符集的编码。

2.2.4 汉字编码

为了用计算机处理汉字,也需要对汉字进行编码。从汉字的角度看,计算机对汉字信息的处理过程,实际是各种汉字编码间的转换过程。这些编码主要包括汉字信息交换码、汉字输入码、汉字内码、汉字字形码、汉字地址码、各种汉字代码。汉字信息的处理过程如图 2.1 所示。

图 2.1 汉字信息的处理

1. 汉字信息交换码

汉字信息交换码简称交换码,也叫国标码。规定了 7 445 个字符编码,其中有 682 个非汉字图形符和 6 763 个汉字的代码。有一级常用字 3 755 个,二级常用字 3 008 个。两个字节存储一个国标码。国标码的编码范围是 $(2121)_H \sim (7E7E)_H$。区位码和国标码之间的转换方法是将一个汉字的十进制区号和十进制位号分别转换成十六进制数,然后再分别加上 $(20)_H$,就成为此汉字的国标码:

$$汉字国标码=区号(十六进制数)+20_H 位号(十六进制数)+ 20_H$$

而得到汉字的国标码之后,就可以使用以下公式计算汉字的机内码。

$$汉字机内码=汉字国标码+8080_H$$

2. 汉字输入码

汉字输入码也称外码,是为了将汉字通过键盘输入到计算机而设计的代码,代码由字母、数字和符号组成。目前流行的编码方案有全拼输入法、双拼输入法、自然码输入法、智能 ABC 码和五笔输入法等。

3. 汉字内码

汉字内码是为了在计算机内部对汉字进行存储、交换和检索而编制的汉字编码。一个汉字输入计算机后就转换为内码。汉字内码需要用两个字节来存储,每个字节以最高位置"1"作为内码的标识。对同一个汉字,其机内码只有 1 个,也就是汉字在字库中的物理位置。

4. 汉字字形码

汉字字形码也叫汉字字模或汉字输出码。汉字字形码是汉字字库中存储的汉字字形的数字化信息,用于显示和打印。目前,汉字字形码主要是指汉字字形点阵的代码。在计算机中,8 个二进制位组成一个字节,简易型汉字由一个 16×16 点阵组成,一个汉字字型码需要 $16\times 16/8=32$ 字节存储空间。

汉字字形通常分为通用型和精密型两类。汉字字形点阵有简易型 16×16 点阵、普及型 24×24 点阵、提高型 32×32 点阵、精密型 48×48 点阵。

5. 汉字地址码

汉字地址码是指汉字库中存储汉字字形信息的逻辑地址码。它与汉字内码有着简单的对应关系,以简化内码到地址码的转换。

6. 各种汉字代码之间的关系

汉字的输入、处理和输出的过程,实际上是汉字的各种代码之间的转换过程。

2.3 数据在计算机中的表示

计算机中采用二进制来表示数据。采用二进制编码有以下优点:
(1)容易实现。二进制只有 0 和 1 两个状态,电子器件具有实现的可行性。
(2)运算简单。二进制的运算法则少,运算简单,使硬件结构大大简化。
(3)有逻辑性。二进制的 0 和 1 正好和逻辑代数的假和真相对应。
(4)有稳定性。二进制只有 0 和 1 两个状态,传输和处理时不容易出错。

2.3.1 数的编码表示

在计算机中,因为只有 0 和 1 两种状态,所以为了表示数的正(+)、负(-)号,就要将数的符号以 0 和 1 编码。通常规定一个数的最高位为符号位。用"0"和"1"来表示,0 表示该数为正,符号位为 1 表示该数为负。

例 2.11 一个 8 位二进制数 -1101011,它在计算机中表示为 11101011,如图 2.2 所示。

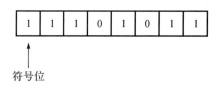

图 2.2 机器数例子

一个数在计算机内部的表示称为机器数,而它代表的数值称为此机器数的"真值"。例 2.11 中,11101011 为机器数,-1101011 为此机器数的真值。

数值在计算机内采用符号数字化后,计算机就可以识别和表示符号位了。但是,如果将符号位同时和数值参加运算,由于两操作数符号位的问题,有时会产生错误的结果;如果不考虑符号位同时和数值参加运算,这将增加计算机实现的难度。

例 2.12 (-17)+9 的结果应为 -8。但是,如果将符号位同时和数值参加运算,其运算过程为

```
   10010001    ……-17 的机器数
+  00001001    ……9 的机器数
   10011010    ……运算结果为 -26
```

如果要考虑符号位的处理,则运算变得复杂。为了解决此类问题,在机器数中,符号位有多种编码方式,常用的是原码、反码和补码,其实质是对负数进行表示的不同编码。

1. 原码

整数 X 的原码:其符号位 0 表示正(+),1 表示负(-);其数值部分就是 X 绝对值的二进制表示。一般用 $[X]_原$ 表示 X 的原码。

例 2.13 原码的表示例子:

$$[+1]_\text{原} = 00000001 \qquad [+127]_\text{原} = 01111111$$
$$[-1]_\text{原} = 10000001 \qquad [-127]_\text{原} = 11111111$$

由此可见,8位原码表示的最大值为 2^7-1,即 127,最小值为 -127,表示数的范围为 $-127 \sim 127$。

当采用原码表示法时,编码简单,与真值转换方便。但原码也存在以下两个问题。

(1)在原码表示法中,零有两种表示形式,零的二义性将给计算机判断零带来不便。
$$[+0]_\text{原} = 00000000, \quad [-0]_\text{原} = 10000000$$

(2)使用原码做四则运算时,符号位需要单独处理,增加了运算规则的复杂性。当符号位相同的两个数做加法运算时,则数值相加,符号位不变。当符号位不相同的两个数做加法运算时,则数值部分实际是相减,数值大的符号位作为其结果的符号位。这给计算机的四则运算带来不便。

2. 反码

整数 X 的反码:对于正数,反码是其本身,反码与原码相同;对于负数,反码是在其原码的基础上,符号位不变,其余各个位取反。一般用 $[X]_\text{反}$ 表示 X 的反码。

例 2.14 反码的表示例子:
$$[+1]_\text{反} = 00000001 \qquad [+127]_\text{反} = 01111111$$
$$[-1]_\text{反} = 11111110 \qquad [-127]_\text{反} = 10000000$$

由此可见,8位反码表示的最大值为 2^7-1,即 127,最小值为 -127,表示数的范围为 $-127 \sim 127$。这与原码相同。

在反码表示法中,零有两种表示形式,零的二义性将给计算机判断零带来不便。
$$[+0]_\text{反} = 00000000, \quad [-0]_\text{反} = 11111111$$

例 2.15 利用反码计算 $(-1)+1$ 的运算结果应为 -0,反码运算过程为

```
  11111110    ……-1的反码
+ 00000001    ……1的反码
  11111111    ……运算结果的反码
```
$$[11111111]_\text{反} = [10000000]_\text{原} = -0$$

可见,用反码计算减法,结果的真值部分是正确的。而唯一的问题就出现在"0"这个特殊的数值上。虽然人们理解上 $+0$ 和 -0 是一样的,但是 0 带符号是没有任何意义的。

3. 补码

整数 X 的补码:对于正数,补码就是其本身,其补码与原码、反码相同;对于负数,补码是在其原码的基础上,符号位不变,其余各位取反,最末位加 1。一般用 $[X]_\text{补}$ 表示 X 的补码。

例 2.16 补码的表示例子:
$$[+1]_\text{补} = 00000001 \qquad [+127]_\text{补} = 01111111$$
$$[-1]_\text{补} = 11111111 \qquad [-127]_\text{补} = 10000001$$

在补码表示法中,零有唯一的表示形式。
$$[+0]_\text{补} = 00000000, \quad [-0]_\text{补} = 00000000$$

由此可见,8位补码表示的最大值为 2^7-1,即 127,最小值为 -128,表示数的范围为 $-128 \sim 127$。这与原码、反码不同。

例 2.17 利用补码计算 $(-17)+9$ 的运算结果应为 -8,补码运算过程为

```
  11101111      ……-17 的补码
+ 00001001      ……9 的补码
  11111000      ……运算结果的补码
```

$[(-17)+9]_{补} = 11111000$，$[[(-17)+9]_{补}]_{反} = [11111000]_{反} = 10000111$

$[(-17)+9]_{原} = [[(-17)+9]_{补}]_{反} + 1 = [11111000]_{反} + 1 = 10000111 + 1 = 10001000$

对于机器数为正数，则有$[X]_{原} = [X]_{补}$。对于机器数为负数，则有$[X]_{原} = [[X]_{补}]_{反} = [[X]_{补}]_{反} + 1$。

例 2.18 利用补码计算$(-17)+(-9)$的运算结果应为-26，补码运算过程为

```
  11101111      ……-17 的补码
+ 11110111      ……-9 的补码
 111100110      ……运算结果的补码(最高位 1 溢出，结果为 11100110)
```

$[(-17)+(-9)]_{补} = 11100110$，$[[(-17)+(-9)]_{补}]_{反} = [11100110]_{反} = 10011001$

$[(-17)+(-9)]_{原} = [[(-17)+(-9)]_{补}]_{反} + 1 = [11100110]_{反} + 1 = 10011001 + 1 = 10011010$

由此可见，利用补码可方便实现正数、负数的加法和减法运算，规则简单，在数的有效范围内，符号位如同数值一样参加运算，也允许产生最高位的进位溢出，使用较为广泛。但要注意，无论使用哪一种编码来进行四则运算，当数的绝对值超过表示数的二进制数允许表示的最大值时，就要发生溢出，从而造成运算错误。

2.3.2 定点数与浮点数

在数的编码表示一节中，介绍了整数数值的正号、负号的编码方式。在实际生活中，计算机不仅要解决整数数值的表示问题，还要解决数值中的小数点的表示问题。在计算机中，并不是采用某个二进制位来表示小数点，而是用隐含规定小数点的位置来表示。

根据小数点的位置是否固定，数的表示方法可分为定点整数、定点小数和浮点数三种类型。定点整数和定点小数统称为定点数。定点整数将小数点位置固定在数值的最右端。定点小数将小数点位置固定在数值的最左端。

1. 定点整数

定点整数是指小数点隐含固定在整个数值的最后，符号位右边的所有的位数表示的是一个整数，又称定点纯整数。

2. 定点小数

定点小数是指小数点隐含固定在数值的某一个位置上的小数。一般将小数点固定在最高数据位的左边，又称定点纯小数，最大数为 0.1。

由此可见，定点数可以表示纯小数和纯整数。定点整数和定点小数在计算机中的表示形式没有什么区别，小数点完全靠事先约定而隐含在不同位置，如图 2.3 所示。

图 2.3 定点数格式
(a)定点整数格式； (b)定点小数格式

3. 浮点数

在计算机中,存储数据和计算定点数不方便,范围也有限,因此通常采用浮点数来表示,这就是指数形式表示。在数学中,一个实数可以用指数形式表示为

$$N = \pm d \times 10^{\pm p}$$

其中,d 是尾数,前面的"±"表示数符;p 是阶码,前面的"±"表示阶符。

它在计算机内的存储格式如图 2.4 所示。

图 2.4 浮点数格式

例 2.19 实数 69.37 按规格化形式可以表示成 0.6937×10^2。实数 69.37 可表示成多种指数形式,如 0.6937×10^2, 6.973×10, 693.7×10^{-1}, 6937×10^{-2} 等,因为小数点是浮动的,所以在计算机中称为浮点数。

浮点数是指小数点位置不固定的数,它既有整数部分又有小数部分。在计算机中,一般把浮点数分成阶码(又称指数)和尾数两部分,其中阶码用二进制定点整数表示,阶码的长度决定数的范围,尾数用二进制定点小数表示,尾数的长度决定数的精度。

为了便于计算机中小数点的表示,规定将浮点数写出规格化的形式,即尾数的绝对值大于等于 0.1 并且小于 1,从而唯一地规定了小数点的位置。

例 2.20 设阶码为 6 位,尾数为 8 位,则二进制数 $N=(-1011.101)_B$ 按浮点数的形式存储,如图 2.5 所示。

解 $N=(-1011.101)_B=(-0.1011101 \times 2^{100})_B$

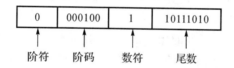

图 2.5 $N=(-1011.101)_B$ 的浮点存储方式

习 题

1. 为什么计算机中的所有信息都要使用二进制表示?
2. 将十进制 57.2 分别转换成二进制数、八进制数和十六进制。
3. 假设一个数在计算机中占用 8 位,求 -23 的原码、补码和反码。
4. 简述汉字在计算机内部采用机内码,而不采用国标码的原因。

第 3 章 Windows 7 操作系统

操作系统是系统软件的核心,控制和管理计算机的硬件、软件资源,为用户提供操作界面。只有通过操作系统才能使用户在不必了解计算机内部结构的情况下使用计算机。

Windows 7 操作系统是微软公司开发的,其系列版本有简易版、家庭普通版、家庭高级版、专业版和旗舰版。与 Windows XP 相比,Windows 7 对各系统组件进行优化和完善,部分功能、操作方式回归质朴,在满足用户娱乐、工作、网络生活中的不同需要等方面达到了一个新的高度。本章主要介绍 Windows 7 的基本功能、基本操作、文件管理和系统管理。

知识要点

- Windows 7 的基本功能。
- Windows 7 的启动和退出,鼠标、菜单、窗口、对话框的操作。
- 浏览计算机内容和查找信息的方法。
- 文件和文件夹的概念及其组织管理的操作。

3.1 Windows 7 操作系统简介

Windows 7 是由微软公司开发的操作系统,核心版本号为 Windows NT 6.1。Windows 7 可供家庭及商业工作环境、笔记本电脑、平板电脑、多媒体中心等使用。

Windows 7 常见的版本有简易版、家庭普通版、家庭高级版、专业版和旗舰版。与 Windows XP 相比,在加强系统的安全性、稳定性的同时,微软公司重新对性能组件进行了优化和完善,使 Windows 7 具有定制的个性桌面主题、更智能的搜索功能、更好的无线网络、支持 Windows 触控技术、可以通过家庭组轻松实现共享、发挥 Internet Explorer 9 的最大潜能、应用程序虚拟化、增加控制各种维护和安全消息的操作中心。

3.1.1 认识 Windows 7 的界面

启动 Windows 7 操作系统,可看到桌面主要由桌面图标、桌面背景和任务栏三部分组成,如图 3.1 所示。在默认安装的情况下,桌面只有"回收站"图标,用户需要自行添加需要的桌面快捷方式图标和系统自带的其他系统图标。

1. 桌面背景

桌面背景位于桌面的最底层,主要用于美化桌面。用户可指定图片来设置桌面背景。鼠标在桌面空白处右单击,选择"个性化",弹出"个性化"对话框,如图 3.2 所示。在"个性化"对话框中,单击"更改桌面图标",弹出"桌面图标设置"对话框,单击"更改图标"按钮,选择"桌面背景需要更改的图片",单击"确定"按钮即可更换桌面背景。

第 3 章　Windows 7 操作系统

图 3.1　Windows 7 的桌面

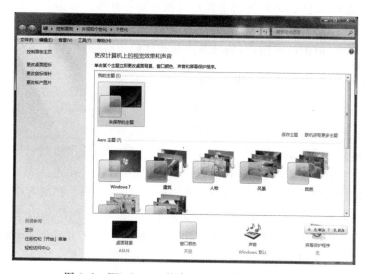

图 3.2　Windows 7 的桌面"个性化"设置对话框

2. 桌面图标

桌面图标就是桌面上显示的由图形和名称组成的各种小图案,在图标上直接双击即可打开与图标相对应的程序。桌面图标分为快捷方式图标和系统图标。快捷方式图标是指安装应用程序时自动产生的,用户也可根据需要自行创建,该图标的特征是左下角有一个 图标。系统图标是指系统自带的一些特殊用途的图标,如"回收站""计算机""网络"等图标。

3. 任务栏

任务栏位于桌面的最下端。任务栏从左到右是由"开始"图标按钮、快速启动区、任务区、语言区、活动图标按钮区、时间/日期区和"桌面"按钮等部分组成。

任务栏各项含义如下:

(1)"开始"图标 按钮。单击该按钮,可打开"开始"菜单,从而可启动或执行已安装的应用软件。

(2)快速启动区。该区用于存放快速启动按钮,单击该区域的按钮,可快速打开相应的窗口。系统默认有3个快速启动图标,单击 图标,可打开IE浏览器窗口,用于上网浏览网页。单击"播放"图标,可打开Windows Media Player窗口,用于播放音视频文件。

单击"文件夹"图标,可打开"库"窗口,用于操作本机的文件。

(3)任务区。在Windows中打开窗口或启动应用程序时,在任务区会显示一个相应名称的任务图标。单击相应的任务图标,可以显示该任务的操作窗口。

(4)语言区。语言区用于切换和显示系统使用的输入法。单击输入法键盘图标,在弹出的下拉菜单中可选择一种输入法。单击"还原"图标按钮,可将语言栏还原为桌面上的工具条。单击"最小化"图标按钮,可将语言栏最小化至任务栏中。

(5)活动图标按钮区。后台运行的程序按钮显示在活动图标按钮区中。单击"向上"按钮,可显示隐藏的程序图标。

(6)时间/日期区。时间/日期区用于显示当前日期和时间。单击该图标,可以修改当前的时间和日期。

(7)"桌面"按钮。单击该按钮,可快速最小化操作的所有窗口,切换至桌面状态。

3.1.2 Windows 7 的启动与退出

启动Windows 7操作系统就是打开计算机,其操作步骤如下:

(1)打开显示器的电源。

(2)按下计算机开机按钮,计算机开始自检、初始化硬件设备和加载引导程序。

(3)若只有一个用户且未设置密码,加载完引导程序后,将自动进入Windows 7操作系统界面。如果有多用户,请输入用户名,若设置有密码,则输入密码。如果有多个操作系统,则利用键盘的上、下箭头来选择,然后按回车键即可进入Windows 7操作系统界面。

退出Windows 7操作系统就是关闭计算机。其退出的方法有4种,分别是注销电脑、切换用户、手动退出和系统退出。

1. 注销电脑

注销电脑就是将当前正在使用的所有程序关闭,但不会关闭计算机。Windows 7操作系统支持多用户共同使用一台计算机上的操作系统。用户通过"注销"菜单命令,可以快速切换至用户登录界面。

注销电脑的具体步骤如下:

单击"开始"按钮,在弹出的"开始"菜单中,单击"关机"右侧的"播放图标",在弹出的菜单中选择"注销"命令,如图3.3所示。

单击"注销"命令时,如果还有没关闭的应用程序,则会弹出"还需要关闭应用程序"提示对话框。如果想保存已打开的文件,需要单击"取消"按钮,这时系统将恢复至系统界面。如果单击"强行注销"按钮,系统就会强制关闭应用程序。

2. 切换用户

单击"开始"按钮,在弹出的"开始"菜单中,单击"关机"右侧的"播放图标",在弹出的菜单中选择"切换用户"命令,快速切换到用户登录界面,同时提示当前登录的用户为已登录的信息。单击选择所需的用户账户图标,如有密码,输入密码即可切换到该用户界面。

图 3.3 选择"注销"菜单命令

3. 手动退出

用户在使用计算机过程中,如果出现死机、花屏或蓝屏等现象,这时不能通过"开始"按钮退出系统了,需要按住计算机主机箱上的电源按钮几秒钟,这时主机就会关闭,再关闭显示器电源,即可完成手动关机操作。

4. 系统退出

单击"开始"按钮,在弹出的"开始"菜单中,单击"关机"按钮,即可退出当前 Windows 7 操作系统,主机电源也会自动关闭,待电源指示灯熄灭,关闭显示器即可。

3.2 Windows 7 的基本操作

本节主要讲述 Windows 7 的一些基本操作,包括窗口的操作、对话框的操作、菜单的约定和操作。

3.2.1 窗口的操作

窗口是 Windows 7 操作的基本对象,Windows 7 中所有的应用程序都是以窗口的形式出现的。启动一个应用程序后,用户看到的是该应用程序的窗口。用户可同时打开多个窗口,显示在最前的窗口为当前活动窗口。Windows 7 的窗口一般包括正常、最大化和最小化 3 种显示状态。正常窗口是 Windows 7 系统的默认窗口,最大化窗口占满整个屏幕,最小化窗口则缩小为一个图标或按钮。

1. 窗口的组成

窗口限定了每个应用程序在屏幕上的工作范围。当窗口被关闭时,应用程序也同时被关闭。当窗口处于正常或最大化状态时,都具有边界、工具栏、标题栏、菜单栏、导航窗格、细节窗格、状态控制按钮、搜索框、窗口工作区以及滚动条等。计算机窗口的组成如图 3.4 所示。窗口的组成部分及其作用见表 3.1。

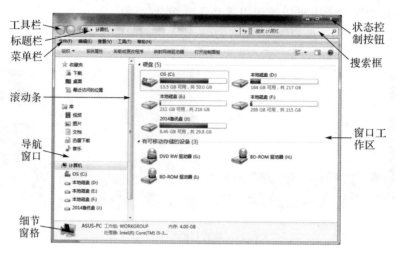

图 3.4 "计算机"窗口

表 3.1 窗口的组成部分及其作用

组成部分	作 用
工具栏	用于显示一些常用的工具按钮,如"返回"按钮、"前进"按钮、刷新按钮等。用鼠标单击这些工具按钮可执行相应的操作
标题栏	标题栏位于窗口的顶部,用于显示窗口的名称。用鼠标拖动标题栏可以移动窗口,双击标题栏可以将窗口最大化或者还原
菜单栏	在标题栏的下方,用于显示应用程序的菜单项。单击每一个菜单项可打开相应的菜单,然后选择需要的操作命令
导航窗格	用于显示当前计算机的文件结构
细节窗格	用于显示当前窗口或所选对象的详细信息,如文件大小、作者等
状态控制按钮	有 3 个按钮,用来改变窗口的大小或关闭窗口
搜索框	用于快速搜索当前计算机中保存的文件
窗口工作区	用于显示窗口中的内容
滚动条	拖动滚动条可显示导航窗格中没有显示出来的文件结构

2.窗口的基本操作

Windows 7 窗口的操作主要包括打开和关闭窗口、最小化/最大化窗口、缩放窗口、移动窗口、切换窗口和排列窗口等。

(1)打开窗口。若需要打开某个窗口,直接双击其图标或单击文字链接即可。

(2)关闭窗口。若需要关闭某个窗口,有 3 种方法。其一是单击该窗口的"状态控制按钮"上的"关闭"按钮图标;其二是按"Alt+F4"组合键。其三是在任务栏上右击需要关闭的窗口,在弹出的快捷菜单中选择"关闭窗口"命令。

(3)最小化、最大化和还原窗口。最小化窗口就是将窗口以标题按钮的形式缩放到任务按钮区。单击窗口右上角的图标"—"按钮可以最小化窗口。

(4) 缩放窗口。当窗口处于还原状态时,可以对窗口进行缩放。将鼠标光标移动到窗口边框的任一角上,当鼠标光标变成双向箭头时,按住鼠标左键不放并拖动即可改变窗口的大小。

(5) 移动窗口。将鼠标光标移动到标题栏上,按住鼠标左键不放,将其拖动到适当位置即可。当窗口处于最大化状态时,不能进行移动操作。

(6) 切换窗口。在桌面上可同时打开多个窗口,总有一个窗口位于其他窗口之前。用户当前正在使用的窗口为活动窗口,位于最上层。切换窗口有三种方法:其一是在窗口工作区中单击需要进行操作的窗口;其二是在任务按钮区中单击需要进行操作的窗口按钮;其三是用"Alt+Tab"快捷键来进行窗口切换,在桌面中间会显示各程序的预览小窗口,片刻后桌面也会即时显示某个程序的窗口。用户也可按住 Alt 键不放,每按一次 Tab 即可切换一次窗口,最终切换至自己需要的窗口。

(7) 排列窗口。在任务栏的空白处单击鼠标右键,在弹出的快捷菜单中选择窗口的排列方式,如层叠窗口、堆叠显示窗口、并列显示窗口,桌面上的窗口将会以相应的方式排列。

3.2.2 对话框的操作

对话框与窗口有共同点,但对话框比窗口更直观、更简洁、更侧重于与用户的交流。在使用计算机的过程中,对话框的主要功能是输入一些相应的参数,选择设置的选项或确定所执行的操作,若双击了某个图标或选择执行某个操作的命令,将打开相应的对话框。执行的命令不同,对话框的内容也不相同。

1. 对话框的组成

一般的对话框主要包括标题栏、选项卡、文本框、复选框、单选按钮、列表框、下拉列表、微调按钮、预览区、命令按钮等,如图 3.5 所示。

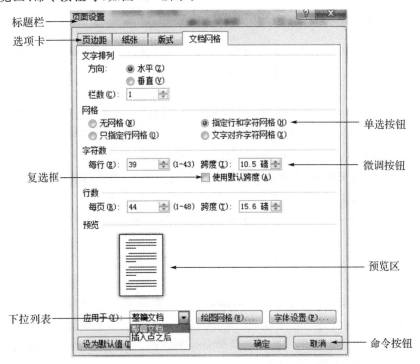

图 3.5　对话框中常见的控制项

在对话框的组成部分中,凡是以灰色状态显示的按钮或选项,表示当前不可执行。除了用鼠标选择各选项或按钮外,还可以通过按"Tab"键激活选项并选择参数,然后按回车键确定设置的参数。

(1)选项卡。当对话框中内容较多时,就会按类别分成若干个选项卡,并依次排列在一起。每个选项卡都有各自的名称,单击某个选项卡,就可显示出其相应的设置。

(2)单选按钮。通常多个单选按钮组成一组,选中某个单选按钮可以选择相应的选项。但在一组单选按钮中只能有一个单选按钮被选中。选中单选按钮时,其左侧的小圆圈里显示圆点。若未选中单选按钮,其左侧的小圆圈里为空。

(3)微调按钮。利用上箭头和下箭头可以调整左侧数字框中的数字。

(4)复选框。复选框选项是一组相互之间并不排斥的选项,用户可根据需要选中其中的某些选项。选中复选框时,其左侧的小方框内出现对勾。若未选中复选框,其左侧的小方框内为空。再次选中复选框时,其左侧的小方框内出现的打勾消失,说明该复选框选中已取消。

(5)下拉列表。单击下拉列表框右侧的下拉列表按钮即可显示出下拉列表,在下拉列表中列出了多个选项,使用鼠标或键盘可以从下拉列表中选择其中的一个选项。

(6)命令按钮。使用该按钮可执行一个操作。若命令按钮有"…",则单击该按钮,会弹出另一个对话框。若命令按钮有">>",则单击该按钮,可扩展当前的对话框。

2. 对话框的基本操作

对话框的基本操作包括移动对话框和关闭对话框。

(1)移动对话框。将鼠标移到对话框的标题栏上方,按住鼠标左键拖动,即可将对话框移到屏幕上的适当位置,但形状、大小不改变。

(2)关闭对话框。

3.2.3 菜单的约定和操作

所谓菜单,一般由若干命令和子菜单组成,用户可通过执行菜单命令进行相应的操作。菜单按照类别可以分为窗口主菜单、右键快捷菜单和"开始"菜单。

1. 窗口菜单的约定

Windows 7 系统中的菜单是遵循一定的约定的,因此,打开窗口菜单后会看到菜单命令选项有灰色、黑色或菜单名称后带有省略号的。菜单中的菜单选项各不相同,它们分别代表不同的含义。现在对常见的菜单项进行简单介绍。

(1)右端带有右箭头的菜单命令。这种菜单称为层叠式菜单,表示该菜单还有下一级菜单,有时也将其下一级菜单称为子菜单。

(2)右端带有省略号的菜单命令。选择并执行这些菜单命令时,一般会弹出一个对话框,要求用户进行一些必要的设置,然后再执行用户指定的操作。

(3)带有组合键的菜单命令。带有组合键的菜单命令表示用户可以直接使用这些组合键执行该命令。

(4)呈灰色显示的菜单命令。在 Windows 7 中,正常的菜单命令其文字呈黑色显示,表示用户可以执行该命令。当菜单命令以灰色显示时,表示用户目前不能使用该命令。

(5)菜单命令中的选中标记。在某些菜单命令的左侧,通常会出现对勾标记或圆点标记,表示该菜单命令当前处于激活状态。

(6)菜单命令的分组。在同一个下拉式菜单中,有时菜单命令之间会出现分隔线,从而将多个菜单命令分隔成若干个小组。分在同一组中的菜单命令功能相似或具有某种共同的特征。

2. 菜单的基本操作

要对菜单进行操作就要打开菜单,用户可以用鼠标打开菜单,也可以用键盘打开菜单,包括移动对话框和关闭对话框。

用鼠标打开菜单。当鼠标移动到菜单标题栏上时,菜单标题栏就自动显示出一个带颜色的小方框,这表明它处于活动状态,单击它就可以打开下拉菜单。单击菜单上的命令,就可以执行该命令。用鼠标在菜单以外的任意位置处单击,就可撤销该菜单。

3.3 Windows 7 个性化设置

在使用 Windows 7 时,如果用户对系统默认的桌面主题、壁纸并不满意,可以通过对应的选项设置,对其进行个性化设置。用户可根据自己的喜好来设置个性化电脑。其主要包括 Windows 7 桌面背景个性化设置、桌面图标个性化设置、显示属性设置、任务栏设置、日期和时间设置、管理用户账号等。

3.3.1 桌面背景设置

用户设置各种背景和屏幕保护程序,以美化电脑的操作界面、缓解疲劳和保护电脑。

1. 设置桌面主题

桌面主题是指桌面外观风格的一个总体方案,它可以同时改变桌面图标、桌面背景、任务栏、窗口和对话框等项目的外观。其具体操作步骤如下:

(1)鼠标在桌面空白处右击,选择"个性化(R)"命令,出现"个性化"设置对话框。

(2)在"Aero 主题"列表中选择合适的"图片"。

(3)返回桌面可以看到主题已改变成刚才添加的图片。

2. 更换桌面背景

如果不需要整体改变桌面主题,只需要更改桌面显示的背景图片,可只对其进行修改,其操作步骤如下:

(1)在桌面空白处右击,选择"个性化(R)"命令,弹出"个性化"对话框。

(2)在"个性化"对话框中,单击"更改桌面图标",弹出"桌面图标设置"对话框。

(3)单击"更改图标"按钮,选择"桌面背景需要更改的图片",单击"确定"按钮即可更换桌面背景。如果在列表中没有找到合适的背景图片,可单击"浏览(B)"按钮,在打开的"浏览文件夹"对话框中选择保存在电脑硬盘或其他磁盘中的背景图片。

3. 设置屏幕保护程序

设置电脑屏幕保护程序不仅可以保护显示屏,而且还能防止他人查看保存在电脑的重要文件。设置屏幕保护程序后,如果在规定的时间内不操作键盘或鼠标,将启动该程序。下面将屏幕保护程序设置为"照片",启动时间为 30 分钟,其具体操作如下:

(1)在桌面空白处右击,选择"个性化(R)"命令,弹出"个性化"对话框。

(2)在"个性化"对话框中,单击"屏幕保护程序",弹出"屏幕保护程序设置"对话框。

(3)在"屏幕保护程序"下拉列表中选择需要的屏幕保护程序,如"三维文字"或"图片",在"等待"数值框中输入启动屏幕保护程序的时间,如输入"30",设置完成后,单击"应用"按钮,再单击"确定"按钮,如图3.6所示。

图3.6 屏幕保护程序设置对话框

3.3.2 桌面图标设置

除了双击图标可打开相应的窗口外,还可以对桌面图标进行添加、移动、删除和排列等操作。

1.添加桌面图标

所谓添加图标,是指在桌面上创建快捷方式图标。在桌面上创建快捷方式图标有以下两种方法。

(1)从"开始"菜单中添加快捷方式图标。单击桌面左下角"开始"按钮,在打开的"开始"菜单中选择要创建快捷方式的程序。按住鼠标左键,将其拖动到桌面空白位置,释放鼠标即可。

(2)使用快捷菜单创建快捷方式图标。选中要创建快捷方式的图标,单击鼠标右键,在弹出的快捷菜单中选择"发送到(N)"→"桌面快捷方式"命令。

2.移动桌面图标

移动桌面图标的方法非常简单,只须选中要移动的图标,然后按住鼠标左键不放,将该图标拖动到目标位置后释放鼠标即可。

3.排列桌面图标

用户可以根据需要将桌面图标按一定的方式进行排列。其具体操作步骤如下:

在桌面空白处右击,在弹出的快捷菜单中选择"排列图标(I)"命令,在弹出的子菜单中选择所需的排列方式即可,如图3.7所示。

第 3 章 Windows 7 操作系统

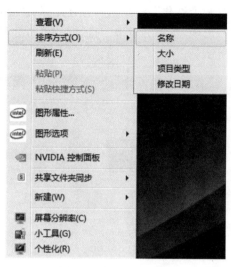

图 3.7 排列桌面图标

4．删除桌面图标

用户可以通过鼠标和键盘来删除桌面上不需要的图标。其具体操作步骤如下：

(1)在要删除的图标上单击鼠标右键，在弹出的快捷菜单中选择"删除(D)"命令，弹出"删除快捷方式"对话框。

(2)在该对话框中，单击"是"按钮，即可删除该图标。

5．重命名图标

重命名图标就是为"图标"重新命名。其操作方式是：在要重命名的图标上单击鼠标右键，在弹出的快捷菜单中选择"重命名(M)"命令，然后直接输入名称即可。

3.3.3 显示属性设置

Windows 7 是一个图形化的操作系统，用户可通过"控制面板"窗口中的"外观和个性化"→"显示"控件来更改窗口上的各种显示设置，使计算机界面更加美观，如图 3.8 所示。

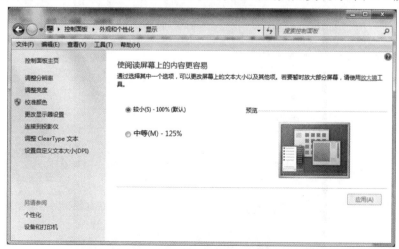

图 3.8 "显示"对话框

单击"控制面板"→"外观和个性化"→"显示",打开计算机"显示"对话框。

单击"更改显示器设置",出现"屏幕分辨率"对话框。单击分辨率的下拉列表框,即可修改显示器的分辨率,如图3.9所示。

图3.9　修改显示器分辨率

3.3.4　任务栏设置

Windows 7的任务栏显示在桌面的最下方,功能非常强大,用户可以对其进行设置。用户还可根据自己的习惯来设置个性化的任务栏,方便用户的管理和使用。

1. 设置任务栏属性

用户可以根据自己的需要对任务栏进行设置。设置任务栏属性的具体步骤如下:

(1)在任务栏空白处单击鼠标右键,从弹出的快捷菜单中选择"属性"命令,弹出"任务栏和开始菜单属性"对话框,系统默认打开"任务栏"选项卡,如图3.10所示。

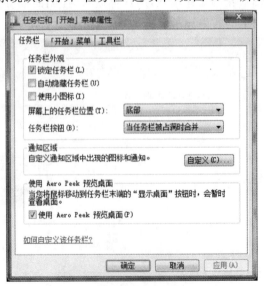

图3.10　任务栏设置对话框(一)

(2)在"任务栏"选项卡中的"任务栏外观"选区中有3个复选框、2个下拉列表,分别是:

1)锁定任务栏。锁定后,任务栏将无法移动,无法调整大小,也就无法产生任何的变化。若需要锁定任务栏,只需选中此复选框。

2)自动隐藏任务栏。如果显示器太小,或希望程序最大化占满整个窗口,可以选中此复选框。

3)使用小图标。默认情况下是大图标,如需要大面积显示某一程序,可以选中此复选框。

4)屏幕上的任务栏位置(T)。默认情况下,任务栏位于屏幕底部,用户可以单击该选项右侧的下拉按钮,从弹出的下拉列表中选择"左侧""右侧""顶部"选项。

5)任务栏按钮(B)。系统定义了3种任务栏按钮格式:

①始终合并,隐藏标签。使任务栏看起来简洁明了,但操作又不方便。

②当任务栏占满时合并。

③从不合并。选择此选项,会在任务栏按钮上显示标签。

在"通知区域"中,单击"自定义(C)"按钮,弹出"选择在任务栏上出现的图标和通知"设置对话框。"图标和通知"的设置有3种,分别为"显示图标和通知""隐藏图标和通知""仅显示通知",如图3.11所示。如果选择"隐藏图标和通知",则不会向用户通知更改和更新。如果随时查看隐藏的图标,则单击任务栏上通知区域旁的箭头。

在Windows 7默认情况下,通知区域只显示几个系统图标。单击"显示隐藏的图标"按钮,才可以看到正在后台运行的程序或其他通知图标。

图3.11 任务栏设置对话框(二)

2. 任务栏图标

在任务栏中有两种图标,一种是图标周围有方框的,形成了按钮的效果,这是正在运行的程序,单击该按钮,可以将对应的程序放在最前面;另一种是图标旁边没有方框的,这种是属于普通的快捷方式,对应着尚未运行的程序,单击该图标可以启动相应的程序。

3. 跳转列表

在任务栏上用鼠标右键单击某一图标后,系统就会用弹出菜单的形式显示跳转列表,而跳转列表的具体内容取决于对应的程序,如用鼠标单击 IE 浏览器,则列表中会显示最近访问过的网页记录,以及少量的常用的用于控制该程序的选项,如图 3.12 所示。

图 3.12　IE 跳转列表

3.3.5　日期和时间设置

操作系统都有能自动更新的日期和时间,用户可以进行调整。Windows 7 设置日期和时间的具体操作步骤如下:

(1)在任务栏右单击"日期/时间"→"调整日期/时间(A)",弹出"日期和时间"对话框,如图 3.13 所示。

图 3.13　"日期和时间"对话框

(2)单击"更改日期和时间(D)"按钮,弹出"日期和时间设置"对话框,如图 3.14 所示。在"日期(D)"栏中,通过左、右箭头可选择月份、年份,在下方单击选择具体的日期。在"时间(T)"栏中,可直接输入当前的时、分、秒,设置完成,单击"确定"按钮。

图 3.14 "日期和时间设置"对话框

3.3.6 账号管理设置

Windows 7 具有多用户管理功能,可以让多个用户共同使用一台计算机,并且每一个用户都可以拥有自己的操作系统。

1. 创建新账户

安装 Windows 7 操作系统后,默认只有 Administrator 管理员账户和 Guest 来宾账户,且来宾账户默认未启用。用户可以添加标准账户和管理员账户。如果要添加新的标准账户 zhan,其操作步骤如下:

(1)以管理员账户登录系统。单击"开始"按钮,选择单击"控制面板",弹出"控制面板"对话框,如图 3.15 所示。

(2)单击"用户账户和家庭安全"→"添加或删除用户账户"超链接,弹出"管理账户"对话框,显示了系统当前的账户情况,如图 3.16 所示。

(3)在"管理账户"对话框左下方,单击"创建一个新账户"超链接,弹出"创建新账户"对话框,在命名账户文本框中输入账户名称,如输入"zhan",默认选择"标准用户",如图 3.17 所示。

(4)在"创建新账户"对话框右下方,单击"创建账户"按钮,返回"管理账户"对话框,该对话框显示系统当前的账户情况,如标准用户"zhan",如图 3.18 所示。

图 3.15 "控制面板"对话框

图 3.16 "管理账户"对话框

第 3 章　Windows 7 操作系统

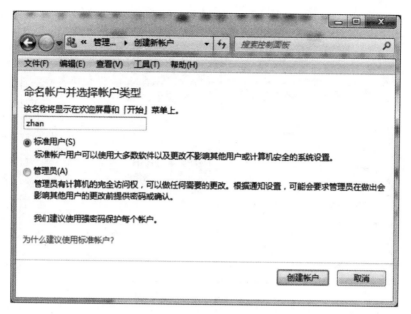

图 3.17　"创建新账户"对话框

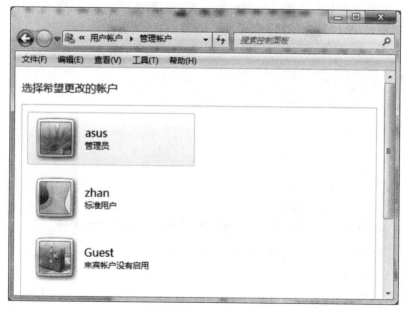

图 3.18　显示新创建的账户

2．设置账户密码

为了保护用户账户的安全，创建账户后还应设置密码。使用该用户账户登录操作系统时，必须输入正确的密码，否则无法登录。给账户 zhan 设置密码，其操作步骤如下：

（1）单击"开始"按钮，选择单击"控制面板"，弹出"控制面板"对话框。

（2）单击"用户账户和家庭安全"→"添加或删除用户账户"超链接，弹出"管理账户"对话框，该对话框显示系统当前的账户情况。单击账户"zhan"，弹出"更改账户"对话框，如图 3.19

所示。

图 3.19 "更改账户"对话框

(3)在"更改账户"对话框左侧,单击"创建密码"超链接,弹出"创建密码"对话框,在新密码文本框中输入密码,在确认新密码文本框中输入相同的确认密码,在密码提示文本框中输入密码提示内容,如输入"小学名称",如图 3.20 所示。

图 3.20 "创建密码"对话框

(4)在"创建密码"对话框右下方,单击"创建密码"按钮,返回"更改账户"对话框,该对话框显示该标准用户有密码保护,如图 3.21 所示。设置账户密码后,如忘记密码,可在登录系统时凭密码提示问题回答出正确答案,来获取密码。

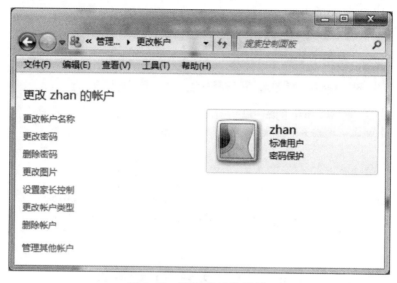

图 3.21 "更改账户"对话框

3. 切换账户

在一台计算机上创建多个账户后,如果需要进入另一个账户,无需关闭电脑或重启电脑,单击系统左下角"开始"→"关机"→"切换用户(W)",即可切换至需要的账户。

4. 删除账户

当不需要某个账户时,可以删除该账户。删除账户 zhan,其操作步骤如下:

(1)单击"开始"按钮,选择单击"控制面板",弹出"控制面板"对话框。

(2)单击"用户账户和家庭安全"→"添加或删除用户账户"超链接,弹出"管理账户"对话框,该对话框显示系统当前的账户情况。单击账户"zhan",弹出"更改账户"对话框。

(3)在"更改账户"对话框左侧,单击"删除账户"超链接,弹出"删除账户"对话框,如图3.22所示。

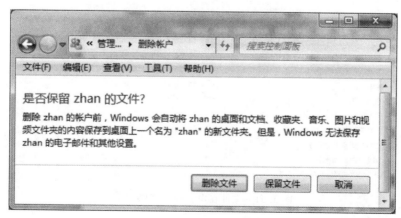

图 3.22 "删除账户"对话框

(4)在"删除账户"对话框下方,单击"删除文件"按钮,弹出"确认删除"对话框,如图 3.23 所示。

(5)在"确认删除"对话框右下方,单击"删除账户"按钮,返回"管理账户"对话框,该对话框显示系统账户"zhan"被删除了。

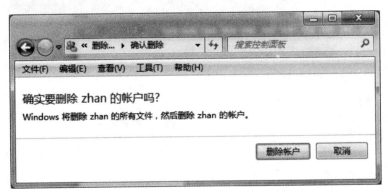

图 3.23 "确认删除"对话框

3.4 管理文件和文件夹

在 Windows 7 操作系统的使用过程中,经常要对文件和文件夹进行各种操作,例如复制、移动、重命名以及查找等。所有这些操作都可以在 Windows 资源管理器中完成。

3.4.1 文件和文件夹的基本概念

Windows 7 操作系统的文件管理主要涉及下述基本概念。

1. 文件

在计算机中,文件是最基本的存储单位,数据和各种信息都保存在文件中。Windows 中的任何文件都是用图标和文件名来标识的,文件名由主文件名和扩展名组成,中间用"."分隔,如图 3.24 所示。从打开方式看,计算机中的文件类型分为可执行文件和数据文件两种。

图 3.24 文件在电脑中的表现形式

(1) 可执行文件。可执行文件是指可以自己运行的文件,其扩展名为.exe,.com,.dll 等,可执行文件包含了控制计算机执行特定任务的指令。用鼠标双击可执行文件,该文件便会自己运行。例如,应用程序的启动文件、用于格式化和扫描磁盘的操作系统程序等。

(2) 数据文件。数据文件是指不能自己运行的文件。例如,文本文件(扩展名为.txt)、动画文件(扩展名为.fla,.avi,.swf,.flv 等)、视频文件(扩展名为.rmvb,mpeg,.dat,.mpg 等)、图形文件(扩展名为.jpg,.png,.jpeg,.gif,.bmp 等)等。数据文件必须与应用程序同时使用,当打开一个数据文件时,就会同时打开支持该文件的应用程序。

2. 文件夹

文件夹是在磁盘上组织程序和文档的一种手段,既可包含文件,也可包含其他文件夹,就像用户办公时使用文件夹来存放文档一样。

文件夹可以包含各种不同类型的文件,例如音乐、图片、视频、文档和程序等。用户可以将其他位置的文件(例如,计算机、其他文件夹或 Internet 上的文件)复制或移动到用户创建的文件夹中,还可以在文件夹中再创建文件夹。

3.4.2 计算机窗口

Windows 在汉语里是窗口的意思,Windows 操作系统最大的特点就是窗口化操作,计算机操作的部分都是窗口操作,通过计算机窗口,用户可以很明确地执行操作,直观地得到操作结果。计算机窗口是常用的管理文件的场所。其打开方法有以下 3 种。

(1) 双击桌面上的"计算机"图标。
(2) 鼠标右击桌面上的"计算机"图标,在弹出的菜单中选择"打开(O)"。
(3) 单击"开始"按钮,选择"计算机",弹出"计算机"对话框,如图 3.25 所示。

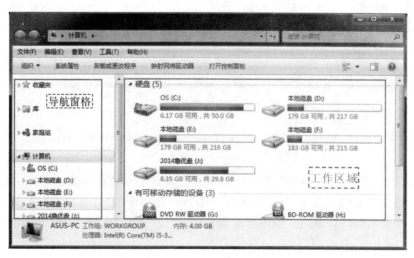

图 3.25 计算机窗口

计算机窗口用于管理文件的区域分为导航窗格和工作区域。其功能和使用方法分别如下。

(1) 导航窗格。导航窗格以树形目录的形式列出了当前磁盘中包含的文件类型。默认选择"计算机"选项,并显示该选项下的所有磁盘。单击某个磁盘选项左侧的空心三角图标,可展开该磁盘,并显示其中的文件夹,此时该磁盘选项左侧的空心三角图标变成实心三角图标。再单击某一文件夹左侧的空心三角图标,可展开该文件夹,并显示包含其中的子文件夹。

(2)工作区域。工作区域分为"硬盘"和"有可移动存储的设备"两栏,其中"硬盘"栏中显示了当前电脑的所有硬盘分区、连接的 U 盘和移动硬盘;"有可移动存储的设备"栏显示了当前电脑连接的可移动存储的驱动设备,如光驱和虚拟光驱。双击"硬盘分区"或"U 盘"或"移动硬盘",均可在打开的窗口中显示该硬盘分区或 U 盘包含的文件和文件夹,再双击其中的文件夹,又可逐步展开该文件夹中的子文件夹和文件。若双击文件图标,可启动该文件对应的应用程序操作窗口。

3.4.3 Windows 资源管理器

"资源管理器"窗口也是常用文件管理窗口,其打开方法有以下 2 种。

(1)从"开始"菜单打开。在"开始"按钮上单击鼠标右键,在弹出的快捷菜单中选择"打开 Windows 资源管理器(P)"命令,弹出"资源管理器"对话框,如图 3.26 所示。

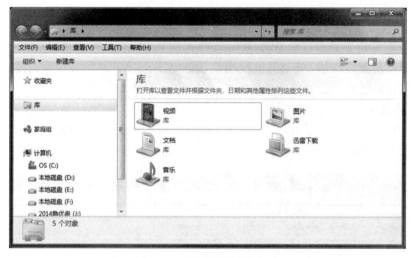

图 3.26 "资源管理器"窗口

(2)从"任务栏快速启动区"打开。单击任务栏快速启动区中的"Windows 资源管理器"按钮。

"资源管理器"窗口与"计算机"窗口类似,只是左侧的导航窗格中默认选择的是"库"选项,包括"视频""图片""文档""音乐"等文件夹。单击导航窗格中的"计算机"选项,此时,"资源管理器"窗口切换至"计算机"窗口。单击导航窗格中的"库"选项,此时,"计算机"窗口切换至"资源管理器"窗口。

使用"资源管理器"窗口可以浏览某个存储器或文件夹中所存储的文件。单击窗口左侧某个存储器选项左侧的空心三角图标,可展开该存储器,并显示其中的文件夹,此时该存储器选项左侧的空心三角图标变成实心三角图标。当用户要以不同的方式显示或排列文件时,用鼠标右键单击窗口的空白处,然后从弹出的快捷菜单中选择"查看"→选择"超大图标(X)、大图标(R)、中等图标(M)、小图标(N)、列表(L)、详细信息(D)、平铺(S)、内容(T)、展开所有组(U)、折叠所有组(C)"中的一种显示方式。还可以用鼠标右键单击窗口的空白处,然后从弹出的快捷菜单中选择"排序方式"→选择"名称、类型、总大小、可用空间、递增(A)、递减(D)"中的一种排列方式。

3.4.4 文件或文件夹的基本操作

在使用计算机的过程中,需经常对文件和文件夹进行操作。文件和文件夹的基本操作包括文件和文件夹的新建、选择、移动、复制、重命名和删除,查找文件,查看文件和文件夹属性等操作。

1. 新建文件夹

在要创建文件夹的磁盘窗口空白处,用鼠标右键单击"新建",在弹出的菜单中选择"文件夹",即可新建文件夹,此时文件夹名称呈可编辑状态,输入新建的文件夹名称后,按"回车键"即可。

2. 选择文件或文件夹

用户在处理一个或多个文件或文件夹前,必须首先选择要处理的文件或文件夹,而选中后的对象将以亮色矩形框显示。

(1)如果要选择一个文件或文件夹,只需单击它即可。

(2)如果要选择连续的多个文件或文件夹,可以按以下操作步骤进行:

1)打开文件夹窗口,找到要选择的多个文件或文件夹。

2)单击第一个要选择的文件或文件夹。

3)按住"Shift"键,单击最后一个要选择的文件或文件夹。这样,第一个文件或文件夹和最后一个文件或文件夹之间的所有文件或文件夹都被选中了。

另外,还有一种能选中连续的文件或文件夹方法:在文件夹窗口内,按住鼠标左键并拖动,会形成一个亮色矩形框,释放鼠标后,被这个亮色矩形框罩住的文件或文件夹都会被选中。

(3)如果要选择不连续的多个文件或文件夹,可以按以下操作步骤进行:

1)打开文件夹窗口,找到要选择的多个文件或文件夹。

2)单击第一个要选择的文件或文件夹。

3)按住"Ctrl"键,单击要选择的文件或文件夹。

在选中多个文件或文件夹后,如果想取消选中一个文件或文件夹,只要按住"Ctrl"键并单击该文件或文件夹即可。

(4)如果要选择同一存储器或文件夹下的全部文件或文件夹,有以下两种操作方法。

1)可按"Ctrl+A"组合键。

2)选择工具栏的菜单"组织"→"全选"命令。

3. 移动与复制文件或文件夹

移动是指将当前的文件或文件夹移到其他存储器或文件夹中。复制是指将选中的文件或文件夹在其他存储器或文件夹中复制一个备份,原来的文件或文件夹仍然留在原处。

(1)移动文件或文件夹,有以下5种操作方法。

1)通过鼠标拖动移动。选中要移动的文件或文件夹,然后按"Ctrl+X"组合键。打开要移动到的目标文件夹后,按"Ctrl+V"组合键。

2)通过菜单中的命令移动。选中要移动的文件或文件夹,选择工具栏的菜单"组织"→"剪切"命令。打开要移动到的目标文件夹后,选择工具栏的菜单"组织"→"粘贴"命令。

3)通过鼠标右键快捷键的命令移动。选中要移动的文件或文件夹,单击鼠标右键,在弹出的快捷菜单中选择"剪切"命令。打开要移动到的目标文件夹后,单击鼠标右键,在弹出的快捷菜单中选择"粘贴"命令。

4)通过导航窗格移动。如果需移动的文件或文件夹与目标文件夹在同一个磁盘中,可通过导航窗格显示出目标文件夹,然后拖动工作区域的文件或文件夹至导航窗格显示出的目标文件夹中。如果需移动的文件或文件夹与目标文件夹在不同的磁盘中,需在拖动文件或文件夹的同时,按住"Shift"键。

5)通过工作区域移动。如果需将文件或文件夹移动到当前窗口的某个文件夹中,可拖动该文件或文件夹图标到目标文件夹图标上再释放鼠标。

(2)复制文件或文件夹,有以下 5 种操作方法。

1)通过鼠标拖动复制。选中要复制的文件或文件夹,然后按"Ctrl+C"组合键。打开要复制到的目标文件夹后,按"Ctrl+V"组合键。

2)通过菜单中的命令复制。选中要复制的文件或文件夹,选择工具栏的菜单"组织"→"复制"命令。打开要复制到的目标文件夹后,选择工具栏的菜单"组织"→"粘贴"命令。

3)通过鼠标右键快捷键的命令复制。选中要复制的文件或文件夹,单击鼠标右键,在弹出的快捷菜单中选择"复制"命令。打开要复制到的目标文件夹后,单击鼠标右键,在弹出的快捷菜单中选择"粘贴"命令。

4)通过导航窗格移动。如果需复制的文件或文件夹与目标文件夹在同一个磁盘中,需在拖动文件或文件夹的同时,按住"Ctrl"键。

5)通过工作区域移动。如果需要通过工作区域复制文件或文件夹到同一窗格的目标文件夹中,需在拖动文件或文件夹的同时,按住"Ctrl"键。

4. 重命名文件或文件夹

在计算机中,可以根据需要对文件或文件夹重新命名,有以下两种操作方法。

(1)选中要重新命名的文件或文件夹,用鼠标右键单击,在弹出的快捷菜单中选择"重命名(M)"命令,这时,出现一个亮色的矩形文本框,输入新的文件或文件夹的名称,按"回车"键确认。

(2)选中要重新命名的文件或文件夹,单击工具栏的菜单"组织"→"重命名",这时,出现一个亮色的矩形文本框,输入新的文件或文件夹的名称,按"回车"键确认。

注意:如果文件已经被打开或正在被使用,则不能被重命名。在同一个文件夹中不能有两个名称相同的文件或文件夹。千万不要修改文件的扩展名。不要对可执行文件、系统中自带的文件或文件夹以及其他应用程序安装时所创建的文件或文件名重新命名,以免导致系统或应用程序运行错误。

5. 删除文件或文件夹

当一个文件或文件夹不再需要时,可以将其删除,以释放磁盘空间。删除文件夹时,其所含的文件或子文件夹也一并被删除。删除文件有以下 5 种操作方法。

(1)通过菜单中的命令删除。选中要删除的文件或文件夹,选择工具栏的菜单"组织"→"删除"命令。

(2)通过鼠标右键快捷键的命令删除。选中要删除的文件或文件夹,单击鼠标右键,在弹出的快捷菜单中选择"删除"命令。

(3)通过快捷键的命令删除。选中要删除的文件或文件夹,直接按"Delete"键,打开"删除文件或删除文件夹"对话框,单击"是"按钮确认删除。

(4)通过拖动法删除。选中要删除的文件或文件夹,直接拖至回收站。

(5)通过组合键的命令删除。选中要删除的文件或文件夹,按"Shift+Delete"组合键,打开"删除文件或删除文件夹"对话框,单击"是"按钮确认删除,可将其不经过回收站而直接从存储器中彻底删除。

6. 查找文件或文件夹

随着计算机中的文件或文件夹的增加,这时可使用 Windows 7 资源管理器窗口中的搜索功能,根据查找文件或文件夹的名称、类型、修改日期、大小以及关键字来查找电脑中的文件或文件夹。具体操作步骤如下:

(1)在"开始"按钮上单击鼠标右键,在弹出的快捷菜单中选择"打开 Windows 资源管理器(P)"命令,弹出"资源管理器"对话框。此时可在窗口的右上角看到"搜索计算机"编辑框,在编辑框输入要查找的文件或文件夹名称,按"回车"键。

(2)此时系统自动开始搜索,等待一段时间后即可显示搜索的结果。

(3)如果用户知道要查找的文件或文件夹的大致存放位置,可在资源管理器中首先打开该磁盘或文件夹窗口,再输入关键字进行查找,以缩小搜索范围。如果不知道要查找的文件或文件夹全名,可输入部分文件名,还可以使用通配符"*"和"?"来配合查找文件名,其中"*"代表任意字符,"?"代表任意一个字符。

单击"搜索计算机"编辑框,出现"添加搜索筛选器""修改时间"和"大小"三个选项。其中"修改时间"和"大小"选项作用介绍如下:

1)修改时间。单击该设置选项,可在弹出的列表框中选择搜索文件或文件夹的修改时间,从而缩小搜索范围。

2)大小。单击该设置选项,可在弹出的列表框中设置搜索文件或文件夹的大小,从而缩小搜索范围。

7. 查看文件或文件夹的属性

每个文件或文件夹都有属性,它显示文件或文件夹的类型、打开方式、位置、大小、占用空间以及创建日期等信息。查看属性有以下两种方法。

(1)选定查看的文件或文件夹,单击鼠标右键,在弹出的快捷菜单中选择"属性",弹出该文件或文件夹的属性对话框。

(2)选定查看的文件或文件夹,选择工具栏的菜单"组织"→"属性"命令。

查看文件或文件夹的属性,这时可以获得以下信息。

1)文件或文件夹属性。指出文件或文件夹是否为只读、隐藏、存档。如果文件或文件夹是只读的,则对其不能修改,只能查看。如果文件或文件夹是隐藏的,则不显示文件或文件夹,在一定程度上保护该文件或文件夹。

2)文件的类型。

3)打开文件的程序名称。

4)包含在文件夹中的文件和子文件夹的数目。

5)文件被修改或访问的最后时间。

将文件或文件夹设置成"只读""隐藏""存档"的操作步骤如下:

(1)打开文件或文件夹的"属性"对话框。

(2)在"属性"栏中选择"只读""隐藏""存档"复选框即可。

隐藏文件或文件夹后,默认将不在电脑中显示文件或文件夹。如需要再次操作隐藏的文件或文件夹,将其显示出来,其操作步骤如下:

(1)打开隐藏文件或文件夹的文件夹。

(2)选择工具栏的菜单"组织"→"文件夹和搜索选项"命令,弹出"文件夹"对话框。单击其"查看"选项卡,在"高级设置"列表框中,选中"显示隐藏的文件、文件夹和驱动器",如图 3.27 所示。

(3)单击"应用"按钮,单击"确定"按钮,返回文件夹窗口,此时可发现隐藏的文件或文件夹已显示出来,只是图标的颜色比正常文件或文件夹稍浅。

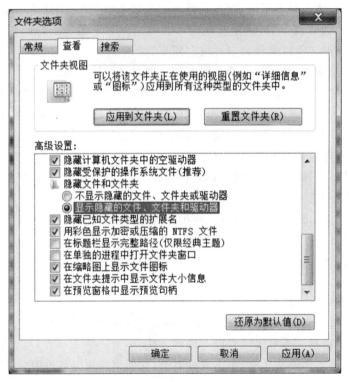

图 3.27 "文件夹选项"对话框

3.5 磁盘管理

磁盘是存储数据的设备,分为硬盘、U 盘和可移动硬盘。硬盘的容量大、速度快,计算机中存放信息的主要存储设备就是硬盘,但是硬盘不能直接使用,必须对硬盘进行分割,分割成的一块硬盘区域就是一个磁盘分区。每个磁盘都有各自的名称,默认以字母命名,例如,C 盘、D 盘、E 盘、F 盘等。用户还可以根据需要对磁盘进行重命名,方便快速识别该磁盘中存放的数据文件,如图 3.28 所示。磁盘由磁盘图标、磁盘名称和磁盘使用情况三部分组成,磁盘使用情况显示该磁盘的总容量及可用容量。

图 3.28　磁盘在电脑中的表现形式

不同的磁盘图标样式表示该磁盘的类型不同,各种图标样式代表的含义分别如下:

：表示该磁盘是主分区,存放了 Windows 7 操作系统文件,一般不要轻易对其中的文件进行移动和删除操作。

：表示该磁盘是逻辑分区,是 Windows 7 操作系统默认的磁盘图标,存放了普通的数据文件。

：表示该磁盘是逻辑分区,存放了普通的数据文件,同时也表示该磁盘中的文件已被共享到局域网中,供局域网中的其他用户查看和使用。

3.5.1　查看磁盘空间

磁盘空间越大,能够保存的程序和文件就越多。查看磁盘空间的具体操作步骤如下:

(1)双击桌面的"计算机"图标,打开"计算机"窗口。在该窗口中选中要查看的磁盘图标。

(2)例如选中"本地磁盘(D)"图标,单击鼠标右键,在弹出的快捷菜单中选择"属性"命令,弹出"本地磁盘(D)属性"对话框,如图 3.29 所示。

图 3.29　"本地磁盘(D:)属性"对话框

(3)在该对话框中可以查看磁盘的已用空间和可用空间,以及该磁盘上可用的总空间量。

(4)单击属性窗口的"常规"选项卡,在窗口文本框中可以输入"用来描述磁盘名称的卷标",卷标最多可包含11个字符。

(5)单击"确定"按钮,该磁盘的卷标被确定,并且关闭"本地磁盘(D)属性"对话框。

3.5.2 格式化磁盘

如果对旧磁盘进行格式化,则将会删除该磁盘上的所有数据,因此格式化磁盘需要慎重。一般情况下,禁止对已安装操作系统的磁盘进行格式化。

U盘和可移动硬盘在出厂时都已经格式化过了,因此,新购买的U盘或可移动硬盘使用时不必再格式化。

新购买的硬盘使用前必须先将其进行格式化,把磁道划分成一个一个的512B扇区,Windows 7操作系统支持FAT32和NTFS两种格式化方式。FAT32支持2TB的卷,但不支持512MB以下的卷。NTFS提供文件或文件夹权限、安全性、加密和压缩等高级功能。NTFS使用标准的事务处理记录和还原技术来保证卷的一致性,如果系统出现故障,NTFS使用日志文件和检查点信息来恢复文件系统的一致性。格式化磁盘的具体操作步骤如下:

(1)打开"计算机"窗口,例如选中"2014詹优盘(J)"图标。

(2)选择菜单"文件"→"格式化(A)"命令,或在选中的磁盘图标上右单击,在弹出的菜单中选择"格式化(A)"命令,弹出"格式化 2014詹优盘(J)"对话框,如图3.30所示。

(3)格式化对话框默认是"快速格式化",单击"开始"按钮,弹出"格式化 2014詹优盘(J)"对话框。此时提示用户"如果单击'确定'按钮,格式化磁盘将删除该磁盘上的所有数据,开始格式化磁盘"。格式化工作完成后,弹出"正在格式化 2014詹优盘(J)"提示框,此时提示用户"格式化完毕,单击'确定'按钮",完成磁盘格式化操作。

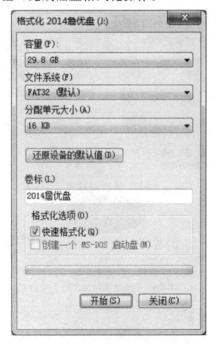

图 3.30 "格式化 2014詹优盘(J)"对话框

3.5.3 磁盘碎片整理

磁盘在使用过一段时间以后,由于反复写入和删除文件,会在磁盘中产生一些"碎片",使磁盘中的空闲扇区分散到整个磁盘中不连续的物理位置上,从而使文件不能保存在连续的扇区里。这样,在读写文件时就需要到不同的位置去读取,增加了磁头的来回移动,影响了磁盘的读写速度。Windows 7 系统为用户提供了一个整理磁盘碎片的程序,它可以整理文件产生的碎片以及文件在磁盘中的存储位置,提高磁盘的读写速度。整理磁盘碎片的具体操作步骤如下:

(1)单击"开始"按钮,在弹出的菜单中选择"所有程序"命令,单击"附件"→"系统工具"→"磁盘碎片整理程序",弹出"磁盘碎片整理程序"对话框,如图 3.31 所示。

(2)选中需要整理碎片的磁盘,单击"分析磁盘(A)"按钮,可以看到该磁盘的碎片比例,在"上一次运行时间"列中检查磁盘上碎片的百分比,一般情况下,如果碎片比例达到 5%,则应该对磁盘进行碎片整理,单击"磁盘碎片整理(D)"按钮即可。

图 3.31 "磁盘碎片整理程序"对话框

3.5.4 Windows 任务管理器

启动 Windows 任务管理器的具体操作方法有以下 2 种。

(1)在"任务栏"的空白处右单击鼠标,在弹出的菜单中选择"启动任务管理器(K)"命令,弹出"Windows 任务管理器"对话框,如图 3.32 所示。

(2)按下"Ctrl+Alt+Delete"组合键,选择"启动 Windows 任务管理器(T)",弹出"Windows 任务管理器"对话框。

有时需要强行终止某应用程序,其操作步骤如下:

(1)启动 Windows 任务管理器。
(2)选择需要终止的某应用程序,单击"结束任务(E)"按钮。
有时需要强行终止某应用程序的进程,其操作步骤如下:
(1)启动 Windows 任务管理器,打开"进程"选项卡。
(2)选择需要终止的某应用程序进程,单击"结束进程(E)"按钮。

图 3.32 "Windows 任务管理器"对话框

3.6 Windows 7 的常用附件

Windows 7 操作系统的附件中提供了一些实用的小应用程序,如便签、画图、计算器、记事本、截图工具、录音机和写字板等。

3.6.1 便签

使用 Windows 7 系统附件中自带的"便签"功能,可以方便计算机用户随时记录备忘信息。

1. 新建便签

新建便签的具体操作步骤如下:
(1)单击"开始"按钮,在弹出的菜单中选择"所有程序"→"附件"→"便签"命令。
(2)此时在桌面的右上角位置出现一个黄色的便签纸,在便签中输入相应的备忘录内容,如图 3.33 所示。
(3)单击便签纸左上角的"+"按钮,可新建一个或多个便签。

2. 修改便签纸的样式

默认情况下,便签纸的颜色是黄色的。用户可以根据自己的需要,在便签纸上单击鼠标右键,从弹出的菜单中选择需要的便签纸颜色。

用户可以用鼠标拖动便签纸四周的角点或边框线来改变便签纸的大小。

3. 删除便签

单击便签纸右上角的"×"按钮,弹出"删除便签"对话框,如单击"是"按钮,就删除便签。

图 3.33　在便签纸中输入备忘录内容

3.6.2　画图

画图程序是 Windows 7 系统自带的图像绘制和编辑工具,用户可以使用绘图程序绘制简单的图像,或对计算机中的图片进行处理。

1. 初识画图

单击"开始"按钮,在弹出的菜单中选择"所有程序"→"附件"→"画图"命令,弹出"无标题-画图"对话框,如图 3.34 所示。该窗口主要由标题栏、画图按钮、功能区、画布和状态栏组成。"画图"窗口中各部分的作用如下:

(1)"画图"按钮。单击该按钮,在展开的列表中,可以选择新建、打开、保存、另存为、打印、属性、退出等操作。

(2)快速访问工具栏。该工具栏中包括保存按钮、撤销按钮和重做按钮。

(3)功能区。功能区包括主页和查看两个选项卡。"主页"选项卡包括剪切板、图像、工具、形状和颜色工具选项。"查看"选项卡包括缩放、显示或隐藏和显示选项。

(4)状态栏。状态栏用于显示画图程序的当前工作状态。

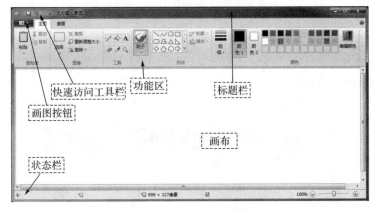

图 3.34　"无标题-画图"对话框

2. 绘图

使用功能区的形状工具来绘制简单图形,如图 3.35 所示。

3.6.3　计算器

计算器是 Windows 7 提供的数学计算工具,它的工作模式分为标准型、科学型、程序员和统计信息等。

1. 标准型计算器

启动计算器,默认的工作模式是"标准型",用户使用它可以进行简单的加、减、乘、除四则运算。单击"开始"→"所有程序"→"附件"→"计算机",弹出"计算器"对话框,如图 3.36 所示。

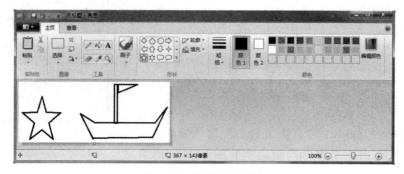

图 3.35 绘制简单图形

图 3.36 标准型计算器

2. 科学型计算器

启动计算器,在"计算器"对话框中,单击"查看"→"科学型(S)",弹出科学型计算器对话框,如图 3.37 所示。科学型计算器可进行乘方、开方、指数、对数、三角函数、统计等方面的运算。

图 3.37 科学型计算器

3.6.4 截图工具

截图工具是 Windows 7 提供的用于截取屏幕图像的工具。单击"开始"→"所有程序"→"附件"→"截图工具",弹出"截图工具"对话框,如图 3.38 所示。单击"新建(N)"的下拉按钮,弹出该截图工具的 4 种截图方式,分别是任意格式截图(F)、矩形截图(R)、窗口截图(W)和全屏幕截图(S),默认是矩形截图方式。在矩形截图(R)方式下,屏幕出现一个"十"字图标,按下鼠标左键,在屏幕中拖动,即可获得矩形截图。

在"截图工具"对话框中,单击"新建(N)"的下拉按钮,选择"窗口截图(W)",再单击"计算器"对话框,弹出"截图工具-窗口截图"对话框,如图 3.39 所示。

图 3.38 "截图工具"对话框

图 3.39 "截图工具-窗口截图"对话框

3.6.5 写字板

写字板是 Windows 7 提供的用于文档编辑的工具。该工具可在文档中输入和编辑文本,对文档进行格式编辑、页面设置和打印预览及打印操作,还可以插入图片、数学公式等。单击"开始"→"所有程序"→"附件"→"写字板",弹出"文档-写字板"对话框,如图 3.40 所示。

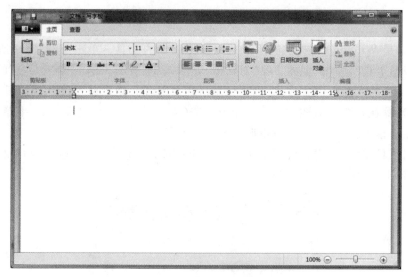

图 3.40 "文档-写字板"对话框

3.7 Windows 7 控制面板

Windows 7 操作系统的控制面板是更改计算机软件/硬件设置的集中场所,可对系统和安全、网络和 Internet、硬件和声音、程序、用户账户、外观和个性化、时钟、语言及区域等进行操作。

3.7.1 系统和安全

单击"开始"按钮,选择"控制面板",弹出"控制面板"对话框。在"控制面板"对话框中,单击"系统和安全"图标,弹出"系统和安全"对话框,如图 3.41 所示。

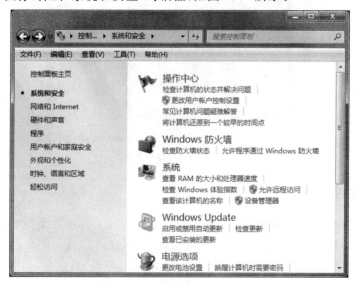

图 3.41 "系统和安全"对话框

在"系统和安全"对话框中,单击系统栏中的"查看RAM的大小和处理器速度",弹出"系统"对话框,如图3.42所示。在"系统"对话框中可以查看本机所安装的操作系统版本与系统类型以及是否已激活、本机主板的制造商与型号以及售后服务电话、本机CPU的型号及主频、本机所安装的内存容量、本机的计算机名称。单击系统栏中的"设备管理器",弹出"设备管理器"对话框,如图3.43所示。从"设备管理器"对话框中可以查看本机所安装的所有硬件设备的型号。

图3.42 "系统"对话框

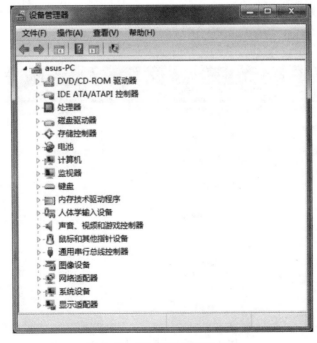

图3.43 "设备管理器"对话框

3.7.2 卸载或更改程序

卸载程序是指从计算机的硬盘中删除一个应用程序的全部程序和数据,包括注册数据。单击"开始"按钮,在弹出的菜单中选择"控制面板",弹出"控制面板"对话框。在"控制面板"对话框中,单击"程序"图标,弹出"程序"对话框,如图 3.44 所示。

在"程序"对话框中,选择单击系统栏中的"卸载程序",弹出"程序和功能"对话框,如图 3.45 所示。在"程序和功能"对话框中,在名称列表中右键单击需要卸载的程序,弹出"卸载/更改(U)"按钮,单击该按钮,这时弹出"程序和功能"对话框,在该对话框中确认是否卸载该程序,单击"确认"按钮即可卸载该程序。

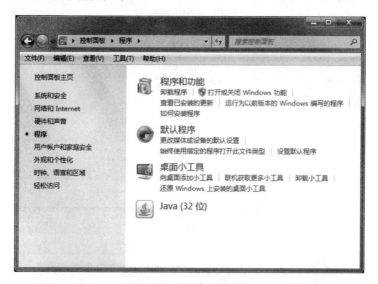

图 3.44 "程序"对话框

图 3.45 "程序和功能"对话框

3.8 实训内容

实训 1　桌面的操作

1. 更改桌面图标

用户可以自定义 Windows 7 系统桌面的图标样式和大小等属性，以方便自己的使用。改变系统桌面上"计算机"图标的样式、名称和大小的步骤如下：

（1）在桌面右击鼠标，在弹出的快捷菜单中选择"个性化"命令，如图 3.46 所示，打开"个性化"窗口。

（2）选择"个性化"窗口左侧的"更改桌面图标"链接，如图 3.47 所示，打开"桌面图标设置"对话框。

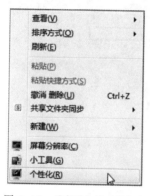

图 3.46　选择"个性化"命令

图 3.47　选择"更改桌面图标"链接

（3）在"桌面图标设置"对话框中，选中"计算机"图标，然后单击"更改图标"按钮，如图 3.48 所示，打开"更改图标"对话框。

（4）在"更改图标"对话框中选择一个图标，然后单击"确定"按钮，如图 3.49 所示，返回至"桌面图标设置"对话框。

图 3.48　"桌面图标设置"对话框

图 3.49　"更改图标"对话框

(5)在该对话框中单击"确定"按钮,即可更改桌面上"计算机"图标样式。

(6)右击"计算机"图标,在弹出的快捷菜单里选择"重命名"命令,将图标名称"计算机"更改为"我的电脑",如图3.50所示。

(7)在桌面空白处右击鼠标,在弹出的快捷菜单里选择"查看"→"中图标"命令,桌面图标即可变大,如图3.51所示。

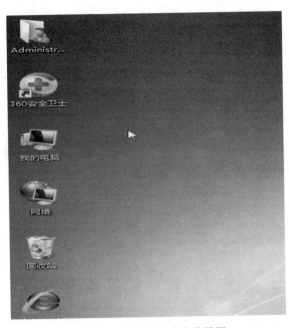

图3.50 选择"重命名"命令

图3.51 桌面图标放大效果图

2. 设置桌面背景

用户可以对自己的桌面背景进行个性化设置,下面以设置本地图片为桌面背景,并将其更改时间间隔设置为3min为例进行说明。具体操作步骤如下:

(1)在桌面空白处单击,在弹出的快捷菜单中选择"个性化"命令,如图3.52所示,打开"个性化"窗口,如图3.53所示。

(2)选择"桌面背景"链接,打开"桌面背景"窗口,如图3.54所示。

图3.52 选择"个性化"命令

图3.53 "个性化"窗口

(3)单击"浏览"按钮,在弹出的"浏览文件夹"对话框中选择相应的图片文件夹,如图 3.55 所示,单击"确定"按钮。

(4)在"桌面背景"窗口中,按住"Ctrl"键选中多个要展示的图片,如图 3.56 所示,将"桌面位置"设置为"填充","更改图片时间间隔"设置为"3min",勾选"无序播放",单击"保存修改",即可设置成功。

图 3.54 "桌面背景"窗口

图 3.55 "浏览文件夹"对话框

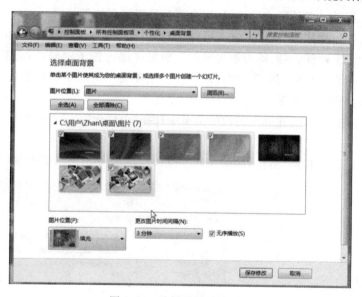

图 3.56 选择要展示的图片

3. 更改主题

主题是指搭配完整的系统外观和系统声音的一套设置方案,它决定着整个桌面的显示风格。在 Windows 7 中有多个主题供用户选择,用户可以为电脑设置自己喜欢的主题。

例如,将电脑主题设置为"写意生活"。其具体操作步骤如下:

在桌面空白处右击鼠标,在快捷菜单中选择"个性化",在"安装的主题"选项区域中选择"写意生活",如图 3.57 所示,即可应用该主题。

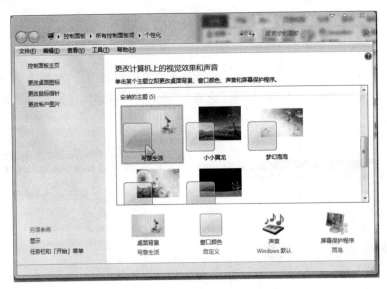

图 3.57 选择"写意生活"主题

4. 设置屏幕保护程序

屏幕保护程序简称"屏保",是用于保护计算机屏幕的程序,当用户暂时停止使用计算机时,它能使显示器处于节能状态。

Windows 7 提供了多种样式的屏保,用户可以设置屏保的等待时间,在这段时间内如果没有对计算机进行任何操作,显示器就进入屏保状态;当用户要重新操作计算机时,只需移动一下鼠标或按下键盘上的任意键,即可退出屏保。如果屏保设置了密码,则需要输入密码,才可以退出屏保。若用户不想使用屏保,则可以将屏保设置为"无"。下面以设置三维文字屏保为例说明。其具体操作步骤如下:

(1)在桌面空白处单击,在弹出的快捷菜单中选择"个性化"命令,如图 3.58 所示,打开"个性化"窗口。

(2)选择"屏幕保护程序"链接,如图 3.59 所示,打开"屏幕保护程序设置"对话框。

图 3.58 选择"个性化"命令

图 3.59 选择"屏幕保护程序"链接

(3)在"屏幕保护程序"下拉列表中选择"三维字体",在"等待"微调框内设置时间为"5min",即不操作计算机5min后,启动屏幕保护程序,选中"在恢复时显示登录屏幕"复选框,即退出屏保时要输入密码,如图3.60所示。

(4)单击"设置"按钮,弹出"三维文字设置"对话框,可以详细设置屏保的文字大小、旋转速度、字体颜色等,如图3.61所示。

图3.60 "屏幕保护程序设置"对话框

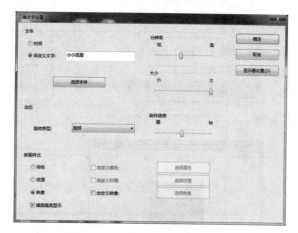
图3.61 "三维文字设置"对话框

(5)设置完成后,单击"确定"按钮,返回"屏幕保护程序设置"对话框,单击"确定"按钮即可。

5.更改电源配置

利用Windows 7电源设置,用户不仅可以减少计算机的功耗,延长显示器和硬盘的寿命,还可以防止用户在离开计算机后被其他人使用,保护个人隐私。

Windows 7系统自带"平衡"和"节能"2个电源计划,用户可以按照自己的实际需求来选择不同的内建电源计划。下面以更改Windows 7系统下的"平衡"计划为例说明。其具体操作步骤如下:

(1)在桌面空白处单击,在弹出的快捷菜单中选择"个性化"命令,如图3.62所示,打开"个性化"窗口。

(2)选择"屏幕保护程序"链接,如图3.63所示,打开"屏幕保护程序设置"对话框。

(3)"屏幕保护程序设置"对话框如图3.64所示,单击"更改电源设置",打开"电源选项"窗口,如图3.65所示。在"首选计划"选项栏里选中"平衡"单选框,然后选择旁边的"更改计划设置"链接,打开"编辑计划设置"窗口。

(4)在"关闭显示器"下拉列表中,可以调整关闭显示器的等待时间;在"使用计算机进入睡眠状态"下拉列表中,可以调整计算机进入睡眠的等待时间,此列分别设置为"10min"和"从不",单击"保存修改",完成设置,如图3.66所示。

图 3.62 选择"个性化"命令　　　　图 3.63 选择"屏幕保护程序"链接

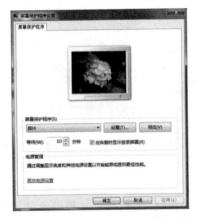 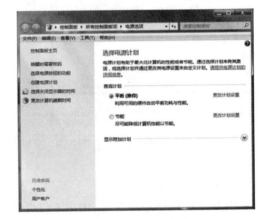

图 3.64 "屏幕保护程序设置"对话框　　图 3.65 "电源选项"窗口

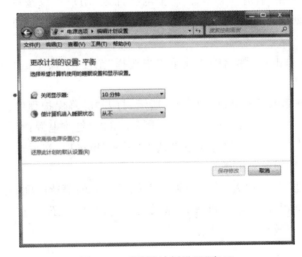

图 3.66 "编辑计划设置"窗口

注意:将系统切换到睡眠状态后,系统会将内存中的数据全部转存到硬盘上的休眠文件中,然后关闭除了内存外所有设备的供电,所以建议将"使用计算机进入睡眠状态"设置为"从不",以免影响用户正在运行的程序。

6. 创建新账户

Windows 7 有 3 种账户类型:

(1)管理员账户。计算机的管理员账户拥有对全系统的控制权,能改变系统设置,可以安装和删除程序,能访问计算机上所有文件。除此之外,它还拥有控制其他用户的权限,Windows 7 中至少要有一个计算机管理员账户。在只有一个计算机管理员账户的情况下,该账户不能把自己改成受限制账户。

(2)标准用户账户。标准用户账户是受到一定限制的账户,在系统中可以创建多个此类账户,也可以改变其他账户类型为标准用户账户。该账户可以访问已经安装在计算机上的程序,可以设置自己账户的图片、密码等,但无权更改大多数计算机的设置。

(3)来宾账户。来宾账户是给那些在计算机上没有用户账户的人使用的,它只是一个临时账户,主要用于远程登录的网上用户访问计算机系统。来宾账户仅有最低的权限,没有密码,但无法对系统做任何修改,只能查看计算机中的资料。

用户在安装完 Windows 7 系统后,系统自动建立的用户账户是管理员账户,在管理员账户下,用户可以创建新的用户账户。现在以创建一个新的用户账户为例进行说明。其具体操作步骤如下:

(1)选择"开始"→"控制面板"命令,如图 3.67 所示,打开"控制面板"窗口。

(2)在"控制面板"窗口中单击"用户账户"图标,打开"用户账户"窗口,如图 3.68 所示。

图 3.67 选择"控制面板"命令

图 3.68 "用户账户"窗口

(3)单击"管理其他用户"链接,打开"管理账户"窗口,如图 3.69 所示。

(4)单击"创建一个新用户"链接,打开"创建新账户"窗口,在"新账户名"文本框中输入新用户的名称"mxj"。选中"标准用户"单选按钮,如图 3.70 所示。

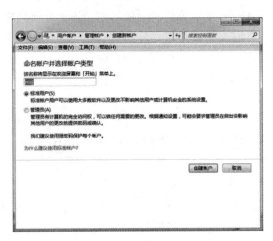

图 3.69 "管理账户"窗口　　　　图 3.70 "创建一个新用户"窗口

(5)单击"创建账户"按钮,即可创建用户名为"mxj"的标准用户,如图 3.71 所示。

图 3.71　创建新用户 mxj 效果

实训 2　文件和文件夹的操作

要想把计算机的资源管理得井然有序,首先要掌握文件与文件夹的基本操作方法。文件和文件夹的基本操作主要包括新建、选择、重命名、复制、删除文件和文件夹等操作。

1. 新建文件和文件夹

(1)双击桌面图标"计算机",打开"计算机"窗口,双击"本地磁盘(E:)"盘符,打开 E 盘,如图 3.72 所示。

(2)在窗口空白处右击鼠标,在弹出的快捷菜单中选择"新建"→"文本文档"命令,如图 3.73 所示。

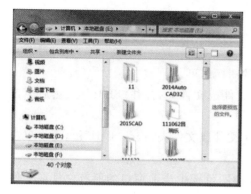

图 3.72　打开 E 盘窗口

图 3.73　选择"新建"命令

此时,窗口出现"新建文本文档.txt"文件,并且文件名"新建文本文档"成可编辑状态,如图 3.74 所示。

(3) 输入文件名"娱乐",在空白处单击鼠标,或按"回车"键,文件新建成功,如图 3.75 所示。

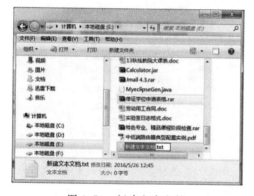

图 3.74　新建文本文档

图 3.75　输入文件名

(4) 在窗口的空白处右击,在弹出的快捷菜单中选择"新建"→"文件夹"命令,如图 3.76 所示。

(5) 此时,窗口出现"新建文件夹"文件夹,由于文件夹名是可编辑状态,直接输入"电影",在空白单击鼠标,或按"回车"键,文件夹新建成功,如图 3.77 所示。

图 3.76　新建文件夹

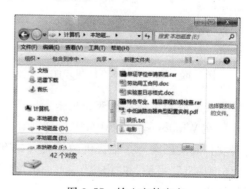

图 3.77　输入文件夹名

2.选择文件和文件夹

用户对文件进行操作时,先要选定文件和文件夹。Windows 7 系统提供了选择文件和文件夹的方法。

(1)选择单个文件或文件夹:单击文件或文件夹的图标即可。

(2)选择多个相邻的文件或文件夹:选择第一个文件或文件夹,按住"Shift"键,然后单击最后一个文件或文件夹,效果如图 3.78 所示。

(3)选择多个不相邻的文件或文件夹:选择第一个文件或文件夹,按住"Ctrl"键,逐一单击要选择的文件和文件夹,效果如图 3.79 所示。

(4)选择所有的文件和文件夹:按"Ctrl+A"组合键即可选中当前窗口的所有文件或文件夹,如图 3.80 所示。

(5)选择某一区域的文件和文件夹:在需选择的文件或文件夹起始位置处按住鼠标左键进行拖动,此时在窗口中出现一个阴影的矩形框,当阴影覆盖了需要选择的文件或文件夹后松开鼠标,即可完成选择,如图 3.81 所示。

图 3.78　选择多个相邻的文件或文件夹

图 3.79　选择多个不相邻的文件或文件夹

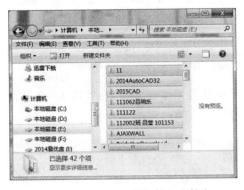

图 3.80　选择所有的文件和文件夹

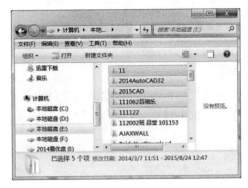

图 3.81　选择某一区域的文件和文件夹

3.文件和文件夹查看和显示

在 Windows 7 系统中,用户可以对文件和文件夹的显示方式进行改变,以不同的方式查看文件和文件夹。系统提供的查看方式有"超大图标""大图标""中等图标""小图标""列表""详细信息""平铺"和"内容"。下面以"详细信息"方式查看文件和文件夹为例进行说明。其具体操作步骤如下:

(1)打开 E 盘窗口,在空白处右击鼠标,在弹出的快捷菜单中选择"查看"→"详细信息",

如图 3.82 所示。

（2）单击鼠标左键，效果如 3.83 所示。

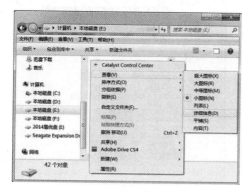

图 3.82　选择"详细信息"

图 3.83　显示效果

4. 隐藏文件和文件夹

如果计算机的某些文件和文件夹不想被他人看到，用户可以隐藏这些文件和文件夹，当用户想查看时，再将其显示出来。

（1）选中"电影"文件夹，右击鼠标，在弹出的快捷菜单中选择"属性"命令，如图 3.84 所示。

（2）在打开的"属性"对话框中，选择"常规"选项卡，在"属性"栏里选中"隐藏"复选框，如图 3.85 所示。

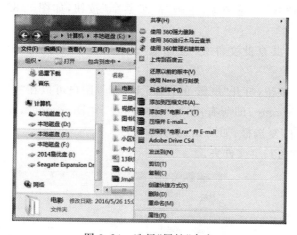

图 3.84　选择"属性"命令

图 3.85　选中"隐藏"复选框

（3）单击"确定"按钮，即可隐藏该文件。

（4）若用户想再显示该文件夹，则先打开"资源管理器"窗口，单击工具栏上的"组织"按钮，在弹出的菜单中选择"文件夹和搜索选项"命令，如图 3.86 所示。

（5）在打开的"文件夹选项"对话框中，切换至"查看"选项卡，在"高级设置"列表框的"隐藏文件和文件夹"选项组中选中"显示隐藏的文件、文件夹和驱动器"单选按钮，如图 3.87 所示，单击"确定"按钮，即可显示被隐藏的文件夹。

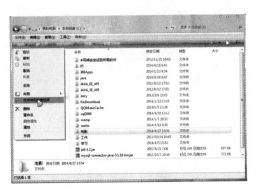
图 3.86 选择"文件夹和搜索选项"命令

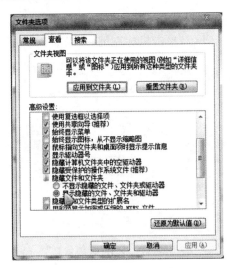
图 3.87 "文件夹选项"对话框

5. 共享文件和文件夹

现在的家庭或办公生活环境里经常使用多台计算机,而多台计算机中的文件和文件夹可以通过局域网供多用户共同享用。用户只需将文件或文件夹属性设置为共享,就可以供其他用户查看、复制或者修改。

(1)选中"电影"文件夹,右击鼠标,从弹出的快捷菜单中选择"属性"命令,如图 3.88 所示。

(2)从打开的"电影 属性"对话框中选择"共享"选项卡,单击"高级共享"按钮,如图 3.89 所示。

(3)从打开的"高级共享"对话框中选中"共享此文件夹"复选框,设置相应的参数,如图 3.90 所示。

(4)在"高级共享"对话框中,单击"权限"按钮,打开"电影 的权限"对话框,用户可以在"组或用户名"区域里看到组里成员,默认为 Everyone ,即所有用户。选中用户名"Everyone",在"Everyone 的权限"里,选中"读取"后的"允许"复选框,如图 3.91 所示。

(5)单击"确定"按钮,"电影"文件夹即成为共享文件夹。

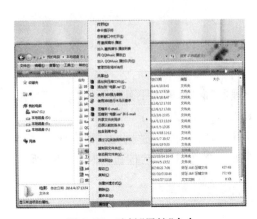
图 3.88 选择"属性"命令

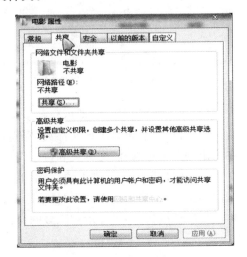
图 3.89 "共享"选项卡

图 3.90 "高级共享"对话框

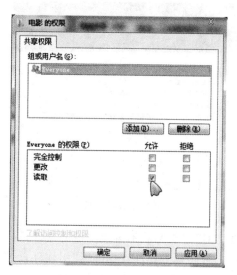

图 3.91 "权限"对话框

实训 3　控制面板的操作

用户可以通过"控制面板"中的"程序和功能"窗口来卸载程序,下面以卸载"暴风影音 5"软件举例说明。其具体操作步骤如下:

(1)选择"开始"→"控制面板",打开"控制面板"窗口,然后单击其中"程序和功能"图标,如图 3.92 所示。

(2)在打开的"程序和功能"窗口中单击选中"暴风影音 5",选择"卸载/更改"命令,如图 3.93 所示。

图 3.92 单击"程序和功能"图标

图 3.93 选择"卸载/更改"命令

(3)在暴风影音 5 的卸载窗口,单击"下一步",如图 3.94 所示。

(4)在弹出的暴风影音卸载提示窗口中,选择"是",如图 3.95 所示,系统开始卸载软件,等进度条运行完,即卸载成功,单击"完成"按钮。

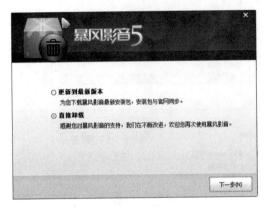

图 3.94 暴风影音的下载窗口

图 3.95 "暴风影音卸载提示"提示框

注：如用户想卸载不再想使用的软件,可以使用"控制面板"的"程序和功能"卸载,但是,如果软件自带卸载工具,用户可以利用软件自带的卸载工具卸载。

习 题

1. 特殊字符输入练习。

启动 Microsoft Word,输入下列特殊字符。

(1) 标点符号：。，、；…〖【《「

(2) 数学符号：≈ ≠ ≤ ≮ ∷ ± ÷ ∫ ∞ ∝ ∑ Ⅱ ≌ ∴

(3) 特殊符号：§ № ☆ ★ ○ ● ◎ ◇ ◆ ‰ ※ ■

(4) 希腊字母：α β γ δ ζ ε η θ π ξ λ μ τ φ ω

(5) 拼音字母：ā á ǎ à ō ó ǒ ò ê

2. 任务栏和桌面的设置。

(1) 设置任务栏为自动隐藏。

(2) 显示或隐藏桌面上的"计算机""网络"和"回收站"。

3. 查看并记录有关系统信息。

(1) 计算机名：_____。

(2) 处理器：_____。

(3) 安装内存：_____。

(4) 系统类型：_____。

(5) 工作组：_____。

(6) 网络适配器：_____。

(7) 显示适配器：_____。

4. 浏览硬盘,并记录有关 C 盘的信息。

(1) 已用空间：_____。

(2) 可用空间：_____。

(3) 文件系统：_____。

5. 在 E 盘根目录下创建一个以学生"姓名＋学号"命名的文件夹,并在该文件下分别创建以学生"姓名"和"学号"命名的子文件夹。

6. 文件的创建、移动和复制。

(1) 在桌面上,用记事本建立一个文本文件 T1.txt,通过快捷菜单"新建"→"文本文档"命令创建文本文件 T2.txt。两个文件的内容可任意输入。

(2) 将桌面上的文件 T1.txt 用"编辑"→"复制" 和 "编辑"→"粘贴"命令复制到 E:\Test1\Sub1。

(3) 将桌面上的文件 T1.txt 用 Ctrl+C 和 Ctrl+V 命令复制到 E:\Test1\Sub1。

(4) 用鼠标拖曳的方法将桌面上的文件 T1.txt 复制到 E:\Test1\Sub2。

(5) 将桌面上的文件 T2.txt 移动到 E:\Test2\Sub3。

(6) 将 E:\Test1\Sub2 文件夹移动到 E:\Test2\Sub3 中,要求移动整个文件夹,而不是仅仅移动其中的文件,即 Sub2 成为 Sub3 下的子文件夹。

(7) 用其快捷菜单中的"发送"命令,将 E:\Test1\Sub1 发送到桌面上,观察它在桌面上创建的是文件夹还是文件夹快捷方式。

7. 文件和文件的删除、回收站的使用。

(1) 删除桌面上的文件 T1.txt。

(2) 恢复刚刚被删除的文件。

(3) 用 Shift+Delete 命令删除桌面上的文件 T1.txt,并观察是否被送到回收站。

(4) 删除 E:\Test2 文件夹,并观察是否被送到回收站。

第4章 文字处理软件 Word 2010

Word 2010 是 Office 2010 办公软件之一,也是目前拥有非常多用户的字、表编辑与排版软件。文字处理是办公自动化的基础和最根本的部分,非常重要。相比之前的版本,Word 2010 具有全新的操作界面,图文并茂,方便易学。通过本章的学习,用户能轻松地处理文字、图形和数据,编排出美观大方、赏心悦目的文档。

知识要点

- 文档的基本操作。
- 文本的基本操作。
- 文档编辑。
- 表格的操作。
- 插入图片与绘图。
- 页面输出设置。

4.1 基本操作

本节介绍的是有关 Word 2010 的一些最基本的功能,如创建、保存文档的操作等。这些基础操作比较简单,但是必须要掌握。另外,由于微软的应用软件具有高度的统一性,其他办公组件的操作与微软的应用软件操作类似。熟练掌握本节的内容,有助于用户掌握其他组件工具的基本操作。

4.1.1 Word 2010 功能概述

文字处理一直是社会各个领域内不可避免的一项基础工作。随着计算机及互联网的电子办公系统的普及,文字处理软件也成为使用频率最高的一种工具。Word 作为微软办公套件中的主要工具,已经成为目前最为流行的文字处理软件。对于该软件的熟练运用也成为现代人必须具备的素质之一。

Word 2010 的主要功能主要有下述几方面。

(1)文档处理功能。该功能包括文档的创建、保存、修改及意外恢复等。

(2)文字排版编辑功能。该功能可以支持所有常规的文字方面的编辑、版式设计,包括封面设计。

(3)强大的视觉效果处理功能。该功能融合了图片效果,丰富多样的文字显示可以令人印象深刻。

(4)丰富的表格编辑功能。该功能可以完成几乎所有常规形式表格的绘制。用户还可以通过公式进行数据的简单分析。通过引入 Excel 电子表格、数据图表等对象,使得表格的表达形式更加的准确、生动。

(5)图片处理和绘图功能。丰富的图片处理工具可以在不使用其他专业图片处理软件的情况下实现图片的编辑,准确便捷地完成图片的编辑处理。灵活的绘图功能可以更加自由、准确地进行图形表达。

(6)其他功能。除了以上的基本功能外,Word 2010 还更好地支持文档共享、在线发布、网络文档编辑、简介界面操作等功能。

Word 2010 除了具有的上述特点外,软件的操作界面较之微软以前的版本如 Word 2003、Word 2007 都有了很大的改变。Word 2010 更加突出了快捷工具按钮在界面中的作用。界面的布局在保持了微软窗口一贯风格的基础上,把老版本里的菜单全部去掉,取而代之的是按照功能分类以标签页形式直接显示在窗口中的快捷按钮。这样的操作界面,在使用过程中更加方便直观,具体的功能区分布如图 4.1 所示。

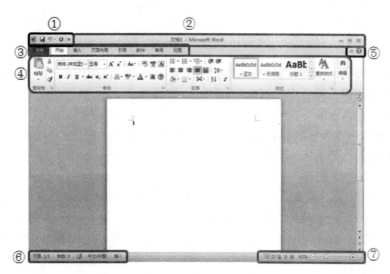

图 4.1　Word 2010 的工作界面

根据图 4.1,现在具体介绍每个操作界面的一些功能。用户可以对 Word 软件有一个全局的认识,以更快地熟悉该工具。

1. 快速访问工具栏

图中功能区①为快速访问工具栏,默认情况下,其位于窗口的顶端。一般这里放置的是一些使用频率较高的工具,如"保存""撤销"等操作按钮。用户也可以根据自己实际的操作需要添加新的操作按钮到这个工具栏中。

添加操作按钮到快速访问工具栏的方式如下:

(1)单击快速访问工具栏最右边的"▼"按钮,在弹出的菜单中选择要添加的功能即可,如图 4.2 所示。

图 4.2 下拉菜单

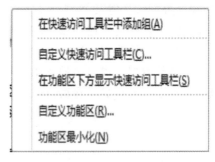
图 4.3 右键单击工具按钮后弹出的菜单

（2）利用强大的鼠标右键功能,鼠标移动到想要添加的工具按钮上,单击右键,在弹出的菜单中选择"在快速访问工具栏中添加组（A）"即可,如图 4.3 所示。

2. 标题栏

图 4.1 中功能区②为标题栏。这里的标题栏和操作系统中窗口的标题栏是一样的,功能和作用也相同,因此这里就不再赘述。

3. 标签和工具按钮区

图 4.1 中功能区③为标签,功能区④为工具按钮区。这两个区域是一一对应的关系。每个标签包含一组与标签名字意义相关的工具快捷按钮。除了第一个标签"文件"外,其他标签全部都是工具的快捷按钮。用户可以在标签上单击尝试,会发现不同标签中的快捷按钮不同。

各标签有下述功能。

（1）文件。这个标签功能是对 Word 文档进行最基本设置。例如,文档的保存、设置文档初始的显示方式、文档的打印设置、新建及打开一个文档、整体显示风格设置等。其中"选项"菜单可以对 Word 文档的一些细节进行初始化设置。

（2）开始。这个标签里的工具按钮主要是进行文字编辑,主要由五部分构成：文字及格式的复制、粘贴；字体编辑；段落格式设置；文档式样设置；文字的查找与替换。如果是一篇纯文字的文档,那么这些功能基本可以满足这个文档的编辑要求。

（3）插入。这个标签里所涵盖的主要是一些非文本对象的插入操作。例如,表格插入、图片的插入、绘图效果及特殊符号的插入等。除此之外,还可以插入一些文字的特殊效果。如首字下沉、艺术字及页眉页脚的插入等。

（4）页面布局。这个标签的功能是针对页面的整体效果设置,例如纸张的边距、大小、方向设置；页面底版、水印的设置,段落间距设置等。

（5）引用。这个标签的功能主要是一些文档的高级编辑。例如自动生成目录；添加批注、索引、引文等。在编辑一些篇幅较大的文档,如工程项目文档、论文、企划书或书籍著作时,这些功能会常常被用到。

(6)邮件。这个标签顾名思义,主要集中了有关于邮件文档处理的功能,对日常办公中常用的邮件功能进行了整合,可以快速有效地生成信封、合并邮件等。

(7)审阅。这个标签主要整合了对文档的检查方面的功能。例如,语法检查、字数统计、生成批注、修改比较等功能。

(8)视图。这个标签的功能并不是作用于最终文档的内容,而是对于文档显示模式的设置。

4."帮助"按钮

图 4.1 中功能区⑤为"帮助"按钮。Word 2010 秉承了微软公司一贯的设计风格,提供了内容丰富且详尽的"帮助"功能,可以单击帮助按钮" "查阅相关帮助信息。值得注意的是,在帮助按钮旁还有一个按钮" ",单击这个按钮后,系统会收起图 4.1 中功能区④的所有快捷按钮。这样可以使文档编辑区有更大的空间,便于使用者查阅文档的内容。

5.状态栏

图 4.1 中功能区⑥为状态栏。这里状态栏和操作系统窗口中的状态栏作用是一样的,显示该窗口中的一些基本状态信息。例如,当前编辑文档的总页码数、当前页码、输入的状态显示等。

6.视图区

图 4.1 中功能区⑦为视图区。这个区域主要用于设置当前使用的文档视图显示方式。用户可以通过单击相应的按钮快速切换文档的显示方式,还可以通过拖动滑块灵活设置文档的显示比例。

4.1.2 Word 2010 的启动与退出

通过前面有关操作系统的介绍,我们已经对应用软件的启动、退出方式有所了解。Word 2010 作为一款应用软件,其基本的启动、退出的方式也是一样的。

1. Word 2010 的启动

(1)通过"开始"菜单启动。在桌面单击"开始"按钮,选择"所有程序"→"Microsoft Office"→"Microsoft Word 2010"即可。

(2)如果桌面已经有 Word 2010 图标,则直接双击即可启动。

(3)选择一个已存在的 Word 文件,直接双击文件图标即可打开该文件。

(4)双击桌面图标"计算机",然后选择文件保存的位置,例如保存在 D 盘根目录下,那就可以双击 D 盘盘符图标,打开 D 盘后,在工作区右击鼠标,然后在弹出的菜单中选择"Microsoft Word 2010"即可,如图 4.4 所示。

此时,会生成一个新的 Word 文档图标。用户可以先选择重新命名文件,也可以直接双击这个新文档的图标,启动 Word 2010。

2. Word 2010 的退出

Word 2010 退出的方式和其他应用软件类似。前面介绍了几种关闭窗口的方法,在这里都适用。不同的是,如果文档没有保存就退出,系统会询问是否保存文档再退出。这时有 3 个选项:"保存""不保存"和"取消"。选择前两个分别是保存文档后退出和不保存文档退出,第三个"取消"的意思是撤销这次退出软件的请求,回到文档打开的状态。

图 4.4 右键菜单选择 Word 文档

4.1.3 文档的保存与恢复

1. 文档的保存

文档的保存方法有很多种,最为常用的有两种。一种是直接单击快速访问工具栏中的保存按钮" "；另外一种方法是快捷键"Ctrl+S"来保存。在一般的文档编辑工作中,使用快捷键保存文档更方便。

除了以上两种方法,还可以单击"文件"标签,选择"保存"即可。另外,Word 还提供了"另存为"保存方式,它的作用主要是在已经保存了当前文档的情况下,再保存一个副本到其他的位置。通过"另存为"的方式可以复制多个内容相同的文档,或者以一个文档为模板,填入不同的内容,通过"另存为"的方式生成多个文档。

注意:在进行文档编辑的时候,应该养成不定时保存文档的习惯。这样可以避免由于系统环境异常导致的关机,例如停电或系统崩溃等意外造成的文档没有保存而带来损失。

Word 本身也带有自动保存功能,会定期自动保存数据,用户可以通过设置系统自动保存时间来代替编辑过程中频繁的手动保存操作。具体的设置方法为:单击"文件"标签,在界面左侧导航栏中选择"选项",在弹出的"选项"对话框中单击"保存",在右侧显示区中选中"保存自动恢复信息时间间隔"的选项,然后在后面的列表框里输入合适的时间即可,如图 4.5 所示。

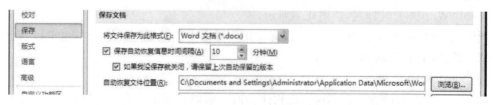

图 4.5 "Word 选项"对话框(一)

2. 恢复没有保存的文档

若是忘记保存操作,或是由于系统异常导致没有来得及保存文档。如果出现了这样的情况,该如何恢复未保存的文档呢?

第一种方法是采取预防的策略。在新建文档的时候用4.1.2小节启动方式中的第4种方法,保证一开始就保存文档及确定文档的位置,再加上系统定期保存文档,即使编辑的时候没有保存就关闭文档,仍然可以轻松地找到文档,而且还保留着距离关闭前最后一次保存的数据。

第二种方法通过前面介绍过的"文件"标签中的"选项"菜单来恢复。具体操作的步骤:启动Word,依次单击"文件"→"选项"→"保存",在"自动恢复文件位置"中复制那个位置地址,然后到桌面双击打开"计算机",在地址栏粘贴这个地址,按"回车"键确认。在显示窗口中就可以看到没有保存的那个文档,直接双击打开即可。

注意:要使用第二种方法,必须确认在"选项"对话框的"保存"菜单中选中"如果我没有保存就关闭,请保留上次自动保留的版本"选项,如图4.6所示,否则将无法恢复文档。当然,在默认设置的情况下这个选项是选中状态。建议使用者不要轻易去掉这个选中状态。

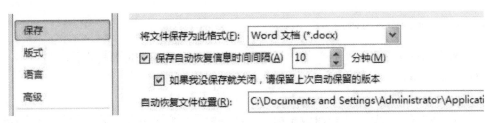

图4.6 "Word选项"对话框(二)

4.1.4 文档的视图方式

文档的视图方式,主要是对文档整体显示效果的设置。这些不同的视图中,有的在编辑时,可以更加直观有效地进行外观设置;有的可以使用更为适合的方式来阅读文档。

视图方式的设置,可以直接在文档窗口右下角中的视图区进行设置,也可以单击"视图"标签,用相应的工具按钮中进行选择。

1. 页面视图

页面视图是最为接近传统文字编辑的界面效果。其页面的纸张大小基本为实际纸张的大小,保持所见即所得的文字编辑风格。这也是最为基本的编辑界面,一般情况下,文档编辑都在这个视图状态下进行编辑。

2. 阅读版式视图

阅读版式视图是专门为文档阅读者使用的一种视图形式。其整个界面的设计比较接近目前流行的一些阅读软件。注意,在这个视图下无法进行文字的编辑工作,只能进行阅读,通过"回车"键可以向下翻页。单击键盘"Esc"建或单击工具栏上的"关闭"按钮可以退出阅读模式回到页面状态。

3. Web版式视图

Word 2010不仅可以进行文档的编辑,还可以进行网页的设计。因此,如果使用Word文档进行页面设计,可以切换成Web版式的视图方式进行编辑,设计出来的效果就是最后发布成网页的效果。

4. 大纲视图

大纲视图主要突出的是整篇文章中文档的层次结构。每段正文的部分都会用一个圆形实心的小圈来标记,通过文本的缩进来表示文档中不同的标题级别。由于这个视图方式突出的是文档的结构,用户可以直接在这里进行文字的编辑,但是文档中的图片在这里不做显示,更不能直接编辑。

5. 草稿视图

草稿视图突出文档的文字部分内容,所以显示的时候会去掉所有的修饰效果。例如,页边距、页眉/页脚、边框及图片等。这样设计的目的是节省系统资源,提高对文字内容的编辑效率。

4.2 文本基本操作

文本基本操作指的是有关于文本编辑方面的最基本操作。这些功能都比较简单,掌握它们可以显著提高日常工作中文本编辑的效率。

4.2.1 文本的输入与选定

文本输入和选定是文字编辑工作中最为基础的操作。掌握一定的选定技巧可以提高文字编辑的效率和准确性。

1. 文本的输入

在文本工作区中闪烁的竖线叫做光标。它就是输入文字的开始位置。在光标定位处输入文本时,其插入点就向后移动,直到文本输入完成。在输入过程中,按"Delete"键可以删除插入点右边的一个字符,按"Back Space"键可以删除插入点左边的一个字符。输入完一行的内容后,可以按"回车"键结束一行的输入。

在输入过程中,如果要显示该文档的格式标记,单击"文件"标签,然后在弹出的菜单中单击"选项"按钮,弹出"Word 选项"对话框。在该对话框左侧选择"显示"选项,在右侧的选项组中选中"显示所有格式标记(A)"复选框,如图 4.7 所示。如果要隐藏该段落标记,取消选中该复选框即可。

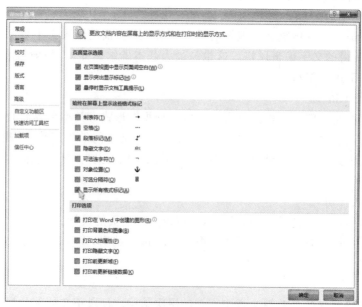

图 4.7 "Word 选项"对话框(三)

注意：用户也可在"开始"选项卡的"段落"组中单击"显示/或隐藏编辑标记"按钮 ，显示或隐藏段落标记。

在输入文本时，程序默认的输入模式是"插入"模式，即用户输入一个字符后，字符插入到光标原来的位置，而光标右移一位，同时光标后面的字符也右移一位。但有时，用户可能需要"改写"模式，即用户输入一个字符后，新输入的一个字符覆盖了光标右边的一个字符，而光标右移一位，但光标右边的其他字符却保持不动。

切换输入模式的方式有以下两种：

第一种，按下键盘上的"Insert"键，即在两种输入模式间的转换。

第二种，在 Word 状态栏上，可以看到左侧最后一个信息显示的是"插入"的字样，表示当前的输入状态为插入状态。单击鼠标，即可变成"改写"状态，再单击一下则又变为"插入"状态。

2. 文本的选定

在对文本进行编辑之前，首先必须选定文本，选定位文本的方式有两种：一种是利用鼠标选定文本；另一种是利用键盘选定文本。

（1）用鼠标选定文本。利用鼠标选定文本的方法见表 4.1。

表 4.1　鼠标选定文本

选　定	操作方法
任意数量的文本	在要开始选择的位置单击，按住鼠标左键，然后在要选择的文本上拖动鼠标
一个词	在单词的任意位置双击
一行文本	将鼠标移到行的左侧，当指针变成右向箭头 后单击
一个句子	按下"Ctrl"键，然后在句中任意位置单击
一个段落	在段落中的任意位置连击三次
多个段落	将指针移动到第一段的左侧，当指针变为右向箭头后，按住鼠标左键，同时向上或向下拖动指针
较大的文本块	单击要选择的内容的起始处，滚动到要选择的内容的结尾处，然后按住"Shift"键，同时要在结束选择的位置单击
整篇文档	将指针移动到任意文本的左侧，当指针变为右向箭头后连击三次
页眉和页脚	在页面视图中，双击灰色显示的页眉或页脚文本。将指针移到页眉或页脚的左侧，在指针变为右箭头后单击
脚注和尾注	单击脚注或尾注文本，将指针移到文本的左侧，当指针变为右箭头后单击
垂直文本块	按住"Alt"键，同时在文本上拖动指针
文本框和图文框	在图文框或文本框的边框上移动指针，当指针变为四角箭头后单击

（2）用键盘选定文本。用键盘选定文本的快捷键见表 4.2。

表 4.2　键盘选定文本

组合键及快捷键	键盘操作范围
Shift+↑	选定从当前光标处到上一行文本
Shift+↓	选定从当前光标处到下一行文本
Shift+←	选定当前光标处左边的文本
Shift+→	选定当前光标处右边的文本
Ctrl+A	选定整个文本
Ctrl+Shift+Home	选定从光标开头处到文本开头处的文本
Ctrl+Shift+End	选定从当前光标处到文本结尾处的文本

4.2.2　文本的复制与剪切

在 Word 中复制与剪切文本，与操作系统中的复制、剪切的方式类似，它的操作也类似，只不过被操作的对象改成了文字或者图形对象。

复制与剪切的方式如下：

1．通过工具按钮实现复制与剪切

（1）单击鼠标左键，拖动鼠标，选中要操作的文本。

（2）单击打开"开始"标签页，在其中的"剪切板"功能区中单击"复制"或"剪切"按钮。

（3）将光标定位到要粘贴的文本处，单击"剪贴板"功能区中的"粘贴"按钮即可。

2．通过键盘组合快捷键来实现复制与剪切

（1）单击鼠标左键，拖动鼠标，选中要剪贴的文本。

（2）使用组合键，单击键盘上的"Ctrl+C"复制文本，或者单击键盘上的"Ctrl+X"剪切文本。

（3）将光标定位到要粘贴的文本处，单击键盘上的"Ctrl+V"即可完成粘贴。

3．通过鼠标拖动来实现复制与剪切

（1）单击鼠标左键，拖动鼠标，选中要剪切的文本。

（2）鼠标放到文本选中区的任意位置，按住左键直接拖动到要插入的位置，然后松开左键，则完成剪切；按住左键直接拖动的同时按下键盘上的"Ctrl"键，然后拖至目标位置松开左键，则完成文本的复制。

注意：利用第三种方法，如果是复制会在鼠标图标旁边显示一个小小的"+"号，如果是剪切则没有。另外，在实际工作中，第二种方法被认为是操作效率较高的一种方式，建议读者熟练掌握。

4.2.3　查找、替换与自动更正

在一篇较长的文档中，如果想要找到需要的文本，或要对多个相同的文本进行统一修改，可使用 Word 的查找与替换功能。特别是替换的功能，使用起来非常方便。使用替换功能完成特定文字修改，比人工修改要准确且不会遗漏。

1. 查找文本

查找是指根据用户指定的内容,在文档中查找相同的内容,并将光标定位在此。查找文本的具体操作步骤如下:

(1)单击打开工具栏的"开始"标签页,单击"编辑"功能区中的"查找"按钮,在弹出的下拉菜单中选择"高级查找(A)"选项,弹出"查找和替换"对话框,默认打开"查找"选项卡,如图 4.8 所示。

图 4.8 "查找"选项卡

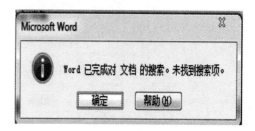

图 4.9 "查找"提示框

(2)在"查找内容"下拉列表框中输入要查找的文字,单击"查找下一处(F)"按钮,Word 将自动查找指定的字符串,并以反白显示。

(3)若要继续查找,重复单击"查找下一处(F)"按钮,Word 会逐一查找文档中的其他相同内容,直到文档末尾。查找完毕后,系统会弹出如图 4.9 所示的提示框,提示用户已经完成对文档的查找。

(4)单击"查找"选项卡中的"更多(M)>>"按钮,将打开"搜索选项"设置区,如图 4.10 所示,在该对话框中可以对要查找的文本的大、小写和格式等进行高级设置。

图 4.10 "查找"选项卡的搜索选项

2.替换文本

替换是指先查找所需要替换的内容,再按照指定的要求给予替换。替换文本的具体步骤如下:

(1)先单击"编辑"功能区中的"替换"按钮,此时会弹出"查找和替换"对话框。默认打开"替换"选项卡,如图4.11所示。

图4.11 "替换"选项卡

(2)在该选项卡中的"查找内容"下拉列表框中输入要查找的内容;在"替换为"下拉列表中输入要替换的内容。单击"替换(R)"按钮,即可将文档中的内容进行替换。

(3)如果要一次性替换文档中所有的对象,可单击"全部替换(A)"按钮,系统将自动替换文档中的所有对象。

4.2.4 撤销与恢复

如果用户不小心删除了不该删除的内容,可直接单击"常用"工具栏中的"撤销"按钮来撤销操作。如果要撤销刚进行的多次操作,可单击工具栏中"撤销"按钮右侧的下三角按钮,在下拉列表中选择要撤销的操作。

在实际的编辑工作中,这个恢复的功能非常的实用。例如,在发生误操作的时候,可以使用撤销返回到之前的状态;当对某些功能不熟悉的时候,可以大胆尝试使用,一旦发生错误无法正常显示,也可以使用撤销操作来回到正常状态;在进行图片编辑或者绘图等设计工作的时候,可以尝试设计不同的效果,如果不满意,使用撤销按钮就可以回到设计前的状态等。

4.3 文 档 编 辑

文档编辑主要指对已经录入完成的大段文字内容,在版式方面的编辑和操作。通过使用文档编辑工具,文档版式会更加的工整和规范,同时提高了版式编辑的效率。

4.3.1 文档常规格式编辑

文档的格式设置包括字体、字形、大小和颜色等的设置,这些可使用"开始"标签页对应的功能区中"字体"功能区和"字体"对话框进行设置。

1.使用"字体"功能区

"字体"下拉列表框 宋体(中文正) :用于改变字符的外观形状,单击其右侧的下拉按钮,在弹出的下拉列表中可选字体样式。

"字号"下拉列表框 五号 ▼ :用于改变字符大小,单击右侧的下拉按钮▼,在弹出的下拉列表中可选择字符的大小。

"增大字体"按钮 A˙ 和"缩小字体"按钮 A˙ :Word 的默认字号为五号,可以单击"增大字体"按钮和"缩小字体"按钮改变所选文字的字号。

"更改大小写"按钮 Aa▼ :单击该按钮,在弹出的列表框中选择相应的选项,定义文本全部大写或全部小写。

"加粗"按钮 B 和"斜体"按钮 I :如果要为选中的字符设置加粗或倾斜的效果,可单击"加粗"或"倾斜"按钮。

"下画线"按钮 U ▼ :单击该按钮,将为文字添加下画线,单击右侧的▼按钮,在弹出的列表框中可设置下画线样式,如图 4.12 所示。

"删除线"按钮 abc :单击该按钮,为文字添加删除线效果。

"下标"按钮 x₂ 和"上标"按钮 x² :单击该按钮,可将选择的文字设置为小标或上标。

"字体颜色"按钮 A▼ 和"字符底纹"按钮 A ;单击工具区的中的"字体颜色"按钮或"字符底纹"按钮,可在弹出的列表框中设置选中字符的颜色和底纹颜色。

"带圈字符"按钮 ㊀ :单击该按钮,可为选中字符添加圆圈。

2. 使用"字体"对话框

如果想要为文字设置多种效果,单击"字体"功能区右下角的"对话框启动器"按钮,打开"字体"对话框,如图 4.13 所示。在该对话框中进行字符格式的设置,如空心、阴文、阴影、字符间距等一些比较特殊的效果,还可以预览字符设置后的效果。

图 4.12 选择下画线样式

图 4.13 "字体"对话框

4.3.2 项目符号的使用和添加

为使文档更加清晰易懂,用户可以在文本前添加项目符号或编号。在添加项目符号和编号时,用户可以先输入文字内容,再给文字添加项目符号和编号;也可以先创建项目符号和编号,然后输入文字内容,自动实现项目的编号。这部分功能集中在"开始"标签页中的"段落"功能区中。

1. 创建项目符号列表

项目符号就是放在文本或列表前用于强调效果的符号。使用项目符号的列表可将一系列重要的条目或论点与文档中其余文本分开。

用户创建项目符号列表的具体操作步骤如下:

(1)将光标定位在要创建项目符号的开始位置。

(2)打开"开始"标签页,在"段落"功能区中单击"项目符号"按钮 ≡ 右侧的下三角按钮,此时会弹出"项目符号库"下拉列表,如图4.14所示。

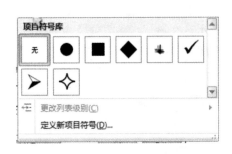

图4.14 "项目符号库"下拉列表

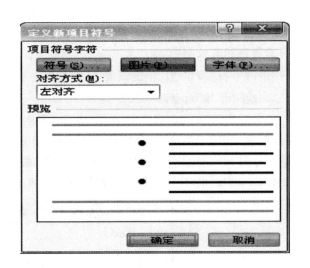

图4.15 "定义新项目符号"对话框

(3)在该下拉列表中选择项目符号或选择"定义新项目符号"选项,弹出"定义新项目符号"对话框,如图4.15所示。

(4)在该对话框中的"项目符号字符"选区中单击"符号(S)"按钮,在弹出的"符号"对话框中选择需要的符号,如图4.16所示;单击"图片(P)"按钮,在弹出的"图片项目符号"对话框中选择需要的图片,如图4.17所示;单击"字体(F)"按钮,在弹出的"字体"对话框中设置项目符号中的字体格式。

(5)设置完成后,单击"确定"按钮,为文本添加项目符号。

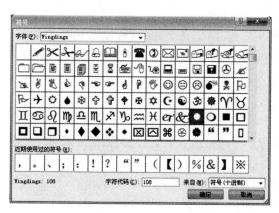

图 4.16 "符号"对话框

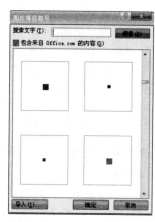

图 4.17 "图片项目符号"对话框

2. 设置多级列表

多级列表在展示同级文档内容时,还可表示下一级文档内容。它常常在一些说明书、论文或书籍等篇幅较长的文档中使用。它的作用是可以详细展示文档中的结构,将文档分得更细。在文档中添加多级列表方法如下:

(1) 在文档中按输入文本的方法输入编号,或保留自动生成的项目符号和编码。

(2) 选择所有文本,单击"多级列表"按钮 添加多级列表,或单击"多级列表"按钮右侧的下拉按钮,在弹出的列表框中选择需要的样式,如图 4.18 所示。

(3) 用户也可选择"定义新的列表样式"选项,将自定义的多级列表样式添加到文本中,如图 4.19 所示。

图 4.18 多级列表

图 4.19 定义新列表样式

3. 添加编号

在日常工作中,制作内容为制度的文档时一般都是条文式,这样就要用到像"一""(1)""A"等字符作为编号。添加编号的操作方法与设置项目符号类似,单击"段落"组中的"编号"按钮,即可添加编号。

4.3.3 段落格式编辑

在大多数情况下,一个 Word 文档是由若干个段落组成的,因此文档的外观更主要地取决于段落的格式。

在 Word 2010 中,段落是指以一个段落标记 作为结束的一段文本内容,段落包含了正文、图形或表格以及一个段落标记。段落标记是用户按"Enter"键后产生的,也叫做回车换行符。对于段落来说,段落标记是非常重要的,它有两个作用:一是作为段落结束的标志,二是它记录了该段落的全部格式信息,如对齐方式、行间距、段间距、样式、编号等格式的设置,用户可以通过复制段落标记符来复制段落的格式。

用户可以在"开始"标签页中,单击"段落"功能区中的"显示/隐藏编辑标记"按钮 来显示或隐藏段落标记。

1. 使用"段落"功能区

"段落"功能区中,单击相应的按钮可以进行段落格式的设置。各按钮的功能如下:

"左对齐"按钮 ,单击该按钮,将文字左对齐。

"居中对齐"按钮 ,单击该按钮,将文字居中对齐。

"右对齐"按钮 ,单击该按钮,将文字右对齐。

"两端对齐"按钮 ,单击该按钮,将文字左右两端同时对齐,并根据需要增加字间距。

"分散对齐"按钮 ,单击该按钮,使段落两端同时对齐,并根据需要增加字间距。

"行和段落间距"按钮 ,单击该按钮,更改文本行的行间距。

2. 使用"段落"对话框

使用"段落"对话框设置段落格式,可以更精确地设置文档格式。具体操作步骤如下:

(1)选定要设置的段落。

(2)打开"开始"标签页,在"段落"功能区中单击"段落对话框启动器"按钮 ,弹出"段落"对话框,如图 4.20 所示。

(3)在"缩进和间距"选项卡中可对段落的对齐方式,左、右边距缩进量等进行设置。

4.3.4 格式刷的使用

为了进一步提高排版的效率,利用"剪切板"功能区中的"格式刷"按钮 ,可以将一个文本的格式复制到一个文本上。这里相当于复制了一组对文本的格式设置信息。在实际工作中,格式刷非常实用。因为有时可能并不清楚这一段文字的显示效果如何设置出来的,但是又想让其他文字也呈现出同样的效果,此时就可以通过格式刷来复制,非常方便快捷。

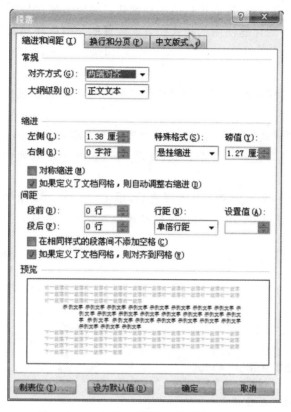

图 4.20 "段落"对话框

复制格式的操作步骤如下:
(1)将插入点置于被复制格式文本的任意位置,也可以全部选定被复制格式的文本。
(2)单击"剪贴板"功能区中的"格式刷"按钮,指针变为格式刷形状。
(3)在文本区中对准要排版的文本开始位置,按下鼠标并拖曳到其末尾,松开鼠标,即可完成格式复制,鼠标指针恢复正常。

如果要将格式复制到多个文本上,则应该双击"格式刷"按钮,完成复制后,再次单击"格式刷"按钮,或按"Esc"键,结束复制。

另外,对于段落格式的复制,还可以通过复制段落标记符来完成。选定被复制格式的段落标记符,单击或双击"格式刷"按钮,按下鼠标并拖曳到要排版的段落标记符,即可进行段落格式的复制。

注意:大多数的格式设置都可以利用格式复制,但有个别格式不能复制,如"分栏"等。

4.3.5 设置样式

在文档编排的过程中,一篇文章常常有三级或者四级标题和正文,为了对它们进行区分,常常需要设置不同的样式以示区别。Word 2010 已经为用户设置了多种样式,免去了手动设置之苦,可以帮助用户提高工作效率。如果不能满足用户需求,用户还可以自定义样式。如果所编辑的文档需要最后生成目录,则一定要使用式样的方式来设置各级标题。以便在完成文字录入后,系统自动生成目录,这要比自己手动创建目录要方便快捷得多。而系统可以自动生成目录的前提就是文中的标题使用的是式样方式设置的。因此使用式样设置文档的各级标题是非常重要的。

1. 自动套用样式

Word 2010 提供的样式都保存在"开始"标签页的"样式"功能区中,自动套用样式的方法如下:

(1)选择文本,在"样式"选项组的列表框中选择该文本对应的样式性质,如正文、标题1、标题2等。由于列表框只能显示5个样式,单击 按钮,在弹出的列表框中选择其他样式,如图4.21所示。

(2)将文档的所有的文本定义了文本样式后,单击"样式"选项组中的"更改样式"按钮,在弹出的菜单中选择"样式集(Y)"命令,在下拉菜单中选择需要的样式,如图4.22所示。

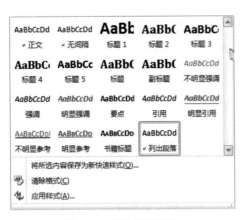

图 4.21 "样式"列表框

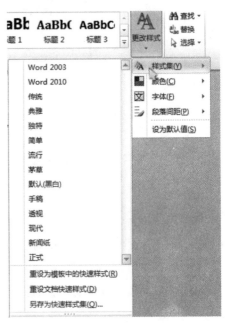

图 4.22 "样式集"下拉菜单

2. 自定义样式

如果用户对 Word 提供的样式不满意,可以自定义需要的样式,并将其保存。自定义样式的方法如下:

(1)单击"样式"功能区中右下角的 按钮,打开"样式"任务窗格,如图4.23所示。

(2)单击"新建样式"按钮 ,打开"根据格式设置创建新样式"对话框,在其中定义新样式的名称、类型、格式等,如图4.24所示。

注意:在选择式样格式的时候,标题1是最高一级的目录,标题2次之,以此类推。在定义标题式样的时候也一定严格按照这个从属顺序来设置,否则,在以后自动生成目录,或者显示文件导航结构的时候会发生逻辑上的错误。

第 4 章 文字处理软件 Word 2010

图 4.23 "样式"任务窗格

图 4.24 "根据格式设置创建新样式"对话框

4.4 表格基本操作

因为表格能够更直观、更清楚地表达信息,所以文档中经常用到表格。Word 2010 提供了强大的表格处理功能,操作也很简单。在 Word 2010 中,用户既可以快速创建表格,也可以方便地修改表格;既可以输入文字、数字、图形,也可以实现文本和表格的互相转换;既可以给表格添加边框、底纹等,也可以排序、计算并生成图表。表格的处理是文档编辑中必不可少的技能。

4.4.1 创建表格

表格是水平的行和垂直的列交叉形成的,表格中的方框称为"单元格",单元格是存放数据的基本单位。

在 Word 2010 中创建表格有下述几种方法。

1. 使用表格菜单创建

使用表格菜单插入表格的具体操作步骤如下:

(1)将光标定位在要插入表格的位置。

(2)打开"插入"标签页,在"表格"功能区中,单击"表格"按钮,此时会弹出一个下拉菜单,如图 4.25 所示。将鼠标放置到"插入表格"选项下面的矩阵区域,移动鼠标,会显示例如"5×3"这样的字样,这表示选择的是 5 行 3 列的表格。移动鼠标,得到所需要的行、列数后,单击确认,此时在光标位置就会生成一个表格。

2. 使用"插入表格"命令创建

使用"插入表格"命令插入表格,用户可以在将表格插入文档之前,先选择表格的尺寸和格式。

(1)将光标定位在要插入表格的位置。

(2)打开"插入"标签页,在"表格"功能区中选择"表格"选项,在弹出的下拉菜单中选择"插入表格(I)"选项,弹出"插入表格"对话框,如图4.26所示。

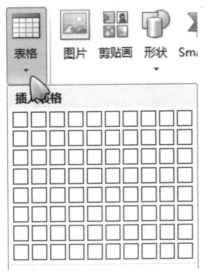
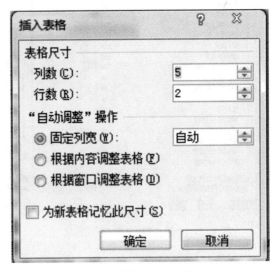

图4.25 选择表格行数和列数　　　　　图4.26 "插入表格"对话框

(1)在该对话框中的"表格尺寸"选区中的"列数"和"行数"微调框中输入具体的数值;在"'自动调整'操作"选项区中选中相应的单选按钮,设置表格的列宽。

(2)设置完成后,单击"确定"按钮,即可插入相应的表格。

在"'自动调整'操作"选项区,"固定列宽"的含义是生成的表格无论多少列,它的宽度都是指定的,如果没有指定,则默认为一行的宽度。"根据内容调整表格"的含义是表格的宽度是由表中内容最长的那一行来决定的,也就是根据内容的多少来决定表格的宽度。"根据窗口调整表格"的含义是表格的大小会根据打开文档时窗口的大小按照比例来显示。在一般情况下,都使用固定列宽来设置表格。

3.使用表格模板创建

在Word 2010中,可以使用表格模板插入基于一组预先设定好格式的表格。使用表格模板插入表格的具体操作步骤如下:

(1)将光标定位在要插入表格的位置。

(2)打开"插入"标签页,在"表格"功能区中,单击"表格"按钮,在弹出的下拉菜单中选择"快速表格(T)"选项,此时会弹出一个级联菜单,如图4.27所示。

(3)在这个菜单中选择一种表格格式,单击确定即可生成一个表格,如图4.28所示。

(4)根据表格的实际内容,设置表格模板的表名称,插入内容,用实际的数据替换模板中的数据,完成表格的创建。

4.手动绘制表格

上述的几种插入表格的方法都比较简单,可用于创建规则的表格,但在实际工作中往往会用到一些不规则的表格,比如一些登记表、简历。甚至还会用到含有斜线的表格等。在这种情况下,用户可以通过手动制表的方式,绘制包含不同高度的单元格或者每行有不同列数的表格。

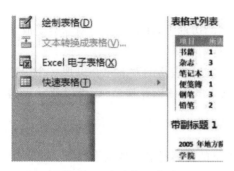

图 4.27　表格模板菜单

图 4.28　用模板生成的表格

理论上来讲,表格可以用手动方式绘制出来,但是并不推荐这样的绘图方式,由于手动制表容易出现没有对齐的情况。如果对制表编辑工具不熟悉,很容易越画越乱。在实际做表的时候,建议先使用前面介绍的方式把表格的大框架画出来,然后再使用手动制表的方式添加特定的行、列。现在给出手动制表的步骤:

(1) 打开"插入"标签页,在"表格"功能区中单击"表格"按钮。

(2) 在下拉菜单中选择"绘制表格(D)"选项,此时鼠标指针变成铅笔形状 ✐。

(3) 根据需要,拖动鼠标绘制表格。

(4) 如果绘制错误要擦除一条或者多条线,打开"表格工具"标签页,在"设计"选项卡的"绘图边框"组中单击"擦除"按钮,如图 4.29 所示。此时鼠标变成橡皮形状,单击要擦除的线条即可。

(5) 绘制完表格后,在单元格内单击,可以输入文本或插入图形。

图 4.29　单击"擦除"按钮

4.4.2　表格的基本设置

基本操作指的是在编辑表格的过程中,如何选定表的各个部分,这是所有编辑工作的前提。单元格设置主要指的是单元格的高度和宽度的调整。

1. 表格基本操作

对于表格对象的选定,最基本的方式就是用鼠标拖动,这个操作类似于对局部文字的选定。当然还有一些表格特有的选定方式:

(1) 整列的选定。如果要一次选定表格的一列,可以把鼠标移动到要选择列的上沿,也就是表格的边框上。此时鼠标的图标会变成一个黑色向下的箭头,此时单击鼠标左键,则会选中一整列的单元格。

(2)整行的选定。将鼠标移动到要选定的行的最左侧的边框上,此时鼠标的图标会变成一个向右上方指向的箭头,此时单击鼠标左键,即可完成整行的选择。

(3)整个表格的选定。把鼠标放到表格的任何区域,此时在表格的左上角会出现一个图标,移动鼠标到这个图标上,单击即可全选表格。另外,如果单击图标并拖动,还可以移动表格到其他位置。

2.单元格的设置

在使用前面介绍的方式创建表格后,一般情况下,表格的每列都有相同的宽度和高度。但是由于实际的内容不同,可能需要给出不同的宽度或高度,此时就需要进行单元格宽度和高度的调整。

单元格高度和宽度调整方式如下:

(1)手动调整。直接将鼠标移至要调整的单元格的边线上,此时鼠标的图标会变成 。单击鼠标直接拖动即可进行调整。

(2)使用标尺调整。单击表格的任意区域,此时注意在工具栏和文档工作区之间的标尺上会出现几个滑块,并且一一对应表格的每个列的边界。在窗口左侧的垂直标尺上的滑块对应表格的每一行,如图4.30所示。单击鼠标并拖动这些滑块即可进行宽度和高度的调整。

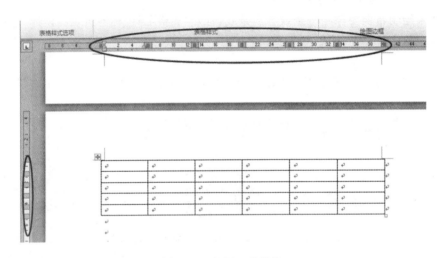

图4.30 标尺上的滑块

(3)使用菜单进行设置。在表格的任何区域单击鼠标右键,此时会弹出一个菜单,如图4.31所示。在菜单中选择"表格属性"选项,会弹出一个对话框,如图4.32所示,根据提示,直接进行行高和列宽的设置即可。

以上的几种方式都可以调整单元格宽度和高度,第三种方式调整的更加精确,但是没有前两种方式直观。读者可以在实际工作中自己灵活使用。

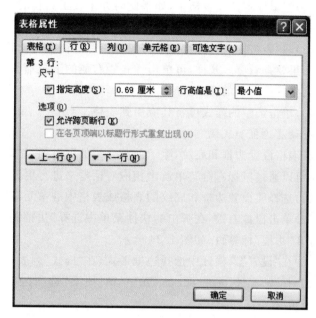

图 4.31 表格菜单　　　　　图 4.32 表格属性对话框

4.4.3 表格格式设置

以上介绍的都是有关于创建表格的基本操作和基本设置。表格创建完毕后,根据实际需要,往往还有更为复杂的编辑工作。比如,给表格增加或删除行或列,去掉或加强表格内某一部分的边框,改变表格的底纹颜色,插入公式,改变文字书写方向等。这些功能对应的工具细小而繁多。用户不一定要把每个工具都记住,但是一定要知道在哪里可以找到这些工具。

创建表格后,Word 的工具栏会发生变化,自动显示为"表格工具－设计"工具栏,如图 4.33 所示。这一组工具主要用于对表格整体式样的设置。最左侧的"表格式样选项"功能区一般需要和它右边"表格式样"功能区搭配使用才可以看得出来效果。"表格式样"功能区提供了多种设计好的式样供用户挑选。另外,用户还可以通过该功能区右侧的"底纹"和"边框"按钮对表格的底纹进行进一步的编辑。底纹指的是表格的背景颜色,边框指的是表格中的边线。根据选取的范围不同,既可以对表格整体进行设置,也可以对表格局部进行设置。

图 4.33 "表格设计"工具栏

1. 应用表格样式

创建表格后,可以使用"表格样式"来设置整个表格的格式。应用表格样式的具体步骤如下:

(1)将鼠标定位在表格中,如果此时并未在工具栏看到表格工具,可以双击表格打开该工具栏。

(2)在"表格样式"功能区中,将鼠标指针停留在每个样表样式上,此时会显示出相应的样式。如果要查看更多式样,可单击样式栏右侧的下拉箭头,此时会展开一个下拉列表,用户可以在其中选择需要的样式。

(3)单击选中的样式可将其应用到表格。

2.设置边框和底纹

给表格设置边框和底纹,除了前面介绍的可以通过"表格样式"功能区的两个按钮来设置外,还可以通过鼠标右键菜单调出相应对话框来进行更为详细的设置。具体操作步骤如下。

(1)选择要设置边框和底纹的表格或表格中的单元格区域。

(2)单击鼠标右键,在弹出的快捷菜单中选择"边框和底纹"命令,弹出"边框和底纹"对话框,打开"边框"标签页,如图4.34所示。

(3)在"设置"选项区中选择边框形式,在"样式"列表中选择边框线型。

(4)打开"底纹"标签页,在"填充"和"图案"选项区中选择表格填充色和底纹样式,如图4.35所示。

(5)设置完成后,单击"确定"按钮,即可设置成功。

图4.34 "边框"标签页

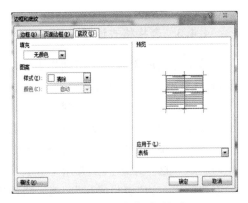

图4.35 "底纹"标签页

4.4.4 表格工具的使用

在创建表格后,工具栏除了自动打开"设计"标签页,还新增了一个"布局"标签页。这个标签页里的工具是对表格细节设计的编辑工具。单击该标签页,如图4.36所示。打开"布局"工具栏,用户可对当前表格的版式进行修改,如插入或删除行或列、拆分或合并单元格、拆分表格、移动或调整表格大小、插入函数等。

图4.36 表格"布局"工具栏

1. 插入和删除

(1)插入行。将鼠标置于表格中的插入点,单击"行和列"功能区中的"在上方插入"按钮,在插入点的上方插入一行表格;单击"在下方插入"按钮,可在插入点的下方插入一行表格。

如果只需要在末行之后添加新的行,将光标位置定位到表中最后一个单元格,然后按键盘上的制表键"Tab",即可自动添加一行。也可以将光标定位到表格最后一行之外的段落符号之前,然后单击键盘的"回车"键即可添加一行。

(2)插入列。将鼠标置于表格中的插入点,单击"行和列"功能区中的"在左侧插入"按钮,在插入点的左侧插入一列表格;单击"在右侧插入"按钮,可在插入点的右侧插入一列表格。

(3)插入单元格。将鼠标置于表格中的插入点,单击"行和列"功能区中的"对话框启动器"按钮,弹出"插入单元格"对话框,如图 4.37 所示。用户根据需要选择相应的选项,单击"确定"按钮,即可插入单元格。

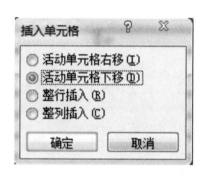

图 4.37 "插入单元格"对话框

图 4.38 "删除"下拉菜单

(4)删除单元格。将鼠标放置在要删除的表格区域范围内,单击"行和列"功能区中的"删除"按钮,会弹出下拉菜单,如图 4.38 所示,用户根据需要选择相应的选项,单击"确定"按钮,即可删除单元格。

2. 拆分和合并单元格

(1)拆分单元格。选择要拆分的单元格或单元格区域,单击"合并"功能区中的"拆分单元格"按钮,弹出"拆分单元格"对话框,如图 4.39 所示,设置拆分的行、列数,单击"确定"按钮,即可拆分单元格。用户也可以单击右键,在弹出的快捷菜单中选择"拆分单元格"命令实现此功能。

这个功能也可以通过手动制表的方式,用制表笔手动在单元格中画出新的行或列。用户可以自行尝试。

(2)合并单元格。选定要合并的单元格区域,单击"合并"功能区中的"合并单元格"按钮,或者单击鼠标右键,在弹出的快捷菜单中选择"合并单元格"命令,即可合并选定的单元格。

与拆分单元格类似,这个功能也可以通过手动制表工具中的"橡皮擦",擦除单元格的边线实现单元格的合并。

图 4.39 "拆分单元格"对话框

(3)拆分表格。将鼠标定位在需要拆分的表格处,单击"合并"功能区中的"拆分表格"按钮,将其拆分为两个表格,选中的行将成为新表格的首行。

3. 自动调整表格的行高和列宽

上一节已经介绍过单元格的行高和列宽的调整,实际上那就是表格的行高和列宽的调整,和这里不同的是,上一节的调整只是局部的调整。它影响的可能是某几列或几行。而这里的调整一般是对整个表格或多行多列的行高和列宽进行设置。

(1)精确调整法。将鼠标置于表格,在"单元格大小"功能区中,有一个"高度"设置文本框和一个"宽度"设置文本框。用户可以根据需要,输入具体的数值,分别调整行高和列宽。

(2)自动调整法。在"单元格大小"功能区中单击"自动调整"按钮,弹出一个下拉菜单。其内容为:根据内容自动调整表格;根据窗口启动调整表格;固定列宽。这三项的含义前面已经介绍过,这里就不在重复介绍了。

(3)平均分布调整。实际工作中,如果对表格局部的行或列的尺寸进行了调整,特别是通过鼠标手动调整,或者拆分了单元格后,表格的行或列的分布不均匀,可能会影响到表格整体的美观。那么这时就可以使用"平均分布"按钮来进行间距的调整。

在"单元格大小"功能区中,"分布行"和"分布列"按钮,其功能就是平均分布各行或各列。用鼠标选中表格,单击"分布行"按钮，所选行平均分布高度;单击"分布列"按钮，所选列平均分布宽度。

4. 对齐方式

表格中文字的对齐方式是相对于表格的边框而言的,设置对齐方式的具体操作步骤如下:

(1)选定要设置对齐方式的单元格区域。

(2)在"布局"标签页中的"对齐方式"功能区中单击相应的按钮即可。

各按钮的功能如下。

"靠上两端对齐"按扭：文字靠单元格左上角对齐。

"靠上居中对齐"按钮：文字居中,并靠单元格顶部对齐。

"靠上右对齐"按钮：文字靠单元格右上角对齐。

"中部两端对齐"按钮：文字垂直居中,并靠单元格左侧对齐。

"水平居中"按钮：文字在单元格中水平和垂直都居中。

"中部右对齐"按钮：文字垂直居中,并靠单元格右侧对齐。

"靠下两端对齐"按钮：文字靠单元格左下角对齐。

"靠下居中对齐"按钮：文字居中,并靠单元格底部对齐。

"靠下右对齐"按钮：文字靠单元格右下角对齐。

"文字方向"按钮：更改所选单元格内文字的方向。

5. 插入函数

在 Word 2010 中,表格中的数值可以进行四则运算、求平均值、求最大值等算数运算。用户可以充分利用 Word 2010 提供的"公式"计算功能来进行计算。具体操作步骤如下:

(1)将鼠标置于准备存放计算结果的单元格内。

(2)单击"布局"标签页中"数据"功能区中的"f_x 公式"按钮,弹出"公式"对话框,如图 4.40 所示。在"公式"文本框中输入正确的公式,也可以直接选择"粘贴函数"下拉列表中的函数,并在"编号格式"下拉列表中选择合适的编号格式,单击"确定"按钮。

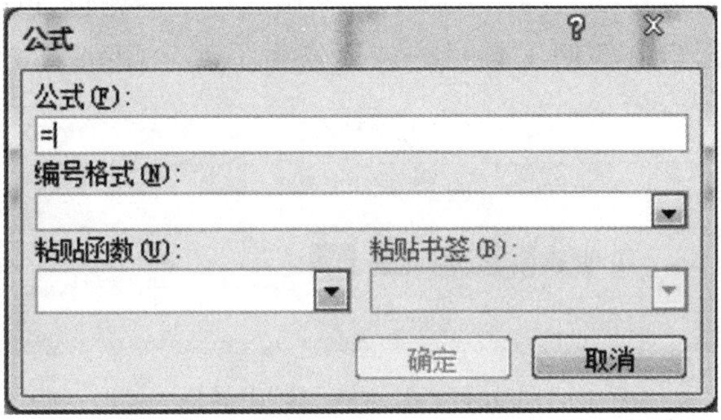

图 4.40 "公式"对话框

这里需要了解一个问题,就是单元格的编号。在计算公式中要指定单元格或单元格区域。在 Word 2010 表格中,所有单元格都有一个编号或者地址,用列号和行号表示。列号依次用英文字母 A,B,C,…表示,行号则用数字 1,2,3,…表示,如 C5 表示表格中的第 3 列第 5 行的单元格,而 A1:D7 则表示由 A1 单元格至 D7 单元格所组成的一个矩形区域。例如:计算第 3 行第 1 列到第 4 列的和,并存放在第 4 行第 1 列单元格中,将鼠标放在第 4 行第 1 列单元格中,在"公式"文本框的"="后面输入 sum(C1:C4),单击"确定"按钮,结果会保存在第 4 行第 1 列的单元格中。这种单元格序号方式和第 5 章的电子表格的单元格编号是一致的。

注意:尽管 Word 2010 比以前的版本集成了更多有关表格计算的功能。但是在实际工作中,如果遇到需大量计算的表格,如财务报表、销售记录等表格,建议还是使用下一章介绍的电子表格来做。

4.5 插入图片与绘图

在文字中插入图片或者是图形,有助于整体文档的绘图功能表达,使得文档更加形象、生动,容易理解。除此之外,还可以通过 Word 的绘图功能,设计简易的海报、招贴、门票及请帖等。因此,插入图片与绘图也是必须要掌握的一项技能。

4.5.1 图片和剪贴画的使用

在文档中插入图片或者剪贴画的操作非常类似,只是选择的对象不同。插入图片或剪贴画后,如何进行图片对象的编辑,使得图片或剪贴画更符合文档的要求,是用户应着重学习的。

1. 图片和剪贴画的插入

将光标放置于需要插入图片的位置,然后单击"插入"标签页,在展开的对应功能区的"插图"功能组中有"图片""剪贴画"按钮。用户可以根据实际需要单击相应按钮,之后会弹出相应的对话框,选择插入对象,最后完成插入。

用户也可以复制一个图片文件,然后打开文档,在插入的位置单击鼠标右键,在弹出的菜单中选择"粘贴"就可以完成图片的插入。

如果在文档中插入屏幕的截图,可以按"Print Screen"键,然后在文档中选择插入截图的位置,单击鼠标右键,在弹出的菜单中选择"粘贴"就可以完成截图的插入。

2. 图片的编辑

在实际工作中，还可以对插入的图片或者剪贴画进行一些编辑，以达到合适的效果。在完成图片插入后，会发现窗口上部的工具栏的内容发生了变化，变成了"图片工具－格式"标签页，如图 4.41 所示。

图 4.41 "图片工具"工具栏

这个工具栏里涵盖了所有图片的编辑工具，由于功能繁多，篇幅所限，这里只对一些常用的工具做一些介绍。

(1)图片裁剪。实际工作中，往往要突出说明的是图片中某一个部分的内容，因此通过裁剪图片的方式来突出或者放大要说明的部分。此时可以单击工具栏中"大小"功能区中的"裁剪"按钮，单击图片后，图片边缘会出现 8 个裁剪标记，如图 4.42 所示。

用户可以使用鼠标左键拖动这几个标记来确定裁剪的区域，如图 4.43 所示。

裁剪标记调整完毕后，可以按"回车"键确认。此时显示出来的图片就是裁剪后的效果，如图 4.44 所示。

注意：图片裁剪并不是删掉了被裁剪的部分，只是隐藏了被裁减的部分。因此，如果对裁剪的效果不满意，还可以重复上面的步骤。当单击"裁剪"按钮后，可以对图片进行重新的裁剪。

图 4.42 裁剪图片(一)

图 4.43 裁剪图片(二)

图 4.44 裁剪图片(三)

在裁剪图片时,还可以单击"大小"功能区的"裁剪"按钮,会弹出一个菜单,如图 4.45 所示,选择固定的形状或者指定的比例进行裁剪,如图 4.46 所示。

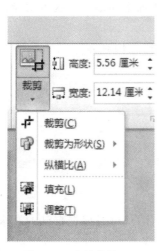

图 4.45 裁剪菜单(一)

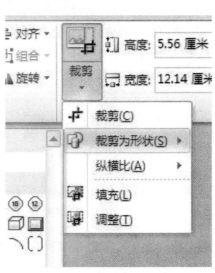

图 4.46 裁剪菜单(二)

(2)图片位置设置。图片的位置,实际上指的是图片与文字的位置关系。实际工作中,图片往往是插入在文字中间。特别是杂志报纸类的版式,文字有时候是围绕图片来编排的。另外,也可以通过图片衬于文字下方来实现水印的效果。在 Word 中,这主要通过图片编辑工具栏中"排序"功能区中的"自动换行"按钮来实现。

比如要改变图 4.44 中的图片位置,让它被文字环绕起来。此时可以先双击图片,打开图片工具栏,然后再单击"排序"功能区中的"自动换行"按钮。此时会弹出一个菜单,如图 4.47 所示。选择文字环绕的效果,单击鼠标确认即可。最后的效果如图 4.48 所示。

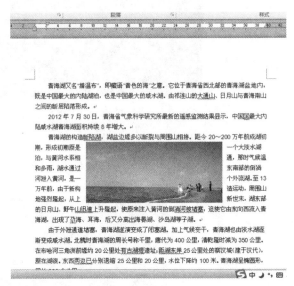

图 4.47　自动换行弹出的菜单　　　　　　图 4.48　文字环绕的效果

用户也可以自己尝试使用菜单中的其他位置选项,看看效果如何。"位置"按钮的功能是对图片进行页面位置的设置,它设置的是该图片在页面的相对位置,比如图片放置到页面文字区的左上位置或中下位置等。单击该按钮,也会弹出一个菜单,用户可以自行尝试设置。

(3)图片式样设置。图片式样设置主要指的是图片的形状和边框的设置,这是 Word 2010 新增的功能。通过对图片整体式样进行设置,可以让图片更加生动形象。这组功能按钮位于图片工具栏中的"图片式样"功能区。

双击图片,打开图片编辑工具栏,"图片式样"功能区如图 4.49 所示。

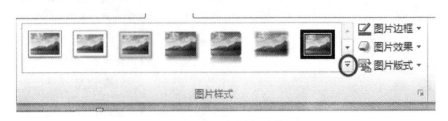

图 4.49　"图片式样"功能区

单击图中标注的下拉箭头,可以展开图片的所有式样。用户可以根据自己的需求选择式样,如图 4.50 所示。

图 4.50　图片式样示例

在"图片式样"功能区的右侧,还有"图片边框""图片效果"及"图片版式"3 个按钮,单击相应按钮,可以对图片的式样进行更加多样和细节的设计,篇幅所限,这里就不展开论述。

(4)图片调整。图片调整指的主要是对图片画面的一些编辑,比如明暗度、色彩度、特殊效果及抠图效果等。其实对于画质的编辑工作,现在已经有很多专门的图片处理应用软件。不过 Word 2010 也集成了一些类似图像软件的画面处理功能,使用起来比较简单。当然,如果要是对图片进行更为精细的调整,建议还是使用专用软件。

这部分的功能在图片编辑栏中的"调整"功能区,如图 4.51 所示。其中的"更正""颜色""艺术效果"3 个按钮都是对画质效果的设定,每个按钮下都可展开一个菜单,用户可以根据需要选择相应的处理方式。"删除背景"按钮比较特殊,它可以去掉画面中的背景,只保留画面中要突出的地方。在实际文件工作中,如果需要突出图片中的重点去掉不必要的画面,或者想抽取画面中的一部分画面(抽取一个图片中的标志),删除背景这个功能就非常实用。

图 4.51　"调整"功能区

例如,在一篇讲述儿童游泳的好处的文章中,要插入一个孩子游泳的画面,图 4.52 所示的效果看起来是比较呆板的。

这里可以使用删除背景的功能把这个孩子单独抠出来,然后再配合图片式样中的 3D 阴影效果,让图片有一种浮在纸上的感觉。具体操作步骤如下:

(1)双击图片打开图片编辑栏,在"图片式样"功能区选择一个 3D 阴影效果。

图 4.52　图片插入的例子

(2)单击"删除背景"的按钮,此时会在工具栏显示出"背景消除"工具栏,如图 4.53 所示。一般情况下,系统可以自动识别背景区域,对于画面内容简单的图片,都可以准确地识别出来。如果识别得不准确,也可以通过单击"标记要保留的区域"或者通过"标记要删除的区域"手动限定背景和主图之间的界限。无论是自动识别还是手动识别,完成识别后,可以单击"保留"更改。删除背景后的效果如图 4.54 所示。

图 4.53　删除背景(一)

图 4.54　删除背景(二)

(3)对删除背景后的图片进行调整。删除背景并不是真正删除了图片的背景,所以图片看起来小了,但是空白区域却占据了页面的空间,此时可以把空白区域剪掉。再使用前面介绍过的图片位置设置,调整图片的位置,通过段落设置调整文字间距,最后的效果如图 4.55 所示。

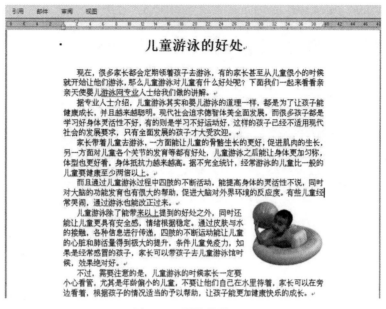

图 4.55 删除背景(三)

4.5.2 添加自选图集

自选图集汇集了大量的图例和线条。它的应用往往被人忽略,但实际上自选图集的功能是很强大和实用的。比如在说明图片中的内容时,可以通过自选图集中的形状来对特定区域进行标注,便于表达。本章开头部分的图 4.1 就是一个实例。用户还可以通过自选图集绘制出一些特殊的造型,比如印章等,也可以通过给照片中的人物加上自选图集中的批注图形,以配上对话的效果。总之,对自选图集的使用越熟练,日常图文表达的应用就越灵活越自如。

绘制自选图集的方法比较简单,首先单击工具栏上方的"插入"标签页,然后单击"插图"功能区的"形状"按钮,此时会弹出一个菜单,这个菜单有非常多的图例,如图 4.56 所示。

单击选择所需要的图例,然后移动鼠标到要插入图例的位置,此时鼠标会变成"十"字形,然后按住鼠标左键向右下方拖动,直到合适的大小,松开左键即可完成图形的插入,如图 4.57 所示。和图片类似,它边缘的 8 个方向各有一个滑块,可以调整这个图形的大小。在图形的上方还有一个绿色的圆形滑块,它可以用来调整图形的旋转度,默认图形都是水平放置的,在实际工作中,用户可以根据需要将图例旋转一定角度。

图形对象的编辑分别是图形的外框颜色和粗细、图形内部的填充颜色以及多个图形在一起时的层叠次序。这里的层叠次序指的是当两个或多个图形有重合部分时,哪个图形在最上面显示,哪个图形放在下面。这个效果有点像图片位置设置中"衬于文字下方"和"浮于文字上方"的效果。首先双击图形,此时工具栏会变成"绘图工具-格式"工具栏。在"形状样式"功能区中可以进行相关的设置,如图 4.58 所示。

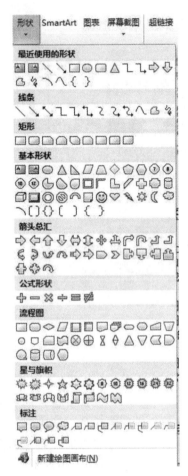

图 4.56 自选图集的图例菜单

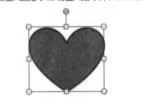

图 4.57 插入一个图形

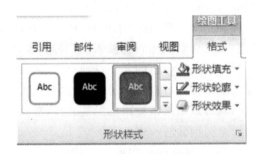

图 4.58 "形状样式"功能区

在图 4.58 中,通过单击"Abc"右侧的下拉箭头可以展开更多的式样,单击选择即可完成设置。如果没有合适的式样,可以通过单击功能区右侧的"形状填充""形状轮廓"和"形状效果"按钮来完成。其中"形状填充"指的是对图形内部颜色的设置;"形状轮廓"指的是对图形外框的设置,其中包括外框的颜色、线型等;"形状效果"有点像图片中的式样设置,可以选择图形,以不同的外观形式展示出来。

现在通过一个实例来介绍一下设置的过程。在之前创建好的心形的基础上,做出两颗心挨在一起的效果。首先单击"形状填充"按钮,打开菜单,设置心的颜色为红色,如图4.59所示;然后再单击"形状轮廓"按钮,在弹出的菜单中,把外框的颜色设置成填充色,或者直接选择无轮廓,如图4.60所示(因为这个图形是纯色,不需要强调外框的效果,所以可以没有外框);接下来,再单击"形状效果"按钮,同样弹出一个菜单,如图4.61所示。

注意:"形状效果"菜单中的效果是可以叠加使用的,所以可以对一个图形进行多个效果的设置,在实例中选择了两个效果,一个是发光效果,一个是三维旋转效果。

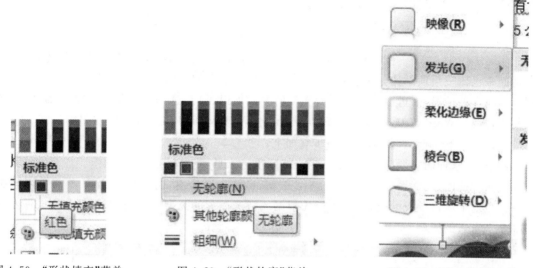

图4.59 "形状填充"菜单　　图4.60 "形状轮廓"菜单　　图4.61 "形状效果"菜单

重复上面的步骤,再创建一个心形的图形,只是在设置形状效果的时候选择和上一个心形相对的效果即可,最终的效果如图4.62所示。

注意:此时的效果是后创建的右边的心形"压"在左边的心上,如果要反过来,这就需要通过设置堆放层次来完成,可以右键单击左边的心形,此时会弹出一个菜单,如图4.63所示。在菜单中选择"置于顶层",或者在下一级菜单中选择"上移一层"即可。用户可以自己试试改变堆放的层次。

图4.62 实例的最后效果　　　　图4.63 "图形编辑"菜单

当创建的图形是由两个或者多个图形组成时,如果需要移动、复制、剪切到其他位置会比较麻烦。遇到这样的情况,可以在绘图完成后,通过组合操作把各个图形组合成一个整体。这样就可以进行复制或移动的操作了。

组合操作的具体步骤为:首先,按住键盘的"Shift"键不要松手,用鼠标依次把所有要组合的图形选中;然后松开键盘上的"Shift"键,在被选中的图形区域中的任何位置单击鼠标右键,在弹出的菜单中选择"组合"即可把这些图形组成一个整体。如果由于某种原因要取消组合,只需要在解散组合的图形上单击右键,在弹出的菜单中选择"取消组合"即可。

注意:所有的图形都可以在里面添加文字。要添加时,鼠标右键单击图形,在弹出的菜单中选择"添加文字"即可。

4.5.3 创建 SmartArt 图

实际工作中,对于一些条理清楚、结构明晰的客观描述使用纯文字来表达往往比较抽象,表达起来也比较烦琐。比如某企业的组织结构说明、生产加工的流程说明、比赛对阵的场次说明等。在这种情况下,可以使用图形配文字的方式加以说明,这样会让描述更加的简洁、形象和便于理解。Word 2010 中提供了 SmartArt 图形工具组,可以完成这样的工作。

创建一个 SmartArt 图形对象的步骤如下:

(1)使用鼠标确定要插入图形的位置,然后单击工具栏中的"插入"选项卡。

(2)在"插图"功能区,单击"SmartArt"按钮,会弹出一个对话框,如图 4.64 所示。对话框的左侧是一个风格导航分类,用户可以先根据风格选择大的类型,然后在对话框右侧的展示区选择一个合适的图例。

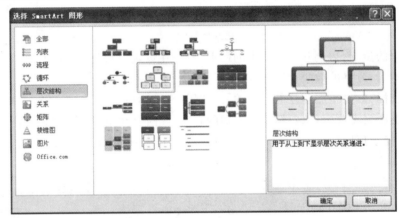

图 4.64 "选择 SmartArt 图形"对话框

(3)鼠标单击选择一个合适的图例,然后单击对话框中的"确认"按钮。此时会弹出一个 SmartArt 图形的编辑对象,如图 4.65 所示。该图的左侧是文字输入区,用户也可以直接单击右侧图形中的"文本"进行文字的输入。

系统默认给出的图形结构和现实要表示的有差别,这就牵扯到如何对矩形进行编辑操作,如添加、删除及移动图形。在创建图形后,工具栏其实已经发生了变化,变成了"SmartArt 工具-格式"工具栏,如图 4.66 所示。

如果需要在其中某一层添加新的矩形,首先选中该层的任意一个矩形,然后单击"创建图形"功能区中的"添加形状"按钮,会发现该层结构会新增一个矩形,如果单击该按钮右侧的下拉菜单,还可以选择在当前矩形的哪个位置创建新矩形,默认是在当前矩形的右边创建。如果要删除一个矩形,只需要单击该矩形的边框,然后单击键盘上的"Delete"键即可。

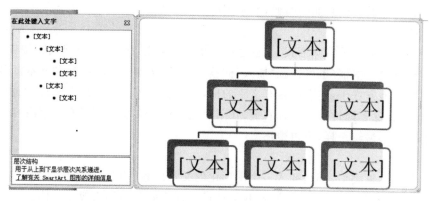

图 4.65 创建 SmartArt 图形

图 4.66 "SmartArt 工具-格式"工具栏

如果要移动某个矩形,首先选中这个矩形,然后单击"创建图形"功能区中的"升级""降级""上移""下移"或"从右向左"按钮来调整。

如果对创建好的图形的分布方式不满意,还可以通过 SmartArt 图形工具栏"布局"功能区中的选项设置布局方式。如果对图形的式样不满意,还可以通过"SmartArt 样式"功能区设置其他的式样。用户还可以单击该功能区中的"更改颜色"按钮,改变图形的颜色。最后完成图形的设计,效果如图 4.67 所示。

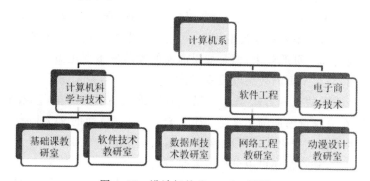

图 4.67 设计好的 SmartArt 图形

注意:如果要对已经完成的图形进行再次的编辑,只需要双击图形区域,即可打开 SmartArt 图形的工具栏,然后再进行编辑。

4.5.4 文本框与艺术字

文本框和艺术字可以认为是一种特殊的图形对象。其插入文本的方式和图片、图形的方式非常类似。作为文字的一种补充描述,这两种形式在实际工作中也是比较常用的。特别是在设计海报、招贴、通知或封面的时候,非常实用。

1. 文本框

文本框是图形的一种特殊形式,在创建绘图的时候可以看到,单击"形状"按钮,所弹出的图例中前两个就是文本框(也可以在"插入"标签页中的"文本"功能区看到"文本框"按钮)。它和绘图不一样的地方在于,它默认是有文字的框,而且文字可以横排或者竖排。而其他图形默认是没有文字的,除非通过单击鼠标右键,在菜单选择添加文字才可以有文字内容。其他方面的设置则与绘图形编辑一样,不再赘述。

2. 艺术字

艺术字和文本框类似,都是插入一个图形化的文本内容。它们最大的区别在于,艺术字是没有外框的,字体也没有办法自己改变,只能通过选择不同的图例来改变字体。插入一个艺术字的操作和插入图形对象类似,都是先打开"插入"标签页。然后在"文本"功能区单击"艺术字"按钮,在弹出的菜单中选择一个合适的式样,然后在弹出的艺术字输入框中输入文字即可。如果要对艺术字进行更为细节的编辑,可以发现,在插入艺术字后,工具栏已经变成了"绘图工具-格式"工具栏。也就是说,可以把艺术字当图形来进行设置。

4.5.5 分隔符与页眉/页脚

分隔符和页眉/页脚都不是对文本内容的直接编辑,也不会对文本的正文内容产生太直接的影响。因此往往容易被人们忽略,但是它们实际上会对于文本的整体效果产生巨大的影响。因此掌握和使用分隔符与页眉/页脚是非常重要的。

1. 分隔符

分隔符的含义是分隔。在文字编辑中,通过分隔符可以告诉系统,文字与文字之间的边界在哪里,或者说哪些文字是一类的。这就像是在一个学校的学生,虽然都是一个学校的同学,但是通过不同的班号来区别他们是哪个班的同学,他们应该参加哪个班的学习活动。

在实际的文字编辑工作中,常常会遇到这样一个情况:某一段文字结束后,下一段文字必须另起一页才开始。对于不熟悉功能的用户,可能会采取回车换行的方式把光标换到下一页。这样虽然可以实现另起一页的效果,但是如果前面的段落发生变化需要修改,则可能由于前面文字的删除或添加,另起一页的效果就没有了。

那么解决这个问题的正确方法是什么呢?那是插入一个分隔符,让系统自动另起一页。也就是告诉系统,在分隔符前面的文字是一个集合,分隔符后面的文字是一个集合。这样,不管前面的内容发生了什么变化,下一段始终保持着另起一页的效果。

除了分页的功能,分隔符还可以分栏或者是分奇偶页。

分隔符另外一个重要的功能就是文档中节与节之间界限的划分。通过插入分隔符中的分节符,告诉系统文档中各个节的界限。这个功能从表面上看,和前面的分页符好像没有什么区别,但实际上在文档编辑中当需要按节编页码,或者按节显示不同内容的页眉/页脚时,就必须通过插入分节符来实现。

插入分隔符的方法很简单,首先将鼠标光标所在位置作为插入分隔符的位置,然后单击工具栏的"页面布局"标签页。在"页面设置"功能区中单击"分隔符"按钮,即可弹出分隔符菜单,如图 4.68 所示,在菜单中选择相应的分隔符即可。用户可以尝试在文档中插入不同类型的分隔符,体会一下它们的效果和区别。

2.页眉/页脚

设置页眉和页脚可以使文档美观,在一些特定的文档中甚至是必须要有的。

插入页眉和页脚的方法一样,首先单击工具栏中的"插入"标签页,在"页眉和页脚"功能区,单击"页眉"或"页脚"按钮即可打开选择菜单,然后选择一个合适的页眉或者页脚风格即可。通过这样的操作,插入的页眉和页脚在整个文档中都是一样的。但是有时,在一个文档中可能需要插入不同的页眉或者页脚。比如书籍,每一页的页眉是按照奇、偶页来划分的。或者按照不同的章节,每一章的页眉显示不同的内容等。这就需要在单击"页眉"或"页脚"按钮后,在弹出的菜单中选择"页眉编辑"或"页脚编辑"。

以按照不同章节内容显示不同页眉为例。要实现这个效果首先应该在文档中插入分隔符中的分节符,告诉系统每个章节的边界。然后单击"页眉"按钮,在弹出的菜单中选择"页眉编辑",此时工具栏会变成"页眉和页脚工具-设计"工具栏,如图4.69所示。

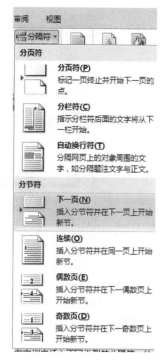

图4.68 "分隔符"菜单

在工具栏中单击"页眉"按钮,在弹出的菜单选择一种页眉风格,然后输入内容。完成输入后单击"导航"功能区中的"下一节"按钮。此时页眉会自动跳转到分节符分割的下一节开始的页面的页脚。重复这两个步骤完成整个文档每一节的设置,最后单击工具栏最右边的"关闭页眉和页脚"按钮,完成页眉设置。

注意:在"导航"功能区中有一个"链接到前一条页眉"按钮。如果单击该按钮则表示当前页的页眉内容和上一节的一样。

图4.69 "页眉和页脚工具-设计"工具栏

4.5.6 封面设计模板

Word 2010提供的功能非常丰富,除了灵活多样的设计工具外,还提供了封面模板。用户可以通过选择封面模板库中的一个模板,快速美观地设计出文档的封面,大大提高文档编辑的质量和效率。

具体的操作步骤如下:

首先,单击工具栏上的"插入"标签页,在"页"功能区中,单击"封面"按钮。此时会弹出封面选择菜单,如图4.70所示。

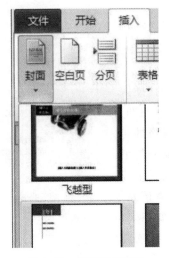
图 4.70　封面选择菜单

图 4.71　封面的实例

然后,选择一个封面风格,在提示位置输入相关的封面信息即可,如图 4.71 所示。

注意:如果要删除前面生成的封面,同样单击"封面"按钮,在弹出的菜单中单击"删除当前封面"即可。

4.6　页面输出设置

目前无论是公文用纸还是论文纸张,普遍都采用 A4 纸,Word 系统的默认输出纸张规格也是 A4。不过在一些特殊的情况下,对纸张的大小等方面需要重新设置时,掌握页面设置的技巧就显得非常必要。另外,生成的文档如何打印,除了常规的整个打印外,如何打印指定的页码,是一个办公人员必须具备的能力。

4.6.1　页面设置

页面设计的内容有哪些?一般来说,纸张的大小、方向、页边距等有关文档整体输出效果基本都属于页面设置。单击"页面布局"标签页,其中的"页面设置"功能区就是本节主要介绍的对象。

这个功能区可以设置文字方向、页边距、纸张方向、纸张大小、分栏及分隔符等。

文字方向指的是文字的书写方式是水平输入还是垂直输入。页边距指的是文字输入中纸张的上、下、左、右所留的空白位置的大小。单击"页边距"按钮,会弹出一个下拉菜单,如图 4.72 所示。前面 4 项都是按照一般的书写习惯给出的固定设置,如果没有合适的尺寸,用户还可以选择"自定义边距"。单击该选项后,会弹出一个"页面设置"对话框,如图 4.73 所示。这个对话框的第一个标签页就是"边距设置",按照提示自行设置页边距即可。除了页边距设置,还可以进行纸张方向、版式、文字方向的设置,这个对话框集中了"页面设置"大部分的功能。

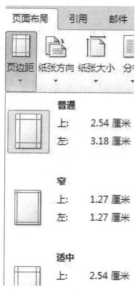

图 4.72　页边距下拉菜单

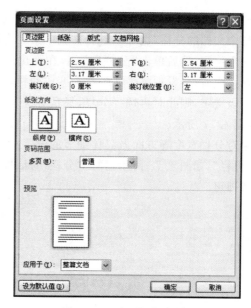

图 4.73　页面设计对话框

纸张方向是设置纸张是纵向还是横向。单击"纸张方向"按钮,弹出下拉菜单,在菜单中选择相应选项。默认情况下是纵向。

纸张大小是设置纸张的幅面,特别是当需要打印电子文稿时,格外要注意这个设置。前面已经介绍过,一般情况下,使用的是 A4 大小的稿纸。但是如果在特殊情况下,可能会使用其他大小的稿纸,那么就需要设置。单击"纸张大小"按钮,会弹出下拉菜单,如图 4.74 所示。稿纸的大小有很多固定的格式,比如除了 A4 外,还有 A3、B5 等,这些都可以直接选择,尺寸都是固定的。用户也可以选择菜单的最后一个选项"其他页面大小"来自己设定。

注意:所有这些设置一般都是对整个文档的设置。但是,有时可能会发生这样的情况:大部分页面都是 A4,但是其中有个别页是其他格式,那么在设置时需要首先把光标放在特殊页,然后再进行纸张大小的设置,最后在"预览"区的"应用于"下拉菜单中,选择"插入点之后",如图 4.75 所示,即可完成特定页面的设置。

图 4.74　"纸张大小"下拉菜单

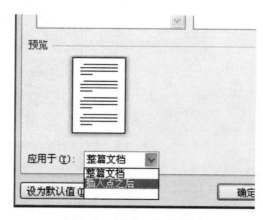

图 4.75　"应用于"下拉菜单

分栏功能指的是对页面中的文字进行分栏。这个效果有点类似于杂志中的分栏效果。可以进行整个文档的分栏，也可以进行文档中某一个段落的分栏。如果把光标置于文档文本中的任意一个位置，然后单击"分栏"按钮，在弹出的下拉菜单中选择分栏的栏数。比如选择2栏。选择完成后，会发现整个文档都会变成两栏，如图4.76所示。如果在设置分栏时，先用鼠标选定一段文字，则此时再选择分栏，只是对这一段的文字进行分栏，其他的部分没有分栏的效果，如图4.77所示。

如果对分栏宽度等方面做具体细节的设置，可以单击"分栏"按钮，在弹出的下拉菜单中选择"更多分栏"，如图4.78所示，弹出"分栏"对话框，如图4.79所示，按照这个对话框里的提示进行设置即可。

图 4.76　整个文档的分栏

图 4.77　局部分栏的效果

图 4.78　"分栏"下拉菜单

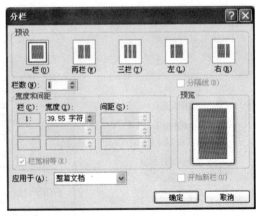

图 4.79　"分栏"对话框

4.6.2 打印设置

单击"文件"标签页,在弹出页面的左侧导航栏中,单击"打印",此时右侧的工作区会显示出有关打印的相关内容,如图4.80所示。

在打印设置页面中,最右侧是文稿的效果预览。在实际工作中,打印之前,有必要先查看一下预览的效果。

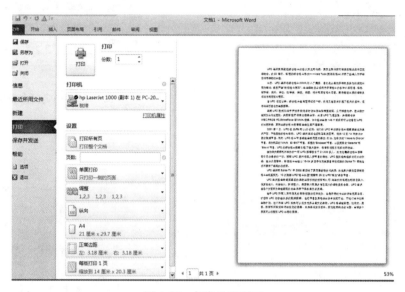

图 4.80 打印设置页面

在左侧导航栏和打印预览区域之间的就是打印设置区域。单击"打印"按钮,系统会自动开始打印文档,还可以设定打印的份数。如果计算机连接了多台打印机,还可以通过界面中的打印机选项,指定一台打印机进行打印。在设置栏中,单击"打印所有页"按钮后,会弹出一个下拉菜单,如图4.81所示。可以发现,除了默认打印所有页面以外,还提供了更多的选择。其中"打印当前页"指的是打印光标所在的页面,如果只想打印文档中的某一页,就可以先将光标置于该页的任何位置,然后选择此项,再单击"打印"按钮,则只打出指定页面。

在"打印所有页"按钮下面还有一个"页数"文本框。用户可以在这个文本框中输入页码,以打印指定的页面。当然这有一定的格式要求,将鼠标移动到该文本框上,大概1秒后会显示出一个提示框,提示页码范围的书写格式,如图4.82所示。用户只需要按照这个格式来指定页码就可以了。

"调整"按钮功能只在一次打印多份不只一页的文档时发挥作用。比如有一份5页的文档需要打印3份。除了在前面的份数设置中指定成打印3份,还可以单击"调整"按钮,此时会弹出一个菜单,如图4.83所示。默认情况下,打印的次序是把第一份5页的文档打完,再依次打印第2份、第3份。如果单击了菜单中的"取消排序"选项,则输出的时候会先打印3张第一页,然后再打印3张第2页,以此类推。

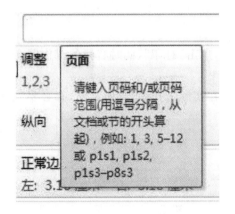

图 4.81 "打印页面"下拉菜单

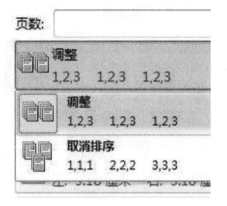

图 4.82 指定打印范围

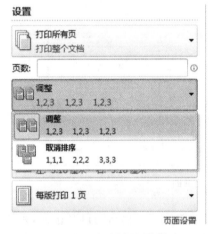

图 4.83 调整设置菜单

图 4.84 每版打印页数设置菜单

"调整"按钮下面的两个按钮用于页面设置,"每版打印 1 页"按钮可以设置在一张纸上打印出文档中的若干页内容。单击该按钮后,会弹出菜单,如图 4.84 所示,在菜单中设置相应选项。

4.7 实 训 内 容

实训 1 文档的操作

1.实训内容

本例对"匆匆"文章进行编辑,完成如下操作:

(1)将纸张方向设置为纵向,上、下、左、右页边框均设置为 2cm,纸张大小设置为 A4。

(2)设置首行缩进 2 个字符,段前、段后都设置为 1 行,行距设置为 1.5 倍行距。

(3)标题"匆匆"设置为黑体,一号,居中,字体颜色为蓝色,"作者:朱自清"设置为居中,加粗,倾斜,正文字体为宋体,五号,并设置首字下沉。

(4)插入图片,环绕方式设置为"四周环绕"方式。

(5)给整篇文章添加边框,设置水印。

效果如图 4.85 所示。

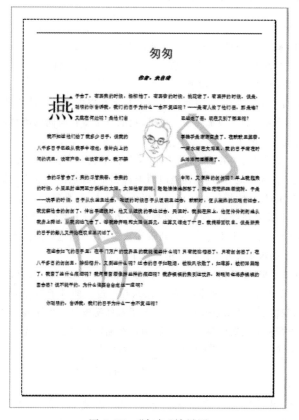

图 4.85 "匆匆"效果图

2. 操作步骤

(1)打开 Word 2010,单击"文件"标签页,在下拉菜单列表中选择"新建",在"可用模板"选区中选择"空白文档",单击"创建"按钮,如图 4.86 所示,创建一个新文档。

(2)打开"页面布局"选项卡,在"页面设置"选项组中,单击"对话框启动器"按钮 ,弹出"页面设置"对话框。在"页边距"选项卡中设置纸张方向为"纵向","上、下、左、右"页边框均设置为"2cm";打开"纸张"选项卡,在"纸张大小"下拉列表中选择"A4"选项,单击"确定"按钮,如图 4.87 所示。

图 4.86 新建文档

图 4.87 "页面设置"对话框

(3)在编辑区输入如下文本,如图4.88所示。

匆匆

作者:朱自清

　　燕子去了,有再来的时候;杨柳枯了,有再青的时候;桃花谢了,有再开的时候。但是,聪明的你告诉我,我们的日子为什么一去不复返呢?——是有人偷了他们罢:那是谁?又藏在何处呢?是他们自己逃走了罢:现在又到了哪里呢?

　　我不知道他们给了我多少日子;但我的手确乎是渐渐空虚了。在默默里算着,八千多日子已经从我手中溜走;像针尖上的一滴水滴在大海里,我的日子滴在时间的流里,没有声音,也没有影子。我不禁头涔涔而泪潸潸了。

　　去的尽管去了,来的尽管来着;去来的中间,又怎样的匆匆呢?早上我起来的时候,小屋里射进两三方斜斜的太阳。太阳他有脚啊,轻轻悄悄地挪移了;我也茫茫然跟着旋转。于是——洗手的时候,日子从水盆里过去;吃饭的时候日子从饭碗里过去;默默时,便从凝然的双眼前过去。我觉察他去的匆匆了,伸出手遮挽时,他又从遮挽的手边过去,天黑时,我躺在床上,他便伶伶俐俐地从我身上跨过,从我脚边飞去了。等我睁开眼和太阳说再见,这算又溜走了一日。我掩着面叹息。但是新来的日子的影儿又开始在叹息里闪过了。

　　在逃去如飞的日子里,在千门万户的世界里的我能做些什么呢?只有徘徊罢了,只有匆匆罢了;在八千多日的匆匆里,除徘徊外,又剩些什么呢?过去的日子如轻烟,被微风吹散了,如薄雾,被初阳蒸融了;我留了些什么痕迹呢?我何曾留着像游丝样的痕迹呢?我赤裸裸的来到这世界,转眼间也将赤裸裸的回去罢?但不能平的,为什么偏要白白走这一遭啊?

　　你聪明的,告诉我,我们的日子为什么一去不复返呢?

图4.88 "文本编辑区"内容

(4)使用快捷键"Ctrl+A"选中全文,打开"开始"选项卡,单击"段落"组中的"对话框启动器"按钮,弹出"段落"对话框。选择"缩进和间距"选项卡,在"缩进"选项组的"特殊格式"下拉列表中选择"首行缩进"选项,在右侧的磅值微调框输入"2",在"间距"选项组中,将"段前""段后"都设置为"1行","行距"设置为"1.5倍行距",如图4.89所示,然后单击"确定"按钮。

(5)选中标题"匆匆",在"段落"组中选择"居中"按钮,单击"字体"组中的"对话框启动器"按钮,弹出"字体"对话框。在"中文字体"设置"黑体",其字号为"一号",字体颜色为"蓝色",如图4.90所示。

图4.89 "段落"对话框

图4.90 "字体"对话框

(6)用鼠标拖曳选中正文,在"字体"选项组中,单击"字体"下拉列表框,选择"宋体",单击"字号"下拉列表框,选择"五号"。选中"作者:朱自清",在"段落"组中选择"居中"按钮,单击"加粗"按钮,并单击"倾斜"按钮,效果如图 4.91 所示。

(7)将光标置于第一段的开始,单击"插入"选项卡,在"文本"选项组单击"首字下沉"按钮,在弹出的下拉菜单中选择下沉,如图 4.92 所示。

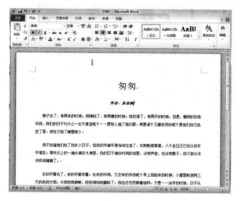

图 4.91　设置"作者:朱自清"字体效果图

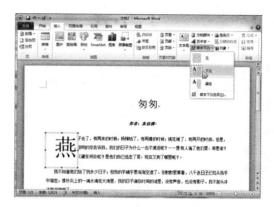

图 4.92　设置首字下沉效果图

(8)将光标置于文档段落中,打开"插入"选项卡,在"插图"选项组中单击"图片"按钮,弹出"插入图片"对话框,在"查找范围"下拉列表中找到图片所在文件夹,在其列表框中选择一幅图片,如图 4.93 所示,单击"插入"按钮,即可在文档中插入图片。

(9)选中插入的图片,单击鼠标左键不放,拖动图片至目标位置,调整图片大小,单击"格式"选项卡"排列"选项组中的"自动换行"按钮,从弹出的下拉菜单中选择"四周型环绕"方式,如图 4.94 所示。

图 4.93　"插入图片"对话框

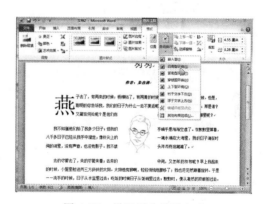

图 4.94　设置图片排列方式

(10)选中文档中的回车键,单击"开始"选项卡"段落"组,在下拉菜单中选择"边框和底纹",如图 4.95 所示。

(11)单击"页面边框"选项卡,"设置"选择"阴影",在"样式"中选择合适的样式,单击"确定"按钮,如图 4.96 所示。

(12)单击"页面布局"选项卡,单击"水印"按钮,选择"自定义水印",如图 4.97 所示。

(13)在弹出的"水印"对话框中,选择文字水印,在"文字"文本框中输入"匆匆",如图4.98所示。

(14)单击"确定"按钮,效果如图4.99所示。

(15)单击快速访问工具栏的"保存"按钮,弹出"另存为"对话框,如图4.100所示。在文件名中输入"匆匆",单击"保存"按钮。

图4.95 选择"边框和底纹"

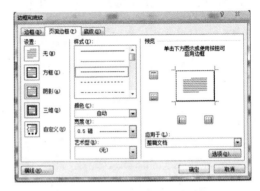

图4.96 "边框和底纹"对话框

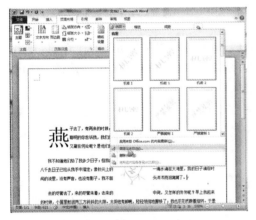

图4.97 选择"水印"按钮

图4.98 "水印"对话框

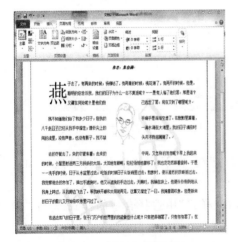

图4.99 设置水印效果图

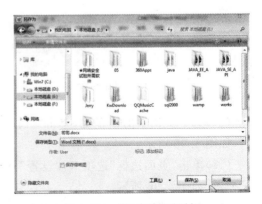

图4.100 "另存为"对话框

实训2 表格的操作

1. 实训内容

本例制作个人简历,完成如下操作:

(1)插入表格,对部分表格单元进行相应的合并与拆分,生成所需表格。

(2)设置表格中的文字字体为楷体,字号为小四、居中。

效果如图4.101所示。

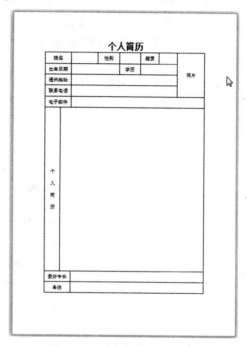

图4.101 "个人简历"效果图

2. 操作步骤

(1)右击鼠标,在弹出的菜单中选择"新建"→"Microsoft Word 文档",如图4.102所示。

(2)将文档命名为"个人简历",并双击打开。

(3)在编辑区输入"个人简历",选中"个人简历",在功能区中的"字体"选项组中,单击"字体"下拉列表框,将字体设置为"宋体",单击"字号"下拉列表框,将字号设置为"二号",单击"加粗"按钮,并单击"段落"选项组中的"居中"按钮,设置效果如图4.103所示。

图4.102 新建文档

图4.103 设置"个人简历"的字体

(4)按"Enter"键换行,将字号设置为"小四",单击"加粗"按钮取消加粗,单击"插入"选项卡,单击"表格"按钮,在下拉菜单中选择"插入表格",如图4.104所示。

(5)在弹出的"插入表格"对话框中,将行数和列数都设为8,如图4.105所示。

(6)将鼠标置于表格左上角,单击选中所有表格,在"开始"选项卡的"字体"选项组中,单击"字体"下拉列表框,将字体设置为"楷体";单击"字号"下拉列表框,将字号设置为"小四";单击"段落"选项组中的"居中"按钮。打开"表格工具"→"布局"选项卡,在"表"选项组中单击"表格属性"按钮,弹出"表格属性"对话框,如图4.106所示。选择"表格"选项卡,将"对齐方式"设置为"居中";选择"行"选项卡,勾选"指定高度",并将值设置为"1厘米";选择"列"选项卡,勾选"指定宽度",并将值设置"1.88厘米",选择"单元格"选项卡,将"垂直对齐方式"设置为"居中",单击确定。

(7)用鼠标拖曳的方式,选中第一行第一列和第一行第二列单元格,打开"表格工具"→"布局"选项卡,在"合并"选项组中单击"合并单元格"按钮,同理,按照下列样式合并单元格,样式如图4.107所示。

图4.104 插入表格

图4.105 "插入表格"对话框

图4.106 "表格属性"对话框

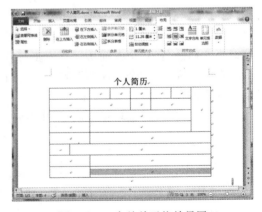

图4.107 合并单元格效果图

(8)移动光标到行高与列高的边框线上,当光标变成"左右"或"上下"形状时,拖动鼠标即可按照需求调整行高与列宽,参照样式如图4.108所示。

(9)在相应的单元格输入相应的文字,并单击"保存"按钮,制作效果如图4.109所示。

(10)单击快速访问工具栏的"保存"按钮,即可保存。

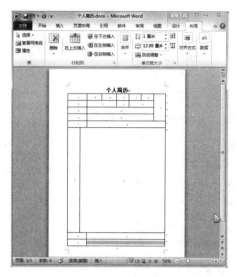

图 4.108 调整列宽参照图

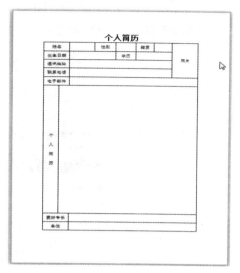

图 4.109 输入文字效果图

实训 3　页面的操作

1. 实例内容

本例制作目录,完成如下操作:
(1)将文档正文设置为宋体,五号,标题"小说在线阅读网站"设置为二号,加粗,居中。
(2)分别自定义三级目录的样式。
(3)自动生成目录。
(4)插入页眉和页脚,要求首页不同。

实现效果如图 4.110 所示。

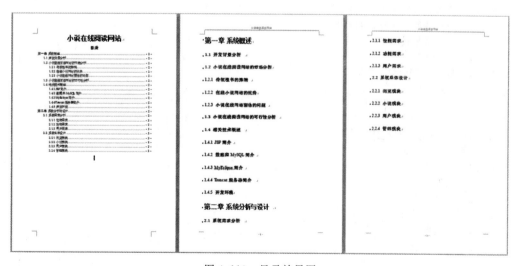

图 4.110 目录效果图

2. 操作步骤

(1)右击鼠标,在弹的菜单中选择"新建"→"Microsoft Word 文档",如图 4.111 所示。

(2)将文档命名为"目录",并双击打开。
(3)在编辑区输入文档,如图4.112所示。

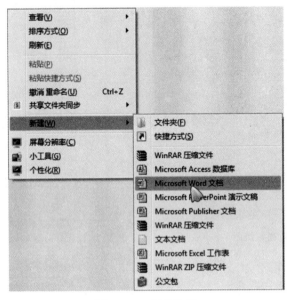

图4.111 新建文档

```
小说在线阅读网站
第一章  系统概述
1.1  开发背景分析
1.2  小说在线阅读网站的市场分析
1.2.1  传统租书的弊端
1.2.2  在线小说网站的优势
1.2.3  小说在线网站面临的问题
1.3  小说在线阅读网站的可行性分析
1.4  相关技术概述
1.4.1  JSP简介
1.4.2  数据库MySQL简介
1.4.3  MyEclipse简介
1.4.4  Tomcat服务器简介
1.4.5  开发环境
第二章  系统分析与设计
2.1  系统需求分析
2.1.1  性能需求
2.1.2  功能需求
2.1.3  用户需求
2.2  系统总体设计
2.2.1  浏览模块
2.2.2  小说模块
2.2.3  用户模块
2.2.4  管理模块
```

图4.112 "文本编辑区"内容

(4)使用快捷键"Ctrl+A"选中全文,在"字体"选项组中,单击"字体"下拉列表框,将字体设为"宋体";单击"字号"下拉列表框,将字号设置为"五号"。

(5)选中"小说在线阅读网站",在"字体"选项组中,单击"字号"下拉列表框,将字号设置为"二号",单击"加粗"按钮,并单击"段落"选项组中的"居中"按钮,将文章题目居中显示,效果如图 4.113 所示。

(6)可用鼠标拖曳选中第一个一级标题(文档中的章节题目)后,按住"Ctrl"键,逐一用鼠标拖曳选中要选择的标题,单击"开始"选项卡,在"样式"选项组中单击"对话框启动器",弹出"样式"对话框,选择"标题 1",如图 4.114 所示。

图 4.113　设置"小说在线阅读网站"的字体

图 4.114　设置一级标题

(7)单击"标题 1"后的下拉按钮,选择"修改",在弹出的"修改样式"对话框中,将"格式"中字体修改为二号,加粗,单击确定,如图 4.115 所示。

(8)仿照上述步骤将二、三级标题分别设为"标题 2""标题 3",并对标题设置相应的格式,效果如图 4.116 所示。

图 4.115　"修改样式"对话框

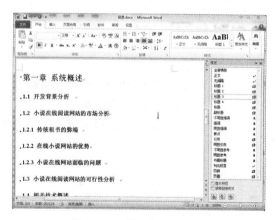

图 4.116　设置标题效果图

(9)将光标定位在"小说在线阅读网站"后,回车,输入"目录",并将"目录"的字号设置为"四号"。单击"引用"选项卡,在"目录"选项组中单击"目录"按钮,在下拉列表中选择"插入目录",如图 4.117 所示。

(10)弹出"目录"对话框,选中"使用超链接而不使用页码"复选框,如图 4.118 所示。

图 4.117　选择"插入目录"

图 4.118　"目录"对话框

(11)设置完目录参数之后,单击"确定"按钮,效果如图 4.119 所示。

(12)单击"插入"选项卡,在"页眉和页脚"选项组中单击"页眉"按钮,在下拉列表中选择"编辑页眉",在"选项"组中勾选"首页不同",将光标移至第二页的页眉,并在页眉输入"小说在线阅读网站",如图 4.120 所示。

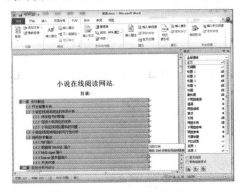

图 4.119　目录设置效果图

图 4.120　设置页眉框

(13)在"导航"选项组中单击"转至页脚"按钮,在"页眉和页脚"选项组中单击"页码"按钮,在弹出的下拉列表中选择"设置页码格式",选择适当的编码样式,如图 4.121 所示。

(14)单击"确定"按钮,将鼠标置于第二页的页脚,在"页眉和页脚"选项组中单击"页码"按钮,在弹出的下拉列表中选择"页面底端",设置为"简单"中的"普通数字 2",如图 4.122 所示。

图 4.121　"页码格式"对话框

图 4.122　设置页码位置

(15)将光标置于空白处,双击,效果如图 4.110 所示。

(16)单击快速访问工具栏的"保存"按钮,即可保存。

习　　题

1. 对以下素材按要求排版。

西安

西安,古称"长安""京兆",是举世闻名的世界四大古都之一,是中国历史上建都时间最长、建都朝代最多、影响力最大的都城,是中华民族的摇篮、中华文明的发祥地、中华文化的代表,有着"天然历史博物馆"的美誉。

西安位于北纬 34 度线上,在北方拥有最温暖湿润的气候,年均温度 13.6 度,年温差为 26 度。

西安,在《史记》中被誉为"金城千里,天府之国",是中华民族的发祥之地,由周文王营建,建成于公元前 12 世纪,先后有 21 个王朝和政权建都于此,是 13 朝古都,中国历史上的 4 个最鼎盛的朝代周、秦、汉、唐均建都西安。

操作要求如下:

(1)设置文中标题文字字体颜色为红色,居中;

(2)将文中段落首行缩进 2 个字符,段后 1 行,行距为固定值 24 磅;

(3)设置正文字体为楷体、字号为小四;

(4)设置正文最后一段字体效果为"阴影";

(5)为当前页插入页码。

2. 对以下素材按要求排版。

嫦娥一号是中国首颗绕月人造卫星,由中国空间技术研究院承担研制。嫦娥一号平台以中国已成熟的东方红三号卫星平台为基础进行研制,并充分继承"中国资源二号卫星""中巴地球资源卫星"等卫星的现有成熟技术和产品,进行适应性改造。卫星平台在东方红三号卫星平台的基础上研制,对结构、推进、电源、测控和数传等 8 个分系统进行了适应性修改。

嫦娥一号月球探测卫星由卫星平台和有效载荷两大部分组成。嫦娥一号卫星平台由结构分系统、热控分系统、制导,导航与控制分系统、推进分系统、数据管理分系统、测控数传分系统、定向天线分系统和有效载荷等 9 个分系统组成。

操作要求如下:

(1)插入艺术字标题,内容为"嫦娥一号",居中;

(2)将正文设为四号字,宋体;

(3)将文中第二自然段的行间距设置为 3.4 倍行距;

(4)将文中第一自然段设为首字下沉,3 行;

(5)设置页脚,页脚内容为当前日期和当前页。

3. 对以下素材按要求排版。

人口战争是一场人类与地球的博弈,地球到底可以居住多少人,以人类现有的认知,还无法回答,而且决定的因素过于繁杂。我们无法预测未来,因为这太多取决于我们未知的选择和科技境界。在马尔萨斯论人口一书中,他精辟地指出,人口发展基本规律积极的一面在于它会促使人类不断改头换面,不断征服世界。正是这种必然性维系着人类的希望。2016年,70亿人口已成现实,90亿人口也预计在2050年来临,那时的地球和人类将何去何从?

操作要求如下:

(1)给文档中的"人口战争"这4个字加注拼音;
(2)给所给文档加网格线;
(3)将页面的纸张由纵向设置为横向;
(4)将所给的中文文本的字体全部设置为黑体;
(5)将所给文本的全部内容每个字符之间的距离设为原来的2lb。

4.对以下素材按要求排版。

匆匆

燕子去了,有再来的时候;杨柳枯了,有再青的时候;桃花谢了,有再开的时候。但是,聪明的,你告诉我,我们的日子为什么一去不复返呢?——是有人偷了他们罢:那是谁?又藏在何处呢?是他们自己逃走了罢:现在又到了哪里呢?

我不知道他们给了我多少日子;但我的手确乎是渐渐空虚了。在默默里算着,八千多日子已经从我手中溜去;像针尖上一滴水滴在大海里,我的日子滴在时间里,没有声音,也没有影子。我不禁头涔涔而泪潸潸了。

去的尽管去了,来的尽管来着;去来的中间,又怎样地匆匆呢?早上我起来的时候,小屋里射进两三方斜斜的太阳。太阳他有脚啊,轻轻悄悄地挪移了;我也茫茫然跟着旋转。于是——洗手的时候,日子从水盆里过去;吃饭的时候,日子从饭碗里过去;默默时,便从凝然的双眼前过去。

操作要求如下:

(1)将第一行标题改为黑体、三号、加粗、居中;
(2)将第一自然段段落格式设为:段前5lb,段后5lb,其余不变;
(3)将第二自然段分为3栏,栏宽相等,加分隔线;
(4)设置全文行距为多倍行距,设置值为2.5;
(5)将第一段文字,设为加粗,加下画线。

5.对以下素材按要求排版。

西安

西安是中国历史上建都朝代最多、时间最长、建都最早、影响力最大的都城,也是中国国家区域中心城市,更是中华文明的发源地、中华民族的摇篮、中华文化的杰出代表,有着"天然历史博物馆"的美誉,曾于2011年成功举办"世界园艺博览会"。

作为中国古代鼎盛王朝的首都,帝陵是首都的必要条件之一,围绕在西安周围的著名帝王陵有黄帝陵、周文王陵、周武王陵、秦始皇陵、汉高祖长陵、汉文帝霸陵、汉景帝阳陵、汉武帝茂陵、隋文帝泰陵、唐太宗昭陵、武则天乾陵等,"秦皇汉武、隋文唐宗",西安是中国古代大王朝文治武功的顶峰。西安也是中国古代产生盛世最多的古都:"成康之治、文景之治、汉武盛世、昭宣盛世、开皇盛世、贞观之治、永徽之治、开元盛世"等。长安,是中华文明史及东方文明史上最负盛名的都城。

操作要求如下:

(1)设置文中标题文字字体颜色为红色,倾斜、居中;
(2)设置正文字体为黑体,字号为小四;
(3)将全文中的所有"西安"设为粗体,蓝色;
(4)在正文的最后一段的"作为中国古代鼎盛王朝的首都,帝陵是……"这一句前插入"另外,";
(5)将正文的行距设置为1.5倍。

6.对以下素材按要求排版。

计划经济时代曾经有一轮城镇化的过程,城市经济发展需要的劳动力,是有计划地从农村选拔优秀的青年,到城市进行文化、技术培训,合格后上岗,逐渐转变为城市人。可现在,一个农村人只要有个落脚点,甚至还没有落脚点,都可以往北京、上海、广州等大城市跑。而我们的城市管理缺失,对这种流动方式缺乏管理。导致需要到城市来,能够到城市来的人,未必真的能到城市里来;那些不需要来,还没有能力来的人,反而来了一大堆。这样就造成了现状无序的人口流动。

操作要求如下:
(1)四号楷体、首行缩进2字符;
(2)设置首字下沉,样式:悬挂,下沉行数:3行,距正文:1cm;
(3)添加文字水印,文字为"西北工业大学明德学院",其他选项保持默认值;
(4)在页面底端(页脚)添加页码,对齐方式:居中,其他保持默认值;
(5)在文字末尾制作3行4列的表格,表格样式选用"浅色底纹"。

7.对以下素材按要求排版。

我国"舌尖上"浪费触目惊心,而餐桌上游的整个粮食产后损失同样严重。国家粮食局局长任正晓近日介绍,粮食从生产出来到摆上餐桌,过程很长,每一环节都存在损失浪费。据测算,我国粮食产后仅储藏、运输、加工等环节损失浪费总量达700亿斤以上。

任正晓表示,我国每年的粮食损失浪费量大约相当于2亿亩耕地的产量,比第一产粮大省黑龙江省一年的产量还要多,损失浪费已成为危及国家粮食安全的重要因素之一。

任正晓表示,在强化宣传教育活动同时,将从2013年起至2017年实施"粮安工程",打通粮食物流通道、修复粮食仓储设施、完善应急供应体系、保证粮油质量安全、强化粮情监测预警、促进粮食节约减损。

操作要求如下:
(1)设置行距为22lb,字符间距加宽2lb;
(2)为上述三段文章添加项目符号"◆";
(3)将第二段分为2栏,栏宽相等,栏间分隔线;
(4)将文件的页面方向设置为横向;
(5)给本文加上"西北工业大学明德学院毕业论文"字样的页眉。

8.对以下素材按要求排版。

★前言★

要点与说明

Word 2003是Microsoft公司推出的系列套装软件Office 2003中的一个重要组件,它是Windows平台上一个功能强大的文字处理软件。

操作要求如下：

(1)将这句话复制3遍,形成4个自然段；

(2)将"前言"设置为黑体、二号、加粗、居中；

(3)将"要点与说明"设置为四号、楷体、左对齐、加底纹、加着重号；

(4)将第一自然段缩进两个汉字,并添加边框和底纹；

(5)将第2~4自然段缩进两个汉字,前面加上项目符号"■"；

(6)将所有"2003"替换为"2010"。

9.对以下素材按要求排版。

可以把网盘看成一个放在网络上的硬盘或U盘,不管你是在家中、单位或其他任何地方,只要你连接到因特网,就可以向网盘里存储永久性文件,或者对文件进行浏览、下载、备份、共享等操作,使用起来十分方便。

BBS又称为论坛,是一种交互性较强,内容丰富、及时的Internet电子信息服务系统。用户在BBS站点上可以获得多种信息服务,在Internet中存在大量的BBS论坛和社区。

操作要求如下：

(1)将字体设置为楷体、四号,加粗；

(2)设置行间距为38lb,第一段首字下沉2行；

(3)对文字添加浅黄色底纹；

(4)在第一段插入图片（任选）,设置为四周环绕型；

(5)为文档添加页眉,内容为"明德学院计算机基础习题"。

10.对以下素材按要求排版。

鱼类需要喝水吗？

由于海水鱼类血液和体液的浓度高于周围的海水,水分就从外界经过鱼鳃半渗透性薄膜的表皮,不断地渗透到鱼体内,因此,海水鱼类不管体内是否需要水分,水总是不间断地渗透进去。所以海水鱼类不仅不需要喝水,而且还经常不断地将体内多余的水分排队出去,否则,鱼还有危险。

海洋里的鱼类品种繁多,不能一概而论。虽然,海水浓度高,但极大部分软骨鱼体内血液里,含有比海水浓度更高的尿素,因此,和淡水鱼一样,也不需要喝水。而生活在海洋里的硬骨鱼,则由于周围海水浓度高于体内的浓度,体内失水情况相当严重,需要及时补充水分,因此,海中的硬骨鱼是需要大口大口地喝水。

操作要求如下：

(1)输入以上文字,将标题设置为任一种艺术字,正文用黑体、空心、小四号字；

(2)将文中"海水"两字全部改为蓝色,并添加下画线；

(3)设置页眉文字为："水中生物"；

(4)为"海洋里的鱼类品种繁多,不能一概而论。"设置底纹填充色为蓝色、下画线；

(5)将正文中"鱼类"二字全部替换为"Fish"。

11.完成"个人简历"制作,具体内容自选。

个 人 简 历

姓 名		性 别		籍 贯		照片
学 号		班 级				
身份证号						
个人简历						
备 注						

12. 对以下素材按要求排版。

无处不在、无所不能的电脑,已历经了 50 多个春华秋实。50 余年在人类的历史长河中只是一瞬间,电脑却彻底改变了我们的生活。回顾电脑发展的历史,并依此上溯它的起源,真令人惊叹沧海桑田的巨变;历数电脑史上的英雄人物和跌宕起伏的发明故事,将给后人留下了长久的思索和启迪。请读者随着我们的史话倒转时空,从电脑最初的源头说起。

谁都知道,电脑的学名叫做电子计算机。以人类发明这种机器的初衷,它的始祖应该是计算工具。英语里"Calculus"(计算)一词来源于拉丁语,既有"算法"的含义,也有肾脏或胆囊里的"结石"的意思。远古的人们用石头来计算捕获的猎物,石头就是他们的计算工具。著名科普作家阿西莫夫说,人类最早的计算工具是手指,英语单词"Dight"既表示"手指"又表示"整数数字";而中国古人常用"结绳"来帮助记事,"结绳"当然也可以充当计算工具。石头、手指、绳子……这些都是古人用过的"计算机"。

操作要求如下:
(1)将所有字体设为黑体,小三号字,红色带下画线,倾斜;
(2)把文章中所有"计算机"改为"computer";
(3)第一段加边框和底纹,设置行距为 1.5 倍行距,首行缩进 1cm;
(4)第二段分为三栏,加分隔线;
(5)在第一段和第二段之间插入艺术字"computer 发展史",格式为宋体,24lb。

13. 对以下素材按要求排版。

计算机的特点

记忆能力强:在计算机中有容量很大的存储装置,它不仅可以长久性地存储大量的文字、图形、图像、声音等信息资料,还可以存储指挥计算机工作的程序。

计算精度高与逻辑判断准确:它具有人类无能为力的高精度控制或高速操作任务,也具有可靠的判断能力,以实现计算机工作的自动化,从而保证计算机控制的判断可靠、反应迅速、控制灵敏。

高速的处理能力:它具有神奇的运算速度,其速度以达到每秒几十亿次乃至上百亿次。例如,为了将圆周率 π 的近似值计算到 707 位,一位数学家曾为此花十几年的时间,而如果用现代的计算机来计算,可能瞬间就能完成,同时可达到小数点后200万位。

操作要求如下:

(1)将文档标题"计算机的特点"设置为居中,2号字,加粗,并添加底纹和双下画线,文档正文设置为宋体,小四;

(2)插入页眉和页脚:页眉包含班级、学号、姓名,页脚为页号;

(3)将第一段首字下沉,第二段分三栏;

(4)给四段话加上前加上项目符号;

(5)给文章插入水印。

14.对以下素材按要求排版。

网络通信协议

所谓网络通信协议,是指网络中通信的双方进行数据通信所约定的通信规则,如何时开始通信、如何组织通信数据以使通信内容得以识别、如何时结束通信等。这如同在国际会议上,必须使用一种与会者都能理解的语言(例如,英语、世界语等),才能进行彼此的交谈沟通。

姓　名	英　语	语　文	数　学
李明	68	77	81
章亮	90	69	92

操作要求如下:

(1)将标题"网络通信协议"设置为三号黑体、红色、加粗、居中;

(2)在素材中插入一个3行4列的表格,并输入各列表头及两组数据,设置表格中文字对齐方式为水平居中,字体为5号、红色、隶书;

(3)在表格的最后一列增加一列,设置不变,列标题为"平均成绩";

(4)插入页眉,内容为明德学院成绩登记表模板。

15.对以下素材按要求排版。

电脑时代

电脑是20世纪伟大的发明之一,从发明第一部电脑到目前方便携带的笔记本电脑,这期间不过短短数10年,不仅令人赞叹科技发展之迅速,而且电脑在不知不觉中,已悄然成为大家生活中的一部分。

然而,电脑是什么?长什么样子呢?目前大家所使用的电脑是经过不断地研究,改良制造出来的,外形已比早期的电脑轻巧、美观许多。早期的电脑体积和重量都是很惊人的,经过不断的研究改进,不但使外形更轻巧,而且速度变得更快、功能也更强。

操作要求如下:

(1)设置页面纸型A4,左、右页边距1.9cm,上、下页边距3cm;

(2)设置标题字体为黑体、小二号、蓝色、带下画线,标题居中;

(3)在第一自然段第一行中间文字插入一剪贴画图片,调整图片大小,设置环绕方式为四周型环绕;

(4)插入页脚,内容为页码;

(5)在全文最后插入一个4行5列的表格,表格样式选用"浅色列表"。

16. 对以下素材按要求排版。

所谓网络通信协议是指网络中通信的双方进行数据通信所约定的通信规则,如何时开始通信、如何组织通信数据以使通信内容得以识别、何时结束通信等。这如同在国际会议上,必须使用一种与会者都能理解的语言(例如,英语、世界语等),才能进行彼此的交谈沟通。

姓 名	英 语	语 文	数 学	平均成绩
李明	68	77	81	
章亮	90	69	92	

操作要求如下:

(1)将段落文字添加蓝色底纹,左右各缩进 0.8cm,首行缩进 2 个字符,段落间距为 16lb;

(2)在素材中插入一个 3 行 5 列的表格,并输入各列表头及两组数据,设置表格中文字对齐方式为水平居中;

(3)在表格中用 Word 中提供的公式计算各考生的平均成绩并插入相应单元格内;

(4)为文档添加页眉,内容为"计算机基础测习题"。

17. 对以下素材按要求排版。

电脑的应用

因为有了电脑,我们的生活更加轻松、舒适、举例来说,在炎热的天气里,有微电脑控温功能的冷气机可以感应室内温度,自动调整温度的高低,在安然入梦之际,也不用担心因室温太低而着凉,但这仅是冰山一隅,电脑可应用的方面很广,包括家用电器、学校生活及社会企业等,都受益匪浅。当然,人们并不因此画地自限,而应更积极地将电脑应用到各行各业,而它将会产生更令人震撼的创举! 就让大家拭目以待吧!

操作要求如下:

(1)使用"格式"工具栏将标题文字居中排列;

(2)在正文第一行文字下加波浪线,第二行文字加边框(应用范围为文字),第三行文字加着重号;

(3)在全文最后另起一段插入一个 4 行 5 列的表格,列宽 2cm,行高 0.65cm。设置表格外边框为红色实线 1.5lb,表格底纹为蓝色;

(4)将文档内容分 3 栏显示,栏宽相同;

(5)插入页眉,内容为电脑用途简介。

18. 对以下素材按要求排版。

罕见的暴风雪

我国有一句俗语,"立春打雷",也就是说只有到了立春以后大家才能听到雷声。那如果我告诉你冬天也会打雷,你相信吗?

1990 年 12 月 21 日 12:40,沈阳地区飘起了小雪,到了傍晚,雪越下越大,铺天盖地。17:57,一道道耀眼的闪电过后,响起了隆隆的雷声。这雷声断断续续,一直到 18:15 才终止。

操作要求如下:

(1)将标题改为粗黑体、三号、并且居中;

(2)将除标题以外的所有正文加方框边框(应用于段落);

(3)添加左对齐页码(格式为 a,b,c,…,位置为页脚)。

19. 对以下素材按要求排版。

图书推荐:《肖申克的救赎》

本书是斯蒂芬·金最为人津津乐道的杰出代表作,收录了他的四部中篇小说。其英文版一经推出,即登上《纽约时报》畅销书排行榜的冠军之位,当年在美国狂销二 28 万册。目前,这本书已经被翻译成 31 种语言,同时创下了收录的 4 篇小说中有 3 篇被改编成轰动一时的电影的记录。其中最为人津津乐道的便是曾获奥斯卡奖七项提名、被称为电影史上最完美影片的《肖申克救赎》(又译《刺激一九九五》)。这部小说展现了斯蒂芬·金于擅长的惊悚题材之外的过人功力。书中的另两篇小说《纳粹高徒》与《尸体》拍成电影后也赢得了极佳的口碑。其中《尸体》还被视为斯蒂芬·金最具自传色彩的作品。

操作要求如下:

(1)录入下面这段文字,正文字体宋体,小四号子,1.5 倍行距;

(2)插入页眉,字号设置为小 3 号字,加粗。内容为"西北工业大学明德学院";

(3)插入页脚,内容为页码;

(4)给页面添加文字水印"原件",使用系统默认字号和字体;

(5)标题居中,宋体 2 号字。

20. 对以下素材按要求排版。

  十进制整数转换成二进制整数的方法是"除 2 取余法"。十进制小数转换成二进制小数是将十进制小数连续乘以 2,选取进位整数,直到满足精度要求为止,简称"乘 2 取整法"。

  🕐十进制整数转换成八进制整数的方法是"除 8 取余法"。十进制小数转换成八进制小数是将十进制小数连续乘以 8,选取进位整数,直到满足精度要求为止,简称"乘 8 取整法"。

操作要求如下:

(1)制作如上所示的分栏排版;

(2)设置首行缩进 2 个字符;

(3)设置第二段落的行距为 2 倍行距;

(4)设置第二段落的字符底纹;

(5)第二段行首插入符号🕐时钟。

第 5 章 表格处理软件 Excel 2010

表格处理软件 Excel 2010 是 Office 2010 组件之一。Excel 2010 具有灵活的数据统计、分析及管理功能。目前其已经广泛应用于各个行业有关数据管理方面的工作,例如,财务管理、销售管理和人事管理等。本章主要介绍 Excel 2010 的基本操作方法与技巧。

知识要点

- 工作边和单元格的基本操作。
- 单元格数据类型的概念。
- 公式与函数的使用。
- 数据管理、分析工具的使用。

5.1 Excel 的基本概念

表格处理软件 Excel 2010 不仅具有表格处理的功能,而且具有数据统计分析的功能。它具备了数据库方面的一些功能,但是又不像专业数据库那样复杂。其形式简单,使用便捷。对于非计算机专业人士的日常数据统计分析和管理,Excel 2010 是非常好的选择。

5.1.1 认识 Excel 2010 的工作窗口

Excel 2010 的工作窗口像 Word 一样,保持了 Office 窗口的统一风格,功能的分布也基本相同,因此相同的部分就不做介绍了。这里只说明一下在窗口中那些不同于其他组件的部分。Excel 2010 的工作窗口如图 5.1 所示。

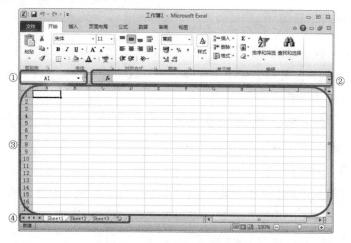

图 5.1 Excel 2010 的工作窗口

1. 单元格地址栏

图 5.1 中功能区①为单元格地址栏。Excel 的数据编辑区是由若干个单元格组成的,这在形式上就像一张二维表格,行和列的组合形成了表格。因此每个单元格都有自己的一个地址。在选择不同的单元格时,地址栏就会显示该单元格的地址。用户可以直接在这里输入单元格的地址然后按"回车"键,当前单元格就会自动切换到所输入地址的那个单元格。

2. 公式编辑栏

图 5.1 中功能区②为公式编辑栏。它主要的功能是显示单元格中正在输入的内容,并可以进行基本的文本编辑。此外,通过单击"f_x"按钮,还可以直接向单元格插入公式完成函数计算的设置。

3. 数据编辑区

图 5.1 中功能区③为数据编辑区。这里主要是进行数据编辑的地方,也是最后显示效果的区域。一张工作表是由行和列组成,就像一个平面直角坐标系的 X 轴和 Y 轴。这里的行号及 Y 轴是用数字"1""2"…"N"标识。列号及 X 轴是用字母"A""B""C"…标识,超出 26 个字母后以"AA""AB"标识,以此类推。

4. 工作表标签栏

图 5.1 中功能区④为工作表标签栏。一般默认情况下,一个 Excel 文件中包含 3 张工作表。一个数据编辑区不可能同时显示 3 张表的内容,因此以层叠的方式进行显示,每个工作表有一个标签与之对应。

在标签的左侧还有一组"切换"按钮，注意它的功能并不是切换当前工作表。只有当工作簿中含有多个工作表时,这里的标签栏一次显示不了所有的标签,这时这组按钮才起作用。假设有 15 个工作表,标签栏一次可以显示 5 个标签。从左至右,它们的功能分别是"显示开头 5 个工作表的标签名""当前显示标签的范围向前移动一位"(假设当前标签栏显示的是第 3 到第 8 的标签名字,单击该按钮后将显示第 2 到第 7 的标签名)"当前显示标签的范围向后移动一位""显示最后 5 个工作表的标签名"。用户可以自己单击体会一下。

5.1.2 工作簿与工作表

初学 Excel 的人容易混淆工作簿和工作表这两个概念,它们都是组成电子表格的最基本的元素,它们之间是包含的关系。一个工作簿当中可以包含一个或多个工作表。因此绝对不要认为这两个名词是一个概念。

工作簿是 Excel 的一种文件,它的扩展名为 .xlsx。这也是平时使用当中最为常见的 Excel 文件形式,一般启动 Excel 后,默认保存的格式就是这个工作簿文件。一个工作簿里可以包含一个或者多个工作表。

工作表是存储数据的载体,打开 Excel 后,在数据编辑区录入的数据或者公式等内容,都被存储在工作表中。一个工作簿文件默认设置为 3 张工作表,它们的名字为 Sheet1,Sheet2,Sheet3。用户也可以添加新的工作表,名字为"Sheet"+"数字序号"。

工作表中的每一个格叫做单元格。这些单元格组成了数据处理的最基本单元。每个单元格都有自己的坐标位置，也就是地址。列号＋行号就是它的地址。比如第二列第三行的单元格，它的坐标位置就是"B3"。在数据分析统计过程中，需要大量的单元格之间的操作，而这些操作都需要使用单元格的坐标位置来确定操作的对象。

Excel 的单元格并不是传统表格当中的一个格这么简单。它所存储的不仅仅是一个数据，它还可以存储形式多样的数据。

(1) 存储一个公式或函数并且自动计算出结果；
(2) 引用其他单元格的数据或者公式；
(3) 单元格之间可以根据特殊的操作自动填充数据；
(4) 引入了数据类型的概念，可以根据系统判断显示不同的数据类型；
(5) 可以存储超链接对象，这个对象可以是网页地址或其他文件对象。

Excel 中的单元格是一个最基本的单元。每个单元中最多可以存放 32000 个字符。它不仅起到存储静态数据的作用，还可以作为一个数据加工的工具对数据进行多种多样的处理和分析。

5.1.3　电子表格的启动、创建与保存

Excel 的启动与 Word 软件的启动方式类似，可以通过桌面快捷方式或"开始"程序中的菜单等方法启动。启动后，系统就会自动生成一个空白的电子表格，直接进行编辑即可。因此启动该软件的方法就是创建新工作簿的方法。

利用鼠标双击 Excel 文件图标，可打开一个现有的工作簿文件，也可以在现有打开的工作簿中创建新的工作簿，单击快速访问工具栏中的"新建"按钮，或使用快捷键"Ctrl＋N"即可。

除了上述方法，在创建一个新工作簿文件时，还可以使用 Excel 所自带的模板系统，以便用户创建一些典型的工作表。这里需要注意的是，在"Office.com 模板"列表框中的模板需要从网络上下载到当前电脑中才可以使用，因此在使用此功能前，请先确认电脑已连接至互联网。模板在使用一次之后就会保存在本地电脑中，下次使用就不需要上网下载了。使用模板创建工作簿的具体操作步骤为：单击"文件"按钮，在弹出菜单中选择"新建"，在打开的模板列表中，单击选择一个合适的模板，如图 5.2 所示。

工作簿保存的具体操作方法和 Word 文档中的保存操作是一样的，使用的快捷键也都一样，用户可以很轻松地在界面的快速访问工具栏中找到"保存"按钮，或者使用"Crtl＋S"快捷键保存。这里需要说明的是，虽然工作簿文件中往往含有多张工作表，在保存的时候在任何一个工作表中选择保存操作都是对整个工作簿文件进行保存。也就是说，在这个工作簿中，其他的工作表里的修改也可以一起保存下来，不需要切换到每个工作表中进行保存。

图 5.2 模板列表

5.2 工作表和单元格的基本操作

在工作簿文件中,工作表是一个完整的数据处理单元。基于工作表的操作,主要包括工作表的选定、添加、删除、重命名、复制等操作。单元格作为最基础的数据处理单元,主要包括数据输入的确认与取消、数据类型设定、单元格合并与拆分及自动填充等功能。

5.2.1 工作表、单元格的选定

在 5.1.1 节中已经介绍过通过单击标签名切换工作表的方法。除此之外,如果工作表很多,在标签栏中不能全部显示工作表的标签名,那么通过单击标签名的方式切换就比较麻烦。可以右键单击 ⏮ ◀ ▶ ⏭ 按钮,会弹出一个列表,里面显示了所有的工作表,直接在这个列表中选择工作表即可,如图 5.3 所示。

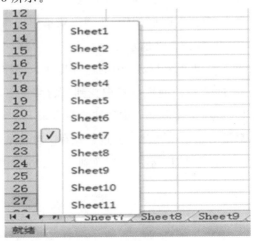

图 5.3 选择工作表

单元格的选定指的是选择某个单元格为当前数据输入和编辑的对象。单个单元格的选定很简单,鼠标单击哪个单元格,哪个单元格就是被选定状态,被选定单元格的边框会加粗显示。

在实际工作中,有很多情况下,并不是对一个单元格的操作,可能一次会选择多个单元格进行编辑。那么如何一次选定多个单元格呢?

当选择连续的多个单元格时,可以采取单击左键并拖动鼠标的方法实现。也可以先单击选中第一个单元格,然后按住键盘上的"Shift"键,再单击选中最后一个单元格完成连续多个单元格的选定。

当选择多个不连续的单元格时,首先按住键盘上的"Ctrl"建,然后再用逐个单击选定每一个单元格,其中如果有部分是连续的单元格,也可以拖动选择,只要保证期间一直按住"Ctrl"键即可。

5.2.2 工作表的添加、删除与重命名

前文已经介绍过,一般情况下一个工作簿有3张工作表,可能这3张工作表并不能满足实际的需要;另外,工作表的标签名称在实际工作中可能需要进行相应的修改,使得其有明确的语义,便于识别。

1. 工作表的添加与删除

工作表插入的方法有很多,这里列举其中比较常用的方法。

(1)使用"Shift+F11"组合键,可以在当前工作表的前面直接添加一个空白工作表。

(2)直接单击标签栏中最右侧的工作表插入按钮" "即可。

(3)单击"开始"功能区,然后单击"单元格"区域中"插入"按钮的下拉菜单,如图5.4所示,然后在弹出的菜单中选择工作表即可,如图5.5所示。新工作表会插入在刚才操作的工作表之前。

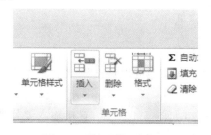

图5.4 "单元格"功能区

图5.5 "插入"菜单

(4)在某一个工作表的标签名上单击右键,在弹出的菜单中选择"插入…"菜单,如图5.6所示。然后在弹出的对话框中选择"工作表"即可,如图5.7所示。这时新插入的工作表在刚操作的那个标签工作表之前。

删除工作表的方法有下列两种。

(1)右键单击要删除工作表对应的标签名,然后在弹出的采访中选择"删除"即可。

(2)单击选择"开始"标签功能区,然后单击"单元格"区域中"删除"按钮里面的下拉菜单" ",然后在弹出的菜单中选择"删除工作表"即可,如图5.8所示。

图 5.6　右键单击标签后弹出的菜单　　　　图 5.7　"插入"对话框

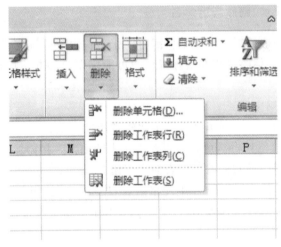

图 5.8　删除的下拉菜单

2. 工作表的重命名

为了让每个标签名都可以反映出所对应工作表的内容,还可以修改默认的工作表标签名称,工作表的重命名有下列两种方法。

(1)双击要修改的标签名,这时标签名会变成黑色,如图 5.9 所示,直接输入要修改的名称,然后按"回车"键确认即可。

图 5.9　双击标签名后的效果

(2)右键单击要修改名称的标签名,在弹出的菜单中选择"重命名",然后直接修改即可。

5.2.3　工作表的复制与剪切

通过对前面章节的学习,对象的复制与剪切具有一定的相似性,一个是保留原文件一个是不保留原文件。具体的操作也往往非常相似,因此这里也一起介绍。Excel 的设计保持了微软的一贯风格,因此在操作系统及在 Word 中的复制与剪切与在 Excel 中的操作基本一致。

1.拖动鼠标完成复制与剪切

单击并按住要移动的工作表标签,然后拖动到要放置的位置,放开鼠标即完成工作表的剪切。在拖动鼠标的时候如果同时按住键盘上的"Ctrl"键,则变成了工作表的复制,此时鼠标的图标上会多出一个"+"号。

基于鼠标的复制与剪切符合所见即所得的原则,操作简单,非常的方便。但是如果需要将工作表复制到其他的工作簿似乎就无法进行了。所以系统还提供了另外一种方法来进行复制和剪切。

2.通过右键菜单完成复制与剪切

右键单击工作表标签名,在弹出的菜单中选择"移动或复制(M)…",如图 5.10 所示,此时会弹出一个对话框"移动或复制工作表",如图 5.11 所示。如果是要剪切即移动工作表,直接在"工作簿"下拉菜单中选择要移动到的工作簿文件,在"下列选定工作表之前"选择要把剪切的工作表放到哪个工作表的前面。完成设置后,单击"确定"按钮完成剪切的操作。如果是要复制工作表,则在完成上面的设置后,单击选中对话框下面的"建立副本"复选框,就可以把剪切变成复制了。

图 5.10 右键单击标签弹出的菜单

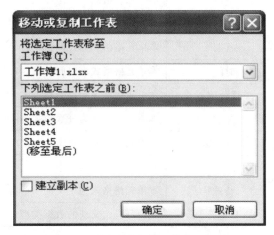

图 5.11 "移动或复制工作表"对话框

这种方法既可以进行不同工作簿文件之间的复制,也可以在同一个工作簿文件之内复制。

5.2.4 单元格的输入与数据类型

单元格的输入是最为基础的操作,但是由于 Excel 是对数据进行管理,因此它的输入并不像文字软件那样的简单。此外,由于 Excel 引入了数据类型的概念,也使得单元格的输入不一定是所见即所得。但是如果掌握了数据类型的概念,可以有效地利用数据类型的设置,使得表格的数据显示更加生动和实用。

1.单元格的输入

单元格的输入,最简单的操作就是单击选中要输入的单元格,然后直接输入即可。确认输入的方法也很简单,有三种方式:输入完成后,单击键盘上的回车键;单击编辑栏前面的"打勾"按钮;直接单击其他单元格。但是如果要撤销刚才输入的内容该如何操作?可以使用键盘上的"BackSpace"键删除。但是当输入的内容较多时,这样是很麻烦的。Excel 提供了两种撤销输入的方法:直接单击键盘上的"Esc"键;单击编辑栏前面的"删除"按钮。如果是已经确认了单元格的输入内容之后要撤销内容,这相当于删除单元格的内容,单击选中单元格,然后直接按"Delete"键即可。

2. 数据类型

数据类型是 Excel 的一个特色,为了体现出所处理数据的不同意义,用户可以对单元格中的数据类型进行定义。例如,要输入的数据是名字或代号,那么就可以把单元格设置成"文本"的数据类型。这时向该单元格输入内容,无论输入的是字母、汉字还是数字,系统都将把它当做一个文本内容来对待。对于文本类型的单元格,其内容对齐方式就会变成左对齐的方式。除了文本数据类型,还有一些其他的数据类型,具体类型见表 5.1。

表 5.1 Excel 的数据类型

数据类型	功能描述
常规	本单元格不包含任何特殊数字格式
数值	本单元格格式为整数或小数,可以设置小数位数
货币	本单元格格式为货币形式,可以设置自动添加不同国家的货币符号
会计专用	本单元格格式与货币形式类似,还可以设置小数位数
日期	本单元格格式为日期格式,可以设置成西文或中文格式的日期
时间	本单元格格式为时间格式,可以设置成西文或中文格式的时间
百分比	本单元格格式为百分数方式,可以设置小数保留位数
分数	本单元格格式为分数形式,并可设置分母的大小
科学计数	本单元格格式为科学计数法的方式显示数据
文本	本单元格格式为文本
特殊	本单元格格式为中文的一些特殊数据,如邮政编码、大写数字等
自定义	用户可自定义新的数据类型

引入数据类型的好处:一方面可以通过数据类型的设置方便用户的输入。比如在做财务报表时,不需要手动添加钱币符号,也不需要设置右对齐。系统会直接把用户输入的数据以标准财务报表的数据形式显示出来。另一方面,系统在处理和分析数据时,可以通过预先对数据内容的设定提高数据分析的效率。

3. 数据类型的设置

设置单元格中的数据类型有两种方式。一种是系统自己来判断用户所输入的数据类型是什么,然后按照判断的结果在单元格显示出来。用户可以自行尝试,比如在单元格中输入文字,单元格中显示的汉字对齐方式是靠左对齐;如果输入以"0"开头的数字,则单元格最后显示出来的数字总是不显示最开始的"0",而且单元格的对齐方式变成了右对齐;如果在单元格输入一个分数"1/2",确认输入后会发现单元格显示的并不是分数二分之一,而是 1 月 2 日。这是由于系统自动进行了数据类型的判断,输入的是数字则认为数字类型的数据以"0"开头没有意义,所以自动去掉;系统默认以"斜杠""横杠"等符号隔开的数字是日期类型的数据,所以在显示的时候就以日期的格式来显示了。

如果要输入的就是分数而不是日期该如何操作呢？这就需要手工设置了。

用户可以在"开始"标签页的"数字"功能区中进行设置。其中按钮 、% 分别是货币类型和百分比类型的按钮。货币类型按钮右侧还有个黑色小箭头，单击后在弹出的下拉菜单中可以进行详细币种的设置。如果这两个类型不是需要的类型，还可以单击"常规"下拉菜单，在这里选择所需要的数据类型，如图 5.12 所示。

另外还有一种方法，用右键单击要输入的单元格，在弹出的菜单中选择"设置单元格格式"，如图 5.13 所示。在弹出的对话框中单击"数字"标签，然后在标签页的列表中选择需要的数据类型。

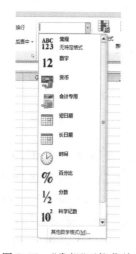
图 5.12 "常规"下拉菜单

图 5.13 "单元格"菜单

除了使用上面的方法来设定数据的类型外，还有快捷的输入方式可以完成输入类型的设置。

（1）分号输入。比如，还是输入分数"1/2"，可以在输入该分数前先输入一个英文标点符号——单引号"'"，然后再输入分数，确认后会发现此时输入的是分数。

（2）空格输入。在输入分数前输入一个空格，然后再输入分数，同样最后显示的仍然是分数。

注意：这两种方法其实都是将输入后的单元格数据类型转换成常规类型，即不包含任何特殊数字的格式。但是加空格的方法仅适用于输入分数的类型转换，而输入分号几乎适用于所有数据类型的转换。

5.2.5 自动序列填充的使用

所谓的自动序列填充，是指系统可以根据用户填入单元格的内容自动判断，如果是之前定义好的序列，则可以自动地填充接下来的内容。在实际的报表操作中这个功能非常的实用。

自动填充分为以下几种情况。

1. Excel 预定义的自动填充

一些常用的序列，例如，月份、星期甚至中国特色的天干和地支都被系统预设为初始值。当录入这些信息的时候，只需要在第一个单元格输入一个值，然后鼠标放到该单元格的右下角,当鼠标形态变成黑色实心的"十"字时直接拖动鼠标即可,在选中的单元格中,系统会自动添加后续的值,如图 5.14 所示。在该图中,分别按列、按行进行了自动填充,从内容上可以发现一些常用的时间序列都可以通过鼠标拖动的方式自动完成填充。

图 5.14 自定义的序列填充

2. 智能判断自动填充

虽然有些情况下输入的内容没有系统的预设值,但是系统可以通过判断进行自动填充,特别是在输入纯数字序列时,因为其自身的序列性,系统可以进行自动填充。另外,对于一些文本内容也可以按照输入的规律进行自动填充。

(1)纯数字的填充。当输入的是纯数字的序号时,可以先在第一个单元格输入初始值,然后将鼠标放到该单元格的右下角,当鼠标形态变成实心"十"字时,按住键盘上的"Ctrl"键(这时鼠标的右上角会出现一个小加号,表示自动累加),然后进行拖动即可完成数字的自动累加。实际工作中,这个应用是比较常见的。比如,要编制一张职工信息表,一共员工 300 人,第一个员工的编号为"1001",每增加一个员工的记录,编号加一,用户可以用上面的方法完成,如图 5.15 所示。

图 5.15 员工编号的自动填充　　　　图 5.16 等差数列的自动填充条

(2)等差数列自动填充。有些情况下,编号不一定是顺序排列,有可能是按照一个等差数列、奇数或者偶数的方式排列。对于这些有规律,但是没有顺序的数列,Excel 也可以通过对输入内容的分析完成非顺序的自动填充。比如:输入 2,5,9,13,…的等差数列。首先在第一个和第二个单元格分别输入 2 和 5,然后用鼠标选中这两个单元格,选中后将鼠标移动到选中区域的右下角,当鼠标形态变成实心"十"字后,拖动即可。

注意:如果在拖动的时候按住键盘的"Ctrl"键,那么就变成复制单元格的效果,如图 5.16 所示。其中的 A 列是等差数列的填充,B 列是单元格复制。

所有被预定义的文本序列的值,比如星期、月,也可以进行等差数列的自动填充,操作方法同上。

3. 自定义填充序列

自动填充的功能是非常灵活的,除了上面系统自动填充的序列外,如果系统的预设值没有办法满足用户的需要,也可以通过自定义的方式添加一些特定序列。具体的操作方法为:单击"文件"标签,选择"选项",在弹出的对话框的左侧导航栏选择"高级",拉动窗口右侧的滚动条到底部,单击按钮"编辑自定义列表",如图 5.17 所示。

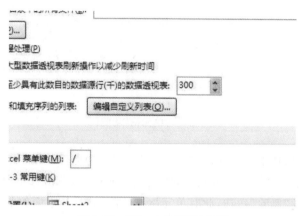

图 5.17 "Excel 选项"对话框

单击按钮后,会弹出"自定义序列"对话框。在"输入序列"标签的文本区中输入序列。比如输入生肖的序列,每个值之间用回车分隔开,也可以用英文的逗号分隔,如图 5.18 所示。完成输入后,单击"添加"按钮,完成新序列的输入,然后单击"确认"按钮完成设置。添加后会在自定义序列中看到刚才定义的生肖序列。

完成设置后就可以进行自动序列的填充了,如图 5.19 所示。在这个实例中,制作了一个简易的万年历。其中使用系统的自动填充完成了公历日期和农历日期生肖的自动填充,并且通过拖动复制的方式设置闰年的显示。

图 5.18 "自定义序列"对话框

图 5.19 简易万年历

5.2.6 单元格的插入、删除与合并、拆分

单元格的操作是必不可少的,特别是在表格已经输入完成,要对具体数据进行修改编辑的时候。

1. 单元格的插入与删除

插入和删除的操作类似,都需要使用"开始"标签页中"单元格"功能区的功能,如图 5.20 所示。

图 5.20 "单元格"功能区

需要插入单元格时,选中单元格,然后单击"单元格"功能区的"插入"按钮,则系统会自动在选中单元格上面添加一个空的单元格;需要删除单元格时,单击选中要删除的单元格,然后单击"单元格"功能区的"删除"按钮,此时单元格被删除,并且其下面的单元格整体向上移。

注意:如果在插入单元格时,单击"插入"按钮下面的黑色箭头 ,则会弹出一个下拉菜单。这里不仅可以选择插入单元格,还可以选择插入一行、一列或者是工作表,如图 5.21 所示。在该菜单中选择"插入单元格",弹出"插入"对话框,在对话框中选择相应选项,如图 5.22 所示。"删除"下拉菜单的操作类似,读者可以自己尝试,这里就不再赘述。

图 5.21 插入下拉菜单

图 5.22 "插入"对话框

2. 单元格的合并与拆分

在设计表格的时候,常常需要把多个表格合并成一个单元格。比如在设计好的表格上面设计一个标题。这个标题一般是在表内居中显示的。把它填入其中某一个单元格显然不行,那么就需要合并单元格。首先选中要合并的单元格,然后单击"开始"标签页中"对齐方式"功能区中的 合并后居中 按钮即可,如图 5.23 所示。

细心的读者可能会发现,在"合并后居中"按钮的右边也有一个下拉箭头。单击该箭头后,会弹出菜单,可以选择合并的方式或撤销合并。也就是说,还可以选择不同的合并方式,这里

的不同主要是对齐方式的不同。如果要撤销合并的单元格,也可以选中要撤销合并的单元格,然后再直接单击"合并后居中"按钮即可。

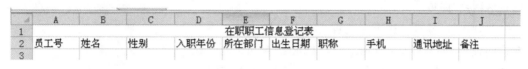

图 5.23　合并单元格

5.3　表格的外观设计

虽然 Excel 是一个数据管理分析的工具,但是最后统计分析的结果还是要以报表的形式呈现,因此除了要注意数据本身的正确性和可操作性以外,表格的外观也很重要,因为统计分析结果最后都要呈现出来给用户看。因此表格外观的设计必不可少。

5.3.1　行、列间距设置与单元格设置

调整行、列间距实际上是设置单元格的大小,除此之外,单元格内部对齐方式的设置也非常必要。

1. 行、列间距的设置

Excel 提供的行、列设置方式非常的灵活。用户可以使用不同的方式完成对行、列间距的调整。

(1) 使用鼠标设置。将鼠标移动到要调整的行或者列之间的边界上。当鼠标箭头变成 ✣ 时,直接按住鼠标并拖动进行调整,到合适的位置放开鼠标即可。也可以在调整的边界上直接双击鼠标,此时所调整的行或列会自动按照内容调整到合适的间距。

(2) 使用菜单设置。单击要调整的行或列中任意的一个单元格,然后在"开始"标签页的"单元格"功能区单击"格式"按钮,在弹出的菜单中选择调整行或列,此时会弹出有关行或者列的设置对话框,直接在文本输入框输入数据即可。这个方法虽然比麻烦一些,但是比较精准。

(3) 批量设置。首先选中多个行或者列,然后和用鼠标调整单个行或列的方法一样,将鼠标移动到其中任意的一个要调整的行或列的边界,当鼠标箭头变成 ✣ 时,直接按住鼠标拖动进行调整,到合适的位置放开鼠标即可完成设置。此时所有选中的行或列都变成相同的间距。

值得一提的是,如果在鼠标变成 ✣ 时直接双击鼠标,则选中的所有行或列,会自动按照自己内容来调整间距。

2. 单元格设置

这里的设置包含了对所输入内容的文本编辑,以及对齐方式等方面的设置。可以在输入前就预先进行单元格设置,也可以在输入完成后设置。

单元格的设置主要有两方面的内容:内容编辑和格式编辑。右键单击要输入的单元格,会看到此时会弹出一个快捷工具栏和一个菜单,如图 5.24 所示。

工具栏的功能按钮和 Word 中的文本常规编辑功能是一样的,用法也一样,这里不再赘述。在菜单中也可以看到一些例如"剪切""复制"等常用的功能。值得注意的是,其中的"设置单元格格式",在 5.2.4 节中使用过,不过只是介绍了它的"数字"标签页,还有几个标签在设置

单元格中非常实用。用户还可以单击"开始"标签页,在单元格功能区中单击"格式"按钮,在弹出的下拉菜单中选择"设置单元格格式"即可。

(1)"对齐"标签页。这个标签页是对单元格里的文字对齐方式的设置,如图 5.25 所示。其功能和在 Word 中设置表格的单元格对齐方式的功能类似。除了水平、垂直方向上的对齐方式外,还可以在"文字方向"下拉菜单中选择输入文字的方向;还可以在"方向"选项区选择文字摆放的角度。读者可以自己尝试使用这个功能。

(2)"字体"标签页。这里主要包含文本编辑的功能。除此之外,还可以标注文字上标、下标等。

(3)"边框"标签页。虽然 Excel 的界面是以行、列的形式出现的,但是它并没有真正的表格线。如果需要,可以在这个标签页对单元格的外框进行编辑。也可以通过一次选中多个单元格,然后单击鼠标右键,调用该标签页进行设置。这里不仅可以设置单元格的外框,还可以选择外框的线型和颜色,如图 5.26 所示。

图 5.24　右键单击单元格弹出的工具栏和菜单

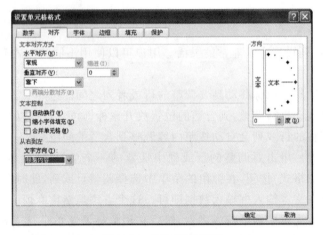

图 5.25　"对齐"标签页

图 5.26　"边框"标签页

利用"边框"标签页可以进行特殊表格的绘制,比如绘制斜线表头。首先设置好斜线表头的行、列间距(建议行高变成正常高度的两倍),打开"边框"标签页后,单击 ⊞ 按钮绘制表格的边框,然后在"边框"区单击"斜线"按钮 ◹,单击"确认"完成。这时斜线表头设计完毕,输入文字时,先输入右上角的文字"星期",然后使用"Alt+回车"组合键另换一行,再输入"节次",就完成了斜线表头的制作,如图 5.27 所示。

星期 节次	星期一	星期二	星期三	星期四	星期五
1-2					
3-4					
5-6					
7-8					

图 5.27　斜线表头的表格

(4)"填充"标签页。这个标签页的主要功能是进行单元格里的颜色填充,还可以进行底纹风格、填充效果的设置。

注意:"边框"和"填充"标签页的功能可以完成表格整体效果的设置,这些效果类似于 Word 软件中表格的边框与底纹的设计。

5.3.2　图片的插入与背景的添加

为了使表格的内容更加丰富生动,往往需要添加其他形式的元素,例如图片、文本框、艺术字等形式的图片类对象。Excel 支持对这类对象的插入操作,其具体的操作方法与 Word 中插入这些对象的操作方法是类似的。

1. 图片的插入

以插入一张图片为例,首先单击"插入"标签页,此时工具栏会显示出和 Word 中类似的插入工具,单击"图片"按钮,然后在弹出的对话框中选择需要插入的图片,单击"确认"按钮即可完成插入。注意,这个操作的过程中并没有强调要选择一个单元格,这是因为这里插入的图片是浮于单元格的上方,插入完成后可以单击并拖动到任意的位置。虽然可以在"图片编辑"功能区中选择"下移一层",但是这里是指图片之间的堆放层次。图片是无法放在单元格下面的。

其他对象如艺术字、文本框及 SmartArt 图形的插入方法与图像的操作类似,具体的编辑方式也与 Word 中的编辑是一样的,这里就不再赘述。

2. 图片背景的添加

Excel 也可以像 Word 文档一样添加背景,不过由于电子表格没有边界,所以图片会以平铺的方式重复铺满整个工作区。

具体的操作方式为:单击"页面布局"标签页,在页面设置工具区,单击"背景"按钮,此时会弹出"工作表背景"对话框,如图 5.28 所示。选择要插入的图片,单击"确认"按钮。此时会看到工作区中的背景已经变成图片了,见图 5.29。

图 5.28 "工作表背景"对话框

图 5.29 插入图片背景的工作表

如果要去掉图片背景,先选择有背景图片的工作表,然后单击"页面布局"标签页,会发现之前的"背景"按钮已经变成了"删除背景"按钮。单击之后,即可删除当前的图片背景。

5.3.3 套用表格式样

在 5.3.1 小节中介绍过,通过"设置单元格格式"菜单中的"边框"和"填充"两个标签页里的功能就可以完成边框和底纹的设计。这实际上是表格外观的设计。其实,用户也可以不使用这样的方式来设计。Excel 系统自带了一套表格模板系统,用户可以根据需要和喜好,轻松地选择一种模板完成表格的外观设计,非常的方便。其调用的方法与 Word 中表格的套用格式的方式类似。

具体的操作步骤如下:

单击要编辑的单元格所在的工作表,单击"开始"标签页,在"式样"功能区单击"套用表格格式",此时会弹出一个式样菜单,如图 5.30 所示。

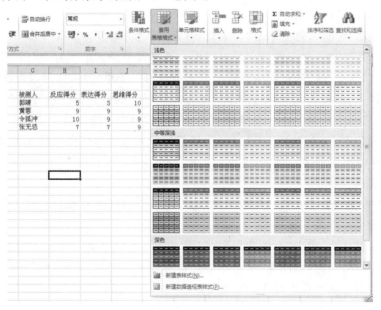
图 5.30 "套用表格格式"菜单

单击选择一个合适的表格格式,此时会弹出一个对话框,要求确认格式覆盖的单元格范围。如果打开工作表时,当前单元格刚好就在一个表格内,那么系统会自动进行判断,识别出这个表格的区域,这个区域就被认为是要套用格式的区域,如图 5.31 所示。如果系统识别的不对,在这里可以通过直接输入地址坐标或者用鼠标在单元格区域拖动选择,完成后单击"确认"按钮,返回即可看到表格应用样式后的效果,如图 5.32 所示。

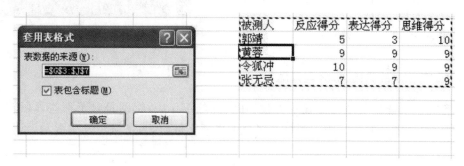

图 5.31 "套用表格式"对话框

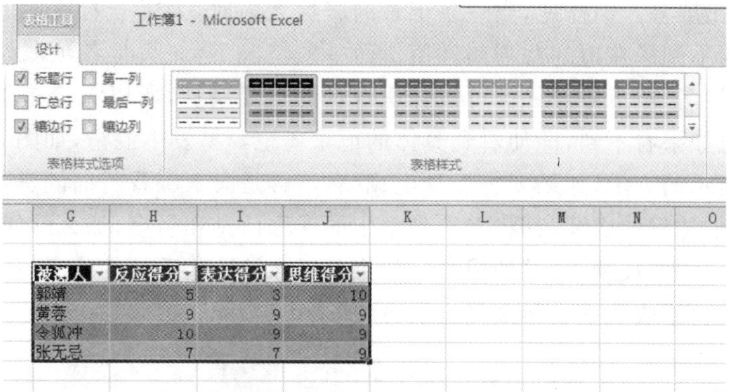

图 5.32 套用格式表格的效果

此时,会发现表头中每列的列名右侧都有一个向下的箭头,这是一个数据筛选工具,此功能将会在后面介绍。

在完成表格格式套用后,例如在图 5.32 中,工具栏的内容变成了相关的功能选项,用户还可以对表格进行更为详细的设置。例如在图 5.32 中的"表格式样选项"功能区中,如果选中"汇总行"复选框,则会在现有表格下多添加一行"汇总"。单击"汇总"行当中的空白单元格会看到一个下拉按钮,单击这个按钮,出现"汇总"下拉菜单,如图 5.33 所示。这个下拉菜单中是常用的一些数学公式,例如"平均""最大值""合计"等,用户可以直接选择某一项公式完成汇总数据的计算,如图 5.34 所示。

注意:即使完成了表格格式的套用,也可以随时对套用的格式进行修改。只需要再次单击表格的任何一个单元格,就会出现如图 5.32 中所显示的"表格工具"功能区,用户可以再次使用功能区的快捷按钮对表格格式进行重新设置和编辑。

图 5.33 "汇总"下拉菜单 　　　　图 5.34 汇总后的结果

5.3.4 工作表的冻结、拆分与隐藏

这一部分的功能主要是为了显示方便,在实际的工作中,特别是对于那些篇幅较大的报表,冻结和拆分功能会非常实用。当打开多个工作簿文件时,为了避免发生混淆,可暂时隐藏工作表。

1. 工作表的冻结

在实际工作中,有些表格数据量非常大,当查看表格下面的数据记录时,在顶端开始位置的表头会被滚动出屏幕。同样地,当一条记录的属性太多时,为了查看后面的属性列,屏幕要向右翻,此时会看不到最左边的几列属性值。而一般情况下,表头是各项属性的名称;最左边的属性都是诸如姓名、员工编号一类可以标识身份的重要属性,所以无论是垂直方向,还是水平方向,这些信息如果看不到,即使看到具体的记录值也容易发生混淆,如图 5.35 所示。

在图 5.35 所示的表中,如果要查看学生成绩,不管是向下翻看后面的学生的成绩,还是向右翻看学生的其他课程的成绩,都将看不到学生的课程信息和名字,那么即使看到具体的成绩也搞不清楚是哪门课的成绩,是谁的成绩。如果可以冻结这些重要的信息,让它们不要随着屏幕滚动而消失,将会给查看报表带来极大的方便。

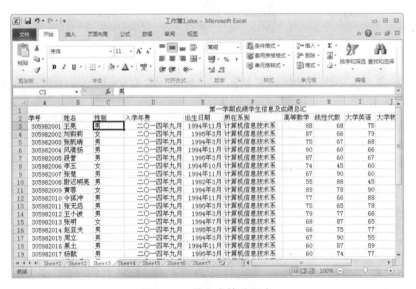

图 5.35 学生成绩总汇表

冻结窗口的操作步骤为:单击"视图"标签页,在"窗口"功能区单击"冻结窗口"的按钮,此

时会弹出一个下拉菜单,如图 5.36 所示。这里的 3 个选项中,后两个分别是"冻结首行"和"冻结首列"。请注意,这里的首行和首列指的是当前工作表中的第一行和第一列,并不是所编辑表格的首行和首列。因此选择后两项时,工作表的第一行,或者第一列将被冻结,无论如何滚动工作表,被冻结的行或列都保持不动。然而,在现实情况下,这两个选项不是很实用。因为,一般表格都有标题,表格的标题占了工作表的第一行甚至前几行,如果选择冻结首行,只能冻结标题,表头还是冻结不了。还有一种情况就是同时想冻结行和列,那么这时就不能使用"冻结首行"和"冻结首列"了,必须要使用第一个选项"冻结拆分表格"。

首先,鼠标单击要冻结的行和列交叉位置右下方的单元格。例如要冻结图 5.35 中的表格的表头(工作表的前两行)和学号、姓名两列(工作表的 A,B 两列),则应该单击选中行和列交叉位置右下方的单元格"C3",如图 5.37 所示。

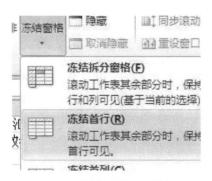

图 5.36 "冻结表格"下拉菜单　　　　　图 5.37 选中的单元格

选择单元格后,单击"冻结窗口"按钮,在弹出的菜单中选择"冻结拆分表格"。此时会看到工作表出现了横竖两条黑色实线。无论向下翻动记录还是向右翻动记录,表头和学号、姓名都保持不动,如图 5.38 所示。

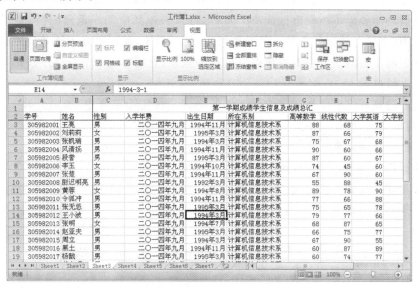

图 5.38 冻结行和列的效果

— 161 —

如果要取消冻结,只需要单击"冻结窗口"按钮,在下拉菜单中选择"取消冻结"即可。

2. 工作表的拆分

拆分工作表的目的是更好地查看表格。这个功能可以把当前工作表拆分为最多 4 个小的窗口,每个窗口都可以相对独立地通过滚动查看表格的内容。对于一些内容繁多的大型表格,使用这个方法可以同时关注表中多个位置,非常方便。

具体的操作方法为:在工作表中使用鼠标单击选中要拆分的单元格(单元格的左上角是拆分点)。单击"视图"标签页,在"窗口"功能区单击"拆分"按钮,即可完成拆分,效果如图 5.39 所示。

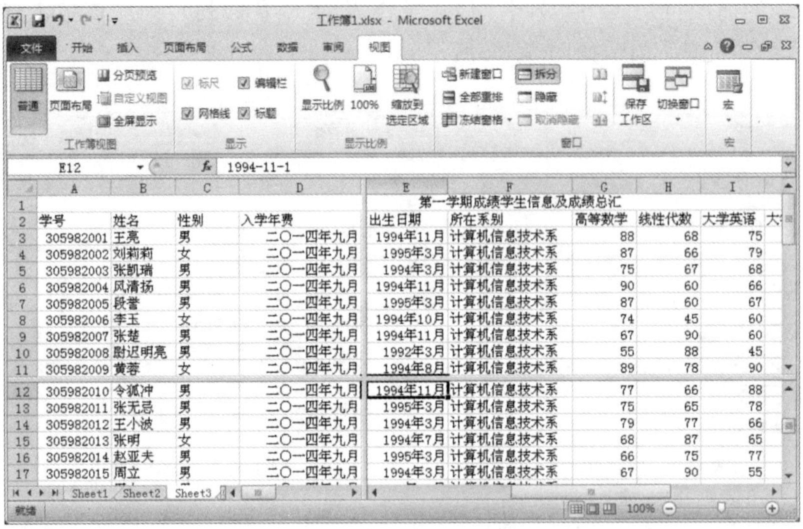

图 5.39 窗口的拆分

完成拆分后,可以尝试用鼠标拉动窗口右侧或者底部的滚动条,会发现相应窗口的内容会随着滚动条滑动。如果不需要拆分成 4 个窗口,可以去掉其中的一条分隔线,变成两个窗口。操作的方法为:将鼠标放到其中的一条分隔线上,然后双击,此时会发现这条分隔线消失,工作表被拆分成了两个窗口。如果要取消拆分窗口的效果,只需单击一下"拆分"按钮即可。

3. 工作表的隐藏

工作表的隐藏其实更像是对工作簿文件的隐藏。在实际工作中,如果打开了多个工作簿文件,为了避免混淆,但是又不想关闭这些文件,就可以考虑使用隐藏工作表的方式把那些暂时不看的工作表隐藏起来。

具体的操作方法为:单击"视图"选项卡,在"窗口"功能区单击"隐藏"按钮即可完成操作。此时会发现刚才打开的工作簿文件不见了,在 Windows 的任务栏中也看不到这个文件的任务窗口了。如果要恢复这个工作簿,只需要单击"隐藏"按钮下面的"取消隐藏"按钮即可。

5.4 Excel 2010 的公式与函数

公式和函数的使用是 Excel 2010 对数据进行管理的一个重要手段。使用 Excel 文件来保存数据的目的,不仅仅是保存数据,更多的是对所保存的数据进行分析和统计。因此,掌握这部分的使用技巧是非常必要的。

5.4.1　创建公式的方式

创建公式有两种方式：一种通过用户手动输入公式，这样的方式比较灵活，掌握起来比较简单；另外一种就是通过套用 Excel 系统自带的一些函数来完成数据的处理，这种方法省去了手动输入的烦琐，但是对用户对系统自带公式的熟悉程度提出了一定的要求。在实际工作中，根据自己的工作需要可以优先使用一些系统的函数。遇到一些特殊的计算没有现成函数可用的情况下，再使用手动输入公式的方法。

1. 手动输入公式

这种方式实际上是在编辑栏输入公式。具体操作的方法为：首先单击选中要输入的单元格，然后在编辑栏输入公式，确定输入即可。在实际计算过程中常常会需要使用其他单元格的数据，这时只要在表达式中写出这个单元格的地址名就可以自动提取数据了。例如有一张成绩表，如图 5.40 所示。

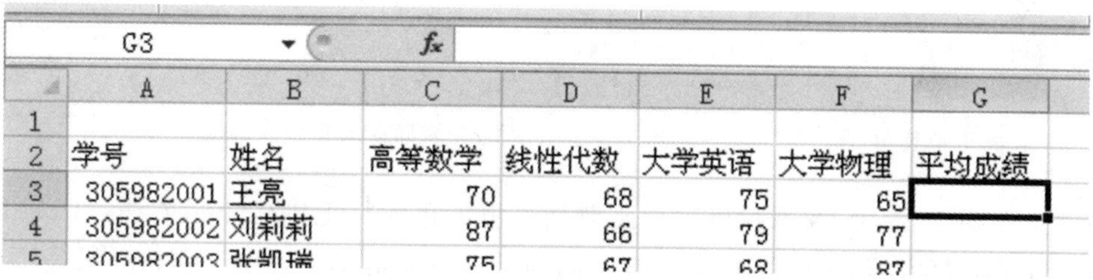
G3

	A	B	C	D	E	F	G
1							
2	学号	姓名	高等数学	线性代数	大学英语	大学物理	平均成绩
3	305982001	王亮	70	68	75	65	
4	305982002	刘莉莉	87	66	79	77	
5	305982003	张凯瑞	75	67	68	87	

图 5.40　学生成绩表

现在要在最后添加一列平均成绩，首先鼠标单击单元格“G3”，然后在编辑栏输入计算公式“＝(C3＋D3＋E3＋F3)/4”。输入完毕后确认输入，则“G3”单元格里显示的就是计算的结果，如图 5.41 所示。

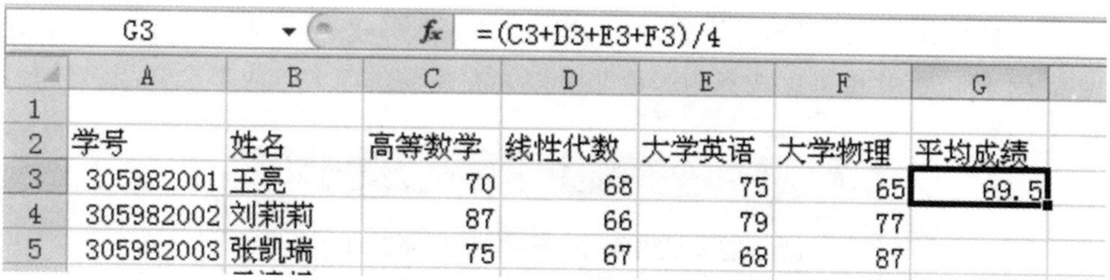
G3　=(C3+D3+E3+F3)/4

	A	B	C	D	E	F	G
1							
2	学号	姓名	高等数学	线性代数	大学英语	大学物理	平均成绩
3	305982001	王亮	70	68	75	65	69.5
4	305982002	刘莉莉	87	66	79	77	
5	305982003	张凯瑞	75	67	68	87	

图 5.41　平均成绩的显示

很多初学者在写公式的时候都是自己输入具体单元格的地址名，这样做并不好，首先输入比较麻烦，其次容易写错地址名。在要输入单元格地址名时，直接单击要计算的单元格即可，单击后地址就会自动写入编辑栏。这样做既方便输入又不会写错。选择的方式和前面介绍的单元格选择方式是一样的。

注意：在编辑栏输入公式时，先输入“＝”。如果忘记输入等号，系统会认为所输入的内容是一段文本不会进行数值的计算，这会导致最后把输入的公式本身直接显示出来而不是计算结果。

2. 使用系统函数

前面已经介绍过,Excel 系统自带了大量的计算公式,因此用户也可以通过使用系统自带函数来完成一些常规的计算。当然,前提是系统的函数可以满足计算要求。像普通的一些计算要求,如求平均、求最大值、最小值、求和等,系统都已经定义了函数,直接调用就可以了。

以前面求平均成绩的操作为例。使用系统函数定义的步骤为:首先单击选中要输入的单元格,单击"开始"标签页,在"编辑"功能区,可以看到一个"自动求和"按钮,如果直接单击该按钮则自动求和,这里是要求平均,所以单击右边的黑色小三角,弹出的下拉菜单里是一些常用的函数,如图 5.42 所示,选择"平均值"。此时单元格里会出现计算公式,并且系统可以自动识别可能需要计算的单元格范围,如图 5.43 所示。如果默认的计算范围正确,则直接确认输入;如果不正确,可以直接选择要计算平均值的单元格范围,最后确认输入即可。

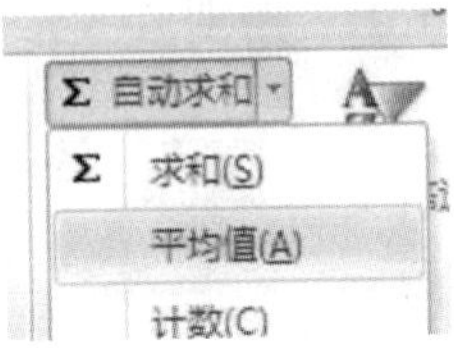

图 5.42 公式的下拉菜单 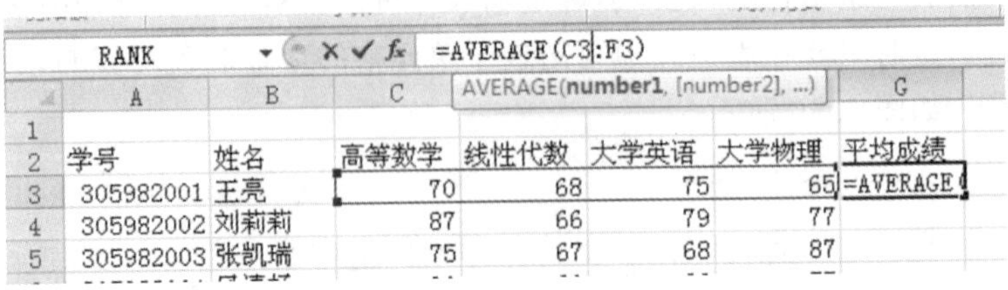　　图 5.43 插入求平均的函数

请注意在图 5.43 中,编辑栏里平均函数括号里的单元格范围的表示方法,"(C3:F3)"表示的是连续单元格区域,也就是 C3 至 F3 中间的所有单元格都被选中。那么如果是不连续的多个单元格或单元格区域可以使用","隔开,比如"(C3:F3,C4,C5)",则表示单元格范围是从 C3 到 F3 的连续的 4 个单元格以及 C4 和 C5 单元格。虽然推荐大家用鼠标选择单元格的计算范围,但是在某些情况下如果不能用鼠标选择,必须手动输入单元格地址名来确定范围,这个写法就必须要掌握。

用户也可以尝试使用一下其他的函数,例如,求和、求最大值等,操作都比较类似。此外,在图 5.42 中下拉菜单中的最后一个选项"其他函数"。选择这个选项会弹出"插入函数"对话框,如图 5.44 所示。这里可以选择的函数非常多。在后面的 5.4.3 小节会介绍一些常用的函数使用方法。

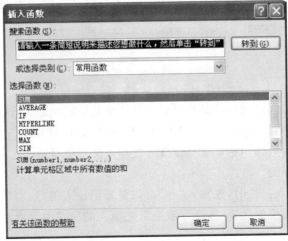

图 5.44 "插入函数"对话框

注意:图 5.44 的对话框也可以通过单击单元格编辑栏前面的“f_x”按钮完成调用。

5.4.2　公式复制与地址的引用

在前面的例子中,通过两种方法可以生成一个求平均值的计算公式,完成平均成绩的计算。如果这个表有数百条或数千条记录,这个公式需要重复成百上千次,如果按照上面的方式生成公式是很麻烦的。那么有没有方便快捷的方法自动生成公式呢？答案是肯定的,当然在了解公式复制的同时,也要了解关于地址的引用问题,这样才可以更好地掌握公式的复制操作。

1. 公式的复制

在 Excel 中,用户也可以通过“复制”“粘贴”的方式来完成公式的复制,不过也还不是最方便的方式。

对于连续的多个公式的复制,可以采取类似于单元格自动填充的操作。以图 5.40 中的学生成绩表为例,第一个公式输入完成后,将鼠标放到该单元格的右下角,当鼠标变成实心的“十”字时,向下拖动鼠标即可自动生成公式,如图 5.45 所示。

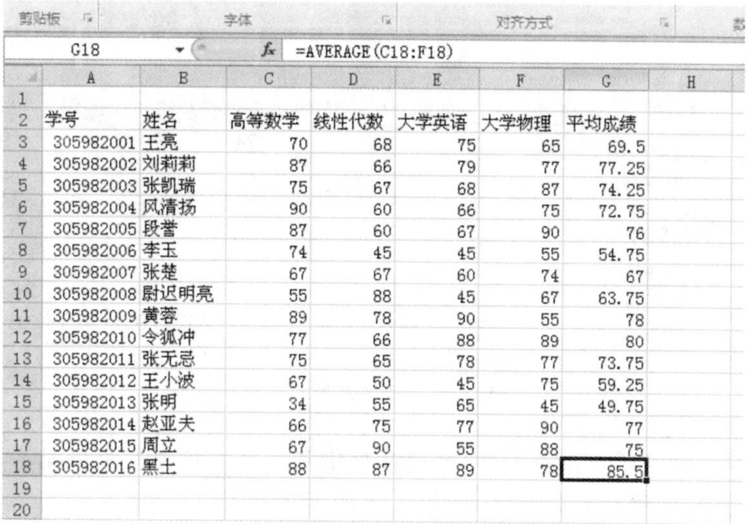

	A	B	C	D	E	F	G	H
1								
2	学号	姓名	高等数学	线性代数	大学英语	大学物理	平均成绩	
3	305982001	王亮	70	68	75	65	69.5	
4	305982002	刘莉莉	87	66	79	77	77.25	
5	305982003	张凯瑞	75	67	68	87	74.25	
6	305982004	风清扬	90	60	66	75	72.75	
7	305982005	段誉	87	60	67	90	76	
8	305982006	李玉	74	45	45	55	54.75	
9	305982007	张楚	67	67	60	74	67	
10	305982008	尉迟明亮	55	88	45	67	63.75	
11	305982009	黄蓉	89	78	90	55	78	
12	305982010	令狐冲	77	66	88	89	80	
13	305982011	张无忌	75	65	78	77	73.75	
14	305982012	王小波	67	50	45	75	59.25	
15	305982013	张明	34	55	65	45	49.75	
16	305982014	赵亚夫	66	75	77	90	77	
17	305982015	周立	67	90	55	88	75	
18	305982016	黑土	88	87	89	78	85.5	
19								
20								

图 5.45　自动生成公式

无论通过哪种方式来复制公式,公式被复制到了不同的位置,公式中单元格的地址名也跟着发生了变化,这不需要手动调整。在复制单元格公式的时候,系统会智能识别要计算的内容,其实这就是单元格地址的相对引用。

2. 相对地址引用与绝对地址引用

系统会根据对公式复制位置的变化来调整公式中的单元格地址。如果在行的方向上,向下移动了几行,公式中的单元格地址名的行号就会跟着加几;如果向上移动了几位,那么就会减去相应的行数。每向下复制一个公式,公式中计算平均值的单元格地址名的行号也跟着加一。如果是在列方向上移动,也会发生同样的变化,这就是单元格地址的相对引用。

虽然 Excel 具备了这样“智能”的识别方式,但并不是在任何情况下,这样的相对地址引用都是适合的。以成绩分析表为例,如图 5.46 所示。

	A	B	C	D	E	F	G
1							
2				计算机成绩分析表			
3		班号	优秀	良好	及格	不及格	班级人数
4		11101	2	20	24	3	49
5		11102	5	24	22	4	55
6		11103	1	15	16	2	34
7		11104	4	20	22	7	53
8		11105	5	18	17	2	42
9		人数合计	17	97	101	18	233
10		所占比例					
11							

图 5.46 成绩分析表（一）

在学生成绩分析表中，需要计算每个等级所占的人数比例。首先在单元格 C10 中输入公式，具体的算法为：用 C9 的人数除以 G9 的总人数，得到的就是优秀等级人数的比例了。输入的内容"=C9/G9"，确认后，会显示出计算结果。然后再用拖动的方式复制公式，鼠标放到 C10 单元格右下角，然后水平向右拖动到 G10，再查看结果，如图 5.47 所示。

	A	B	C	D	E	F	G
1							
2				计算机成绩分析表			
3		班号	优秀	良好	及格	不及格	班级人数
4		11101	2	20	24	3	49
5		11102	5	24	22	4	55
6		11103	1	15	16	2	34
7		11104	4	20	22	7	53
8		11105	5	18	17	2	42
9		人数合计	17	97	101	18	233
10		所占比例	7.30%	#DIV/0!	#DIV/0!	#DIV/0!	#DIV/0!
11							

图 5.47 成绩分析表（二）

复制后会发现除了 C10 是正确的，其他都报错了。单击其中一个单元格，查看编辑栏的内容，会发现原来是除数发生了问题，如图 5.48 所示。

SUM ▼ ✗ ✓ f_x =E9/I9

	A	B	C	D	E	F	G	H	I
1									
2				计算机成绩分析表					
3		班号	优秀	良好	及格	不及格	班级人数		
4		11101	2	20	24	3	49		
5		11102	5	24	22	4	55		
6		11103	1	15	16	2	34		
7		11104	4	20	22	7	53		
8		11105	5	18	17	2	42		
9		人数合计	17	97	101	18	233		
10		所占比例	7.30%	#DIV/0!	=E9/I9	#DIV/0!	#DIV/0!		
11									

图 5.48 成绩分析表（三）

单元格 E10 中的公式应该是"E9/G9",但是现在的除数是"I9",为什么会除一个完全不相关的单元格?原因就是系统默认的是相对地址引用。向右移动后列号就跟着发生了变化。所以,相对地址引用也不是在所有公式复制的情况下,就需要另一种单元格的引用方式,即绝对地址的引用。

所谓绝对地址引用,是将公式复制到新的位置时,公式中的单元格地址始终保持固定不变,结果与包含公式的单元格位置无关。其表达形式为在相对引用的单元格的行、列号前面添加"$"符号,如"=$C$9/$G$9"。如果把这个公式写入任何的一个单元格,那么不管它被复制到哪里,得到的结果都是相同的,因为计算的对象没有变。当然在实际工作中,会出现在一个公式中有些地址需要相对引用,有些地址需要绝对引用,这就是所谓混合的模式。上述例子中,虽然除数"G9"是不能变的,但是被除数还是应该根据列号的变化而改变,所以这里需要对"G9"进行绝对地址引用,其他地址都不变。在 C10 中应该写入公式"=C9/$G$9",然后再向右拖动,复制公式。

注意:在编辑栏输入的所有的公式中,凡是使用到标点符号或者运算符等和公式计算有关的标点符号,只能使用英文的符号,否则系统会发生错误。

5.4.3 常用函数介绍

Excel 提供了功能强大的系统函数,在一般情况下,日常的数据分析和计算都可以通过这些函数来实现。在"编辑"功能区的"自动求和"下拉菜单中,选择相应选项,可求和、求平均值、计数、求最大值和最小值,使用方式和前面求平均值的方式类似,这里就不再赘述。需要注意的是,计数统计的是个数,是所选定的多个单元格中非空值的个数。除了这些函数,现在介绍一些常用函数的使用方法。

1. 逻辑判断函数 IF

这个函数的格式为 IF(logical_test, value_if_true, value_if_false),第一部分是逻辑表达式,当这个表达式的结果为真时,单元格将执行"value_if_true"的内容;结果为假,则执行"value_if_false"的内容。

当需要进行一个条件判断来输出结果时,这个函数就非常实用。例如要在成绩表中添加一列"分数等级",判断平均成绩是否及格,如果及格了输出"及格";反之,则输出"不及格。"具体的操作过程为:单击选中输入的单元格,然后在编辑栏左边单击"f_x"按钮,此时会弹出"插入函数"对话框,如图 5.49 所示。在"选择函数"的列表里双击打开 IF 函数。如果没有找到"IF",可以在"搜索函数"框中直接输入"IF",单击"转到"按钮,然后打开函数。

此时会弹出"函数参数"对话框,如图 5.50 所示。在"logical_test"中输入逻辑表达式,这里要判断第一行的平均成绩"G3"是否大于 60 分,在文本框输入"G3>=60",然后在"value_if_true"中输入及格,在第三个文本框输入"不及格"。单击"确定",然后采用拖动复制的方式完成这一列其他单元格的计算,其效果如图 5.51 所示。

IF 函数可以灵活地应用到实际工作中,在逻辑表达式后面的返回值中,还可以嵌套表达式,通过嵌套多个 IF 语句完成多重条件的判断。

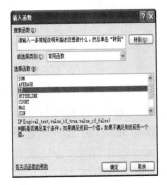

图 5.49　插入函数对话框

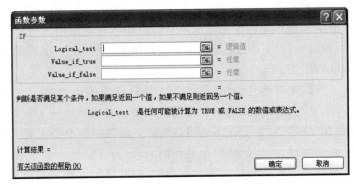

图 5.50　函数参数对话框

	A	B	C	D	E	F	G	H
1								
2	学号	姓名	高等数学	线性代数	大学英语	大学物理	平均成绩	总分等级
3	305982001	王亮	70	68	75	65	69.5	及格
4	305982002	刘莉莉	87	66	79	77	77.25	及格
5	305982003	张凯瑞	75	67	68	87	74.25	及格
6	305982004	风清扬	90	60	66	75	72.75	及格
7	305982005	段誉	87	60	67	90	76	及格
8	305982006	李玉	74	45	45	55	54.75	不及格
9	305982007	张楚	67	67	60	74	67	及格
10	305982008	尉迟明亮	55	88	45	67	63.75	及格
11	305982009	黄蓉	89	78	90	55	78	及格
12	305982010	令狐冲	77	66	88	89	80	及格
13	305982011	张无忌	75	65	78	77	73.75	及格
14	305982012	王小波	67	50	45	75	59.25	不及格
15	305982013	张明	34	55	65	45	49.75	不及格
16	305982014	赵亚夫	66	75	77	90	77	及格
17	305982015	周立	67	90	55	88	75	及格
18	305982016	黑土	88	87	89	78	85.5	及格
19								
20								

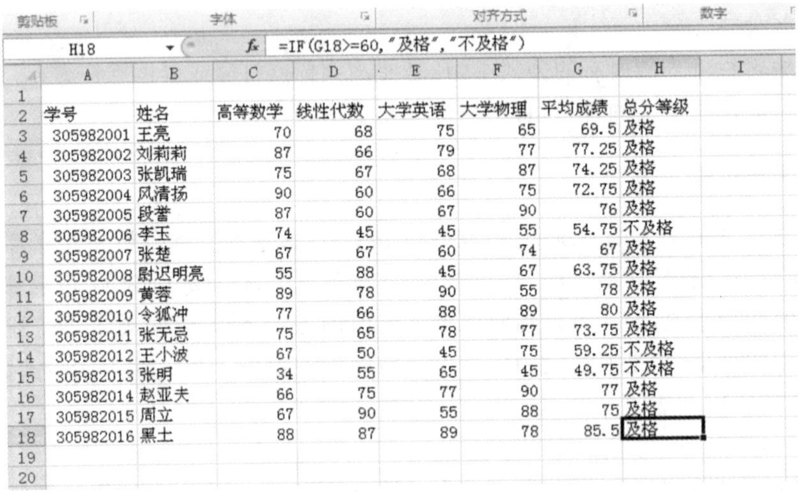

图 5.51　分数等级的生成

2. 有条件计数函数 COUNTIF

这个函数集合了计数函数 COUNT 和条件判断函数 IF 的功能，可以按照给定的一个条件判断来进行统计，把符合条件的进行数量的统计。该函数的具体形式为 COUNTIF(Range, Criteria)。其中"Range"框是要输入需要统计的单元格范围，"Criteria"框输入的是判断的标准。

以图 5.51 中的表为例，统计一下"及格"的人数。首先单击选中一个空白单元格，在地址栏前面单击"f_x"按钮，在弹出的"选择函数"对话框的"搜索函数"中输入函数名"COUNTIF"，单击"转到"，然后选择该函数，此时会弹出一个对话框，如图 5.52 所示。在"Range"中选择要统计的单元格范围，在此例子中，应该是"H3:H18"，在"Criteria"中输入"及格"，单击"确认"按钮，效果如图 5.53 所示。

注意：在"Criteria"中输入的可以是数字、文本甚至是表达式。所输入的内容不需要加双引号，系统会自动添加。

除了有条件计数这个函数外，系统还提供了有条件求和函数——SUMIF，它的用法与有条件计数函数的用法类似，只是最后计算的不是数量而是和。读者可以自行尝试，这里就不再赘述。

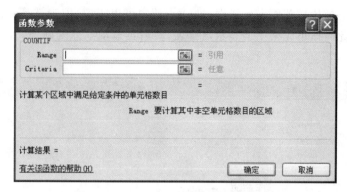

图 5.52　COUNTIF 的函数参数对话框

	A	B	C	D	E	F	G	H	I
1									
2	学号	姓名	高等数学	线性代数	大学英语	大学物理	平均成绩	总分等级	
3	305982001	王亮	70	68	75	65	69.5	及格	
4	305982002	刘莉莉	87	66	79	77	77.25	及格	
5	305982003	张凯瑞	75	67	68	87	74.25	及格	
6	305982004	风清扬	90	60	66	75	72.75	及格	
7	305982005	段誉	87	60	67	90	76	及格	
8	305982006	李玉	74	45	45	55	54.75	不及格	
9	305982007	张楚	67	67	60	74	67	及格	
10	305982008	尉迟明亮	55	88	45	67	63.75	及格	
11	305982009	黄蓉	89	78	90	55	78	及格	
12	305982010	令狐冲	77	66	88	89	80	及格	
13	305982011	张无忌	75	65	78	77	73.75	及格	
14	305982012	王小波	67	50	45	75	59.25	不及格	
15	305982013	张明	34	55	65	45	49.75	不及格	
16	305982014	赵亚夫	66	75	77	90	77	及格	
17	305982015	周立	67	90	55	88	75	及格	
18	305982016	黑土	88	87	89	78	85.5	及格	
19	总分						及格人数		
20							13		
21									
22									

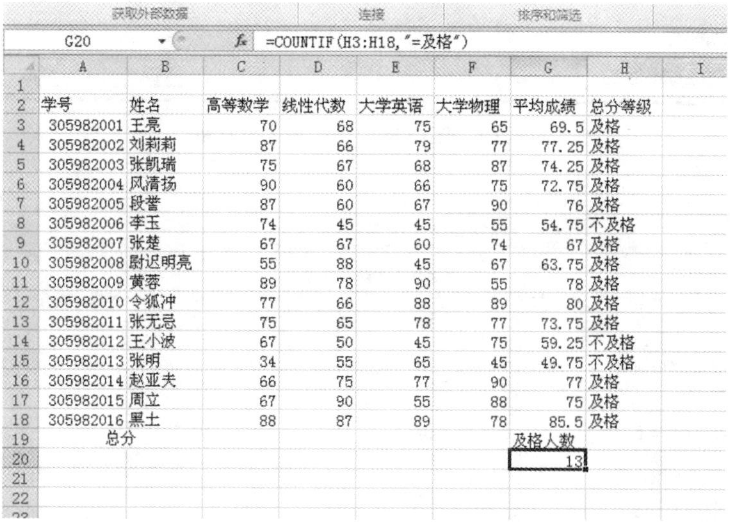

图 5.53　计算及格人数

3. 排名函数 RANK

在实际工作中，会有需要排名的情况，比如学生成绩的排名、员工业绩的排名、比赛的排名等。特别是在参与人数众多的表中，如果进行排名的数据统计，将会是既费时，又容易出错的一个工作环节。在电子表格中，使用函数 RANK 就可以轻松解决这个问题。这个函数可以按照要求升序排名和降序排名。其格式为 RANK(Number, Ref, Order)。"Number"指的是用哪个数字来进行比较，可以是具体数字，也可以是单元格地址名；"Ref"指的是比较的范围，也就是"Number"中的数字和哪些数字比较、排名第几的意思；"Order"设置的是排名的方式是升序还是降序，如果该项不填或者填"0"，则为降序，填入任意非零的值为升序排名。

以图 5.53 中的表为例子，在最后添加一列名为"排名"的属性，以平均分的高低来排名，分数越高排名越靠前。首先单击选中"I3"单元格，在"插入"函数选择对话框中搜索 RANK 函数，单击"确认"，会弹出"函数参数"对话框，如图 5.54 所示。在"Number"中输入"G3"，表示是这个单元格中的内容参加排名；在"Ref"中选择比较的范围"G$3:G$18"，这里在行号前面必须加"$"改成绝对地址引用。这是因为需要向下复制这个公式，如果是相对地址引用，行号会跟着加一，这样会使比较范围发生错误。“Order”中可以不填，因为就是降序排列。完成后单击“确定”按钮，此时该单元格中会显示出排名，然后再拖动鼠标复制公式，其结果如图 5.55 所示。

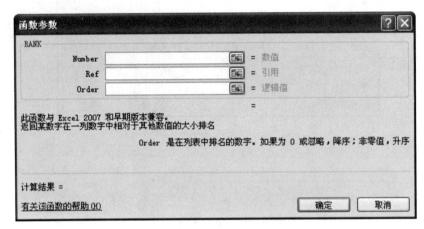

图 5.54　RANK 的函数输入对话框

I18　=RANK(G18,G$3:G$18)

	A	B	C	D	E	F	G	H	I
1	期末学生成绩分析表								
2	学号	姓名	高等数学	线性代数	大学英语	大学物理	平均成绩	总分等级	排名
3	305982001	王亮	70	68	75	65	69.5	及格	11
4	305982002	刘莉莉	87	66	79	77	77.25	及格	4
5	305982003	张凯瑞	75	67	68	87	74.25	及格	8
6	305982004	风清扬	90	60	66	75	72.75	及格	10
7	305982005	段誉	87	60	67	90	76	及格	6
8	305982006	李玉	74	45	45	55	54.75	不及格	15
9	305982007	张楚	67	67	60	74	67	及格	12
10	305982008	尉迟明亮	55	88	45	67	63.75	及格	13
11	305982009	黄蓉	89	78	90	55	78	及格	3
12	305982010	令狐冲	77	66	88	89	80	及格	2
13	305982011	张无忌	75	65	78	77	73.75	及格	9
14	305982012	王小波	67	50	45	75	59.25	不及格	14
15	305982013	张明	34	55	65	45	49.75	不及格	16
16	305982014	赵亚夫	66	75	77	90	77	及格	5
17	305982015	周立	67	90	55	88	75	及格	7
18	305982016	黑土	88	87	89	78	85.5	及格	1
19	总分						及格人数		
20							13		

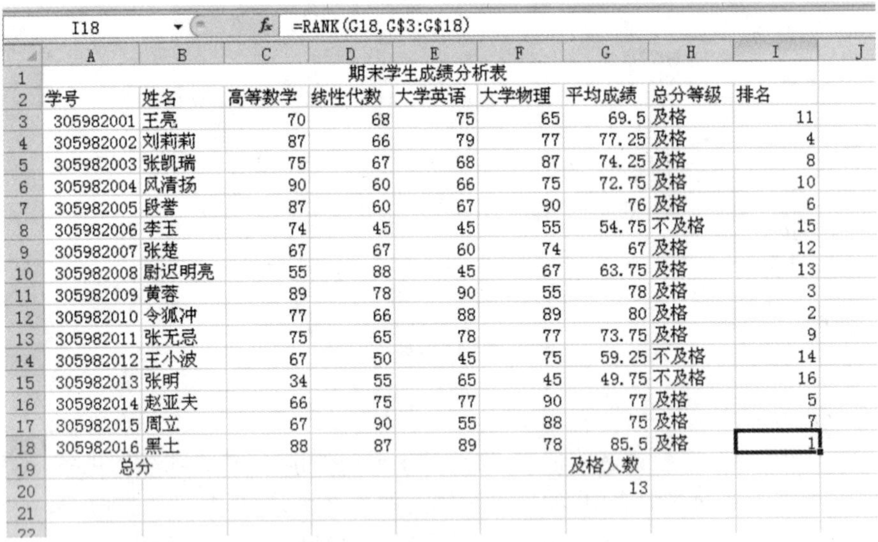

图 5.55　排名函数的生成结果

除了上述的几个函数外，Excel 还提供了非常多的计算函数。对函数了解得越多，在进行数据计算时就越方便。

5.5　数据分析管理工具

所谓的数据分析管理工具，是在数据统计和分析计算的结果上，进行有条件的筛选和显示，目的是为了让阅读报表的人能够更容易地看到分析的结果。这些工具在进行一些有较大数据量的筛选查看时发挥了强大的功能和效率，对于日常进行数据分析统计的用户来说，非常重要。

5.5.1　数据排序

数据排序就是指以表格中的某一列内容作为依据进行升序或者降序的操作。也可以进行多个属性的排序设置，比如在第一个属性值相同的情况下，以第二个属性的值作为排序的依据。

1. 单一条件的简单排序

如果是单一条件的排序，以图 5.51 中的成绩表为例，假设按照平均分从高到低排序。其操作过程为：首先，单击“数据”标签页，然后选中平均分这一列中任意一个单元格，在“排序和筛选”功能区，单击 按钮即可，数字由大到小降序排列， 按钮为升序按钮，效果如图 5.56 所示。

G7　=AVERAGE(C7:F7)

	A	B	C	D	E	F	G	H
1								
2	学号	姓名	高等数学	线性代数	大学英语	大学物理	平均成绩	总分等级
3	305982016	黑土	88	87	89	78	85.5	及格
4	305982010	令狐冲	77	66	88	89	80	及格
5	305982009	黄蓉	89	78	90	55	78	及格
6	305982002	刘莉莉	87	66	79	77	77.25	及格
7	305982014	赵亚夫	66	75	77	90	77	及格
8	305982005	段誉	87	60	67	90	76	及格
9	305982015	周立	67	90	55	88	75	及格
10	305982003	张凯瑞	75	67	68	87	74.25	及格
11	305982011	张无忌	75	65	78	77	73.75	及格
12	305982004	风清扬	90	60	66	75	72.75	及格
13	305982001	王亮	70	68	75	65	69.5	及格
14	305982007	张楚	67	67	60	74	67	及格
15	305982008	尉迟明亮	55	88	45	67	63.75	及格
16	305982012	王小波	67	50	45	75	59.25	不及格
17	305982006	李玉	74	45	45	55	54.75	不及格
18	305982013	张明	34	55	65	45	49.75	不及格
19								

图 5.56　平均成绩降序排列

注意：对于单一条件的排序，操作非常简单，只需要单击“升序”或“降序”按钮即可，但是在一种情况下无法完成排序。那就是当数据表的下方存在合并单元格的情况（表格上方的合并单元格不会影响这个操作），此时系统会提示不能排序，这时就需要使用其他方法来进行排序。

2. 自定义排序

自定义排序，除了可以不受表格中合并单元格的影响实现简单排序外，还可以进行复合条件的排序。以图 5.55 中的表为例，首先按照大学英语的成绩进行升序排序，如果成绩相同，则按照平均成绩的降序进行排序。

具体的操作步骤为：首先，使用选中表格数据区（如果表的下方没有合并单元格就不需要选定表格范围，单击选中表格中任意的一个单元格即可自动识别表格的范围），如图 5.57 所示。然后单击“排序和筛选”功能区的“排序”按钮，此时会弹出排序设置的对话框，根据提示添加排序条件，结果如图 5.58 所示，单击“确认”按钮完成排序。

	A	B	C	D	E	F	G	H	I
1				期末学生成绩分析表					
2	学号	姓名	高等数学	线性代数	大学英语	大学物理	平均成绩	总分等级	排名
3	305982001	王亮	70	68	75	65	69.5	及格	11
4	305982002	刘莉莉	87	66	79	77	77.25	及格	4
5	305982003	张凯瑞	75	67	68	87	74.25	及格	8
6	305982004	风清扬	90	60	66	75	72.75	及格	10
7	305982005	段誉	87	60	67	90	76	及格	6
8	305982006	李玉	74	45	45	55	54.75	不及格	15
9	305982007	张楚	67	67	60	74	67	及格	12
10	305982008	尉迟明亮	55	88	45	67	63.75	及格	13
11	305982009	黄蓉	89	78	90	55	78	及格	3
12	305982010	令狐冲	77	66	88	89	80	及格	2
13	305982011	张无忌	75	65	78	77	73.75	及格	9
14	305982012	王小波	67	50	45	75	59.25	不及格	14
15	305982013	张明	34	55	65	45	49.75	不及格	16
16	305982014	赵亚夫	66	75	77	90	77	及格	5
17	305982015	周立	67	90	55	88	75	及格	7
18	305982016	黑土	88	87	89	78	85.5	及格	1
19		总分					及格人数		

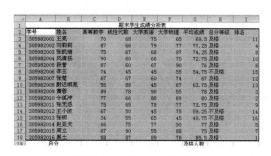

图 5.57　选择表格区域

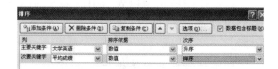

图 5.58　“排序”对话框

5.5.2　条件格式

条件格式指的是按照某种预先设置的条件判断对数据进行分析，符合条件的数据对象会显示出特定的格式，也就是说，最后可以按照不同的数据对象显示出不同的格式效果。有些教科书会把这部分内容放在表格外观设置中进行介绍，但是这个功能的本质是方便进行数据的比较分析和查阅，因此本书中将这一部分内容放在数据分析的章节中进行介绍。

以图 5.56 中的表为例。在该表的分数区域中，为了方便查看，所有不及格的成绩显示成红色加粗，加灰色底纹；所有 85 分以上的分数显示为绿色加粗斜体，加黄色底纹。具体的操作步骤为：

首先，单击“开始”标签页，然后选定条件格式应用的数据范围，如图 5.59 所示。

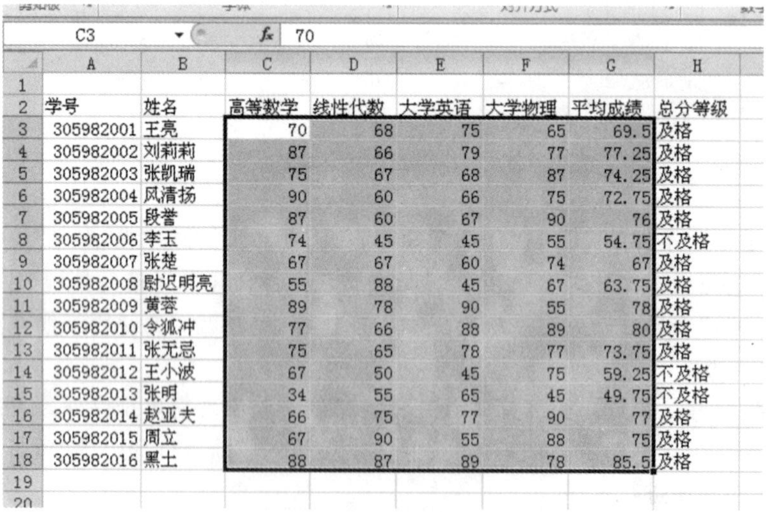

	A	B	C	D	E	F	G	H
1								
2	学号	姓名	高等数学	线性代数	大学英语	大学物理	平均成绩	总分等级
3	305982001	王亮	70	68	75	65	69.5	及格
4	305982002	刘莉莉	87	66	79	77	77.25	及格
5	305982003	张凯瑞	75	67	68	87	74.25	及格
6	305982004	风清扬	90	60	66	75	72.75	及格
7	305982005	段誉	87	60	67	90	76	及格
8	305982006	李玉	74	45	45	55	54.75	不及格
9	305982007	张楚	67	67	60	74	67	及格
10	305982008	尉迟明亮	55	88	45	67	63.75	及格
11	305982009	黄蓉	89	78	90	55	78	及格
12	305982010	令狐冲	77	66	88	89	80	及格
13	305982011	张无忌	75	65	78	77	73.75	及格
14	305982012	王小波	67	50	45	75	59.25	不及格
15	305982013	张明	34	55	65	45	49.75	不及格
16	305982014	赵亚夫	66	75	77	90	77	及格
17	305982015	周立	67	90	55	88	75	及格
18	305982016	黑土	88	87	89	78	85.5	及格
19								
20								

图 5.59　选择条件格式的区域

然后，在“式样”功能区单击“条件格式”按钮，此时会弹出一个下拉菜单，如图 5.60 所示。在这个菜单中选择“新建规则”，会弹出“新建格式规则”对话框，如图 5.61 所示。在类型列表中选择“只为包含以下内容的单元格设置格式”。

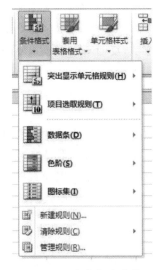

图 5.60　条件格式菜单

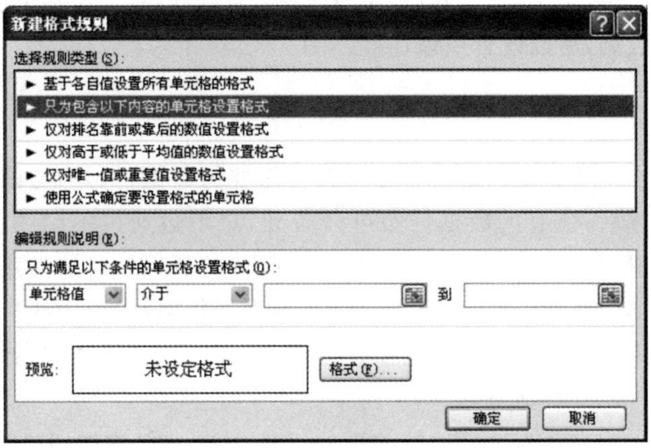

图 5.61　新建格式对话框

在图 5.61 的对话框的“只为满足以下条件的单元格设置格式”中单击“介于”旁边的下拉箭头，在弹出的菜单中选择“小于或等于”，然后在它右边的文本框里输入“60”，到此，条件设置已经完成。接下来要设置格式了，单击“格式”按钮，此时会弹出如 Word 软件中字体和边框的对话框，根据对话框提示，设置字体、颜色以及在“填充”标签页中设置底纹，完成后单击“确定”按钮，返回到图 5.61 的对话框，此时再单击“确定”按钮完成设置。这时会发现表中所有不及格的分数已经变成粗体、红色和灰色底纹。重复上面同样的步骤，完成对 85 分以上的格式设置，效果如图 5.62 所示。

	A	B	C	D	E	F	G	H
1								
2	学号	姓名	高等数学	线性代数	大学英语	大学物理	平均成绩	总分等级
3	305982001	王亮	70	68	75	65	69.5	及格
4	305982002	刘莉莉	87	66	79	77	77.25	及格
5	305982003	张凯瑞	75	67	68	87	74.25	及格
6	305982004	风清扬	90	60	66	75	72.75	及格
7	305982005	段誉	87	60	67	90	76	及格
8	305982006	李玉	74	45	45	55	54.75	不及格
9	305982007	张楚	67	67	60	74	67	及格
10	305982008	尉迟明亮	55	88	45	67	63.75	及格
11	305982009	黄蓉	89	78	90	55	78	及格
12	305982010	令狐冲	77	66	88	89	80	及格
13	305982011	张无忌	75	65	78	77	73.75	及格
14	305982012	王小波	67	50	45	75	59.25	不及格
15	305982013	张明	34	55	65	45	49.75	不及格
16	305982014	赵亚夫	66	75	77	90	77	及格
17	305982015	周立	67	90	55	88	75	及格
18	305982016	黑土	88	87	89	78	85.5	及格
19								

图 5.62　设置条件格式后的效果

如果完成条件格式的设定后，对效果要进行修改，此时首先要选中条件格式的区域，然后再次单击“条件格式”按钮，在菜单中选择最后一项“管理规则”即可。如果要删除规则，选择“清除规则”即可。

注意：在图 5.60 的“条件格式”菜单中，还有很多的选项，都是一些简单的单个条件的快捷选择，例如选择“突出显示单元格规则”选项，就可以按照数字的大小来直接设置，不过最后的

格式都是设定好的。选择"数据条"选项中,会在所选择的单元格中除了显示原有数据,还加上了一个数据条,通过图形的方式显示数据的大小,非常的形象。不过需要注意的是,在日常工作中,条件格式的效果不宜太多,否则,可能会让整个表格显得眼花缭乱,反而不宜查看重要的数据,所以设置应该适度。

5.5.3 数据筛选

数据筛选是为了方便查看需要的数据,但是,与前面条件格式和排序不同。之前的格式设置后,所有的数据仍然可以看到,只不过通过不同的方式显示出来。而数据筛选则是通过筛选,只显示出符合条件的数据,其他的数据暂时被隐藏起来。这个操作的优势是可以让数据更加简洁明了,并且可以通过复制筛选数据,生成一些有针对性的报表,提高日常数据报表的生成效率。数据筛选的操作方式有两种:自动筛选和高级筛选。

1. 自动筛选

自动筛选是比较常用的筛选方法。它的作用是可以通过筛选只显示出所关心的数据记录,其他数据暂时不显示。以学生成绩表为例,通过给这个表加数据筛选查看所有计算机信息技术系,高等数学成绩在70分或以上的学生记录。具体的操作方法为:首先将鼠标移到表中的任意一个单元格中,然后再单击"数据"标签页,在"排序和筛选"功能区,单击"筛选"按钮,此时数据表的表头的每个属性会出现一个下拉菜单按钮,如图5.63所示。

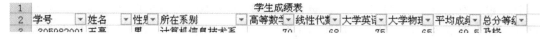

图 5.63 简单数据筛选

接下来就是进行具体的筛选工作,首先单击表头的"所在系别"属性的下拉按钮,此时会弹出菜单选项,如图5.64所示。在菜单中选择"计算机信息技术系",然后再单击属性"高等数学"的下拉按钮,在弹出的菜单中,将鼠标移动到"文本筛选",此时在弹出的菜单中选择"大于或等于",会弹出一个"自定义自动筛选方式"对话框,如图5.65所示。在这里选择相应的条件即可。

图 5.64 筛选下拉菜单

图 5.65 "自定义自动筛选方式"对话框

最后的筛选结果如图 5.66 所示。值得注意的是,在"数据筛选"下拉菜单中还有很多其他的筛选方式,功能强大,选择灵活,这里就不再赘述。

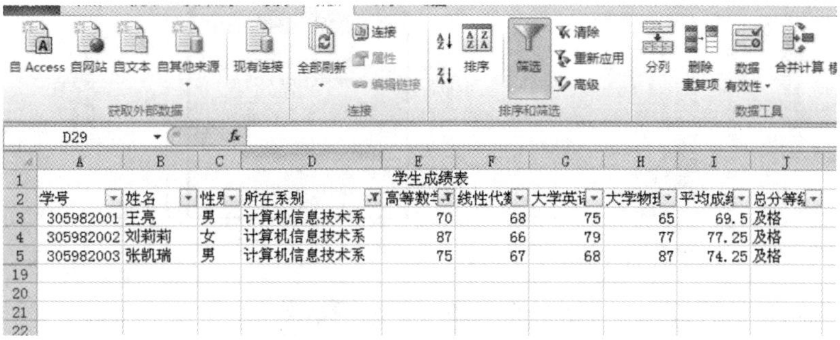

图 5.66 筛选的结果

筛选完毕后,筛选的结果还可以复制到其他的表格中,因此特别适合生成有针对性的报表。如果完成查看,要撤销筛选的效果,只需要在"排序和筛选"功能区直接再次单击"筛选"按钮即可。

2. 高级筛选

在一般的情况下,自动筛选的方式就可以完成大部分的数据查询工作。但是在某些情况下,有些数据筛选就无法实现。当需要在一个属性中同时查询多个给定的值时,使用自动筛选似乎很难实现。比如,仍然以学生成绩表为例。由于某些同学参加体育比赛获得名次,表现优异,最后成绩可以加分。需要先查询出这几位同学的成绩资料,生成一张报表交教学部统一考评。假设几位同学的名字是戴宗、风清扬、段誉、黄蓉。那么如果使用之前学过的方法似乎很难一次查出这 4 位同学的资料。此时就可以使用高级筛选完成这个操作。

具体的操作步骤为:首先在成绩表的工作表中的空白单元格中填入筛选的条件,如图 5.67 所示。注意一定要把属性的名称"姓名"加上,否则后面的筛选会出错。然后,单击选中成绩表中任意的一个单元格,然后单击"数据"标签页,在"排序与筛选"功能区,单击"高级"按钮,此时会弹出"高级筛选"对话框,如图 5.68 所示。

图 5.67 输入筛选条件

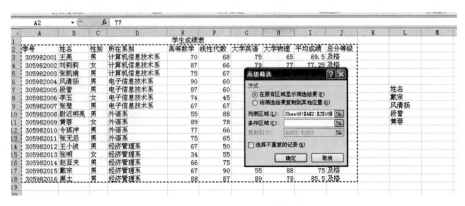

图 5.68 “高级筛选”对话框

弹出“高级筛选”对话框后，会发现有一个虚线区域，这里表示的是数据筛选的范围，如果范围不对，还可以用鼠标重新选取。单击“条件区域”文本框，然后拖动鼠标选择刚才输入的那一组条件，如图 5.69 所示。

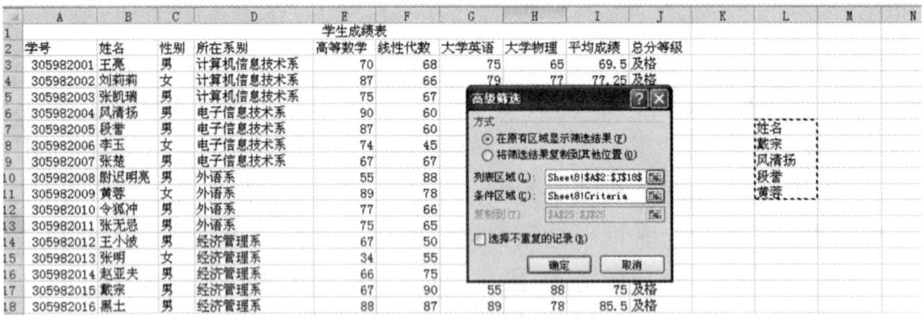

图 5.69 输入高级筛选条件

在“高级筛选”对话框中的“方式”选项区中，有两个选项，第一个表示在原表的位置显示筛选结果，第二个选项表示在新的位置显示筛选结果。如果选择第 2 个选项，则要在“复制到”文本框选择复制的位置，直接用鼠标单击一个空白单元格即可。本例中选择在新的位置显示筛选结果。最后单击“确认”按钮完成操作。最后的结果如图 5.70 所示。

	学号	姓名	性别	所在系别	高等数学	线性代数	大学英语	大学物理	平均成绩	总分等级
26	305982004	风清扬	男	电子信息技术系	90	60	66	75	72.75	及格
27	305982005	段誉	男	电子信息技术系	87	60	67	90	76	及格
28	305982009	黄蓉	女	外语系	89	78	90	55	78	及格
29	305982015	戴宗	男	经济管理系	67	90	55	88	75	及格

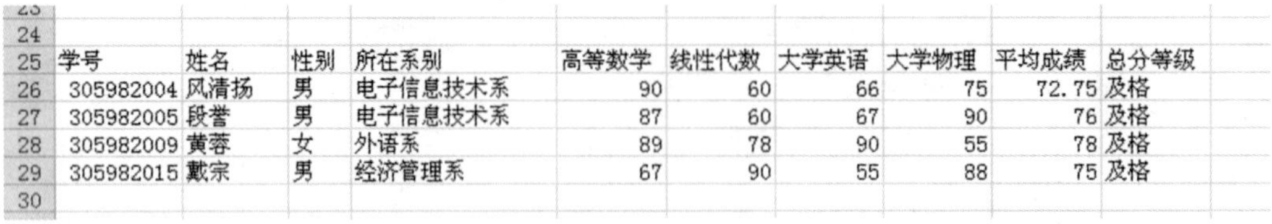

图 5.70 高级筛选的结果

除了可以完成一个属性中多个值的筛选，还可以添加其他的属性同时进行筛选。高级筛选比自动筛选使用的概率小一些，但是一旦需要，它将发挥出极高的筛选效率。

5.5.4 分类汇总

分类总汇是根据表格中某一个属性的值进行分组,把属性相同的分成一组,然后进行统计分析,这在实际数据统计分析中比较常见。例如员工的销售业绩统计,可以根据所属部门的分组统计出每个部门的业绩。不过要进行有效的分类汇总有一个前提条件,就是必须要先对要分类的属性进行排序,然后才可以分类汇总。

以学生成绩表为例,通过所属系别的属性进行分类汇总,分析每个系的成绩情况。具体的实现步骤为:首先,对成绩表按照所属系别进行排序,然后单击表格中任意一个单元格,选定范围。单击打开"数据"选项卡,在"分级显示"功能区,单击"分类汇总"按钮,此时会弹出"分类汇总"对话框,如图 5.71 所示。在这个对话框中,"分类字段"表示以哪个属性作为分组的依据。这里是要以系别相同来分组,因此选择"所在系别"。"汇总方式"指的是如何计算汇总的对象,其下拉菜单中有"求和、求平均值、最大值、最小值、计数"等计算方法。这里以求平均值为例。在"选定汇总项"中选择哪些属性的值参与到刚才汇总后的计算。这里选择所有的课程,完成设置后单击"确认"按钮,此时会看到分类汇总的结果,如图 5.72 所示。

在图 5.72 中可以发现,每个系的最后一条记录后面多出一行记录汇总的信息,由于前面选择的是计算各科成绩的平均分,所以在这一行里,统计的是计算机专业学生各科的平均成绩。在工作表左侧的导航栏中还有两组减号按钮,单击这些按钮可以暂时隐藏对应的同组的记录,只显示汇总的结果。如果不需要分类汇总,可以再次单击"分类汇总"按钮,然后在对话框中单击"全部删除"按钮,即可使表格又回到分类前的样子。

图 5.71 分类汇总对话框

图 5.72 汇总后的效果

5.5.5 图表数据分析

图表作为一种辅助说明的工具,在数据报表和一些实际公文中经常使用。这里的图表并不是图片,是以特殊图例形状组成的一组图形,比较典型的有柱状图、饼图、曲线图等。在数据报表中，适当地添加这些图表帮助说明统计和分析的结果，使得报表生动、形象，大大提高报表的质量。

那么如何创建图表呢？首先要明确的是，图表是对工作表中的数据体现，所以一定是先有了表格数据，才可以生成图表，否则无法生成图表。以学生成绩表为例，通过柱状图形式体现出每位同学的成绩情况。

具体的操作步骤为：首先，选定需要在图表中显示的单元格范围，如图 5.73 所示。请注意，一定要把表头的属性名也选中，不要只选数据，否则最后生成的数据表柱状图没有标题。

	A	B	C	D	E	F	G	H	I
1				期末学生成绩分析表					
2	学号	姓名	高等数学	线性代数	大学英语	大学物理	平均成绩	总分等级	排名
3	305982001	王亮	70	68	75	65	69.5	及格	11
4	305982002	刘莉莉	87	66	79	77	77.25	及格	4
5	305982003	张凯瑞	75	67	68	87	74.25	及格	8
6	305982004	风清扬	90	60	66	75	72.75	及格	10
7	305982005	段誉	87	60	67	90	76	及格	6
8	305982006	李玉	74	45	45	55	54.75	不及格	15
9	305982007	张楚	67	67	60	74	67	及格	12
10	305982008	尉迟明亮	55	88	45	67	63.75	及格	13
11	305982009	黄蓉	89	78	90	55	78	及格	3
12	305982010	令狐冲	77	66	88	89	80	及格	2
13	305982011	张无忌	75	65	78	77	73.75	及格	9
14	305982012	王小波	67	50	45	75	59.25	不及格	14
15	305982013	张明	34	55	65	45	49.75	不及格	16
16	305982014	赵亚夫	66	75	77	90	77	及格	5
17	305982015	周立	67	90	55	88	75	及格	7
18	305982016	黑土	88	87	89	78	85.5	及格	1
19									
20									

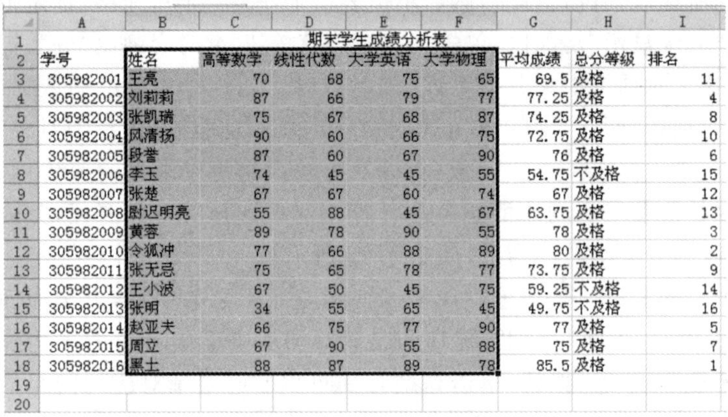

图 5.73 选定单元格范围

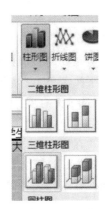

图 5.74 图例菜单

选定单元格范围后，单击“插入”标签页，在“图表”功能区单击“柱形图”按钮，在弹出的菜单中，选择一个喜欢的式样，如图 5.74 所示。选择后，工作表中会生成一个图表，如图 5.75 所示。这个图表呈现浮于表格上方的效果，可以把鼠标放到图表区域，当它变成可移动图表的时候，按住鼠标左键直接拖动就可以移动图表到工作表任意的位置。图表的大小也可以调整，将鼠标放到图表的任一个角，然后拖动鼠标调整即可。

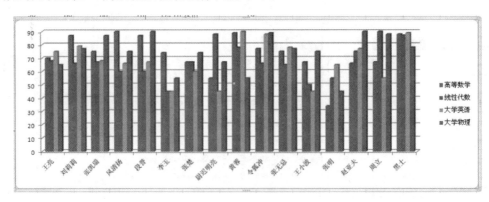

图 5.75 生成的图表

不同图型的图表生成方式都和上面的这个例子类似，但是如果要对生成图表的内容进行编辑。读者只要记住一个原则，需要编辑图表中的哪个部分，就双击该部分，此时会弹出相应的编辑菜单，进行编辑即可。比如要编辑图表坐标轴，可以直接双击坐标轴的任何一个区域，此时会弹出“设置坐标轴格式”对话框，如图 5.76 所示。

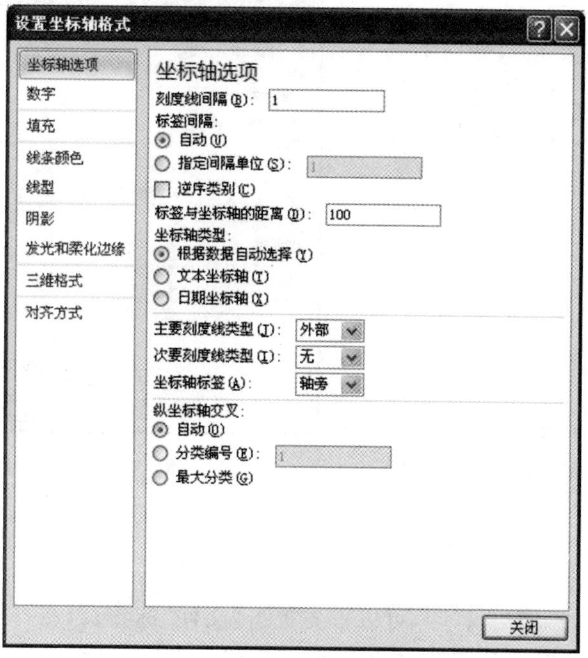

图 5.76 设置坐标轴格式

5.6 工作表的打印输出

在实际工作中,常常需要打印输出生成的报表。因为工作表本身没有页面的概念,所以有时会发生打印的报表超出打印范围的情况,因此了解页面设置和打印设置,有助于更准确地输出报表。

5.6.1 页面设置

页面设置和 Word 中的设置方法类似,单击"页面布局"标签页,然后在"页面设置"功能区选择相应的选项进行设置。

单击"页边距"按钮,如图 5.77 所示,弹出"页边距"菜单,这与 Word 中的页边距设置是一样的。用户可以单击"视图"标签页,在"工作簿视图"功能区单击"页面布局"按钮查看效果。

此外,设置纸张的方向、大小都和 Word 软件中的设置基本一样。用户还可以通过单击"打印区域"按钮,选择只打印表格中的一部分数据。单击"页面设置"功能区的"打印标题"按钮,会弹出"页面设置"对话框,如图 5.78 所示。它的作用是在打印时给工作表添加一个标题,利用该对话框还可以添加页眉和页脚,进行页面或页边距的设计。

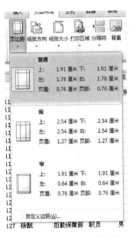

图 5.77 页边距菜单

图 5.78 "页面设置"对话框

5.6.2 打印设置

完成表格的编辑,如果需要打印,可以首先单击"文件"标签页,在打开的页面中的左侧导航栏单击"打印"选项,此时右侧工作区会显示出打印的设置对话框,最右面是打印的预览效果,如图 5.79 所示。

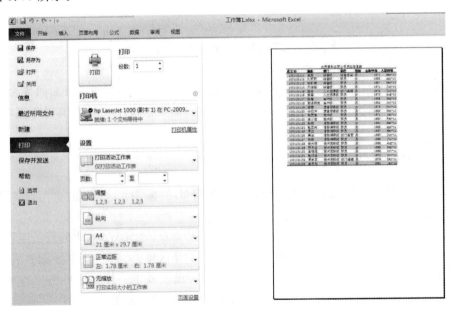

图 5.79 打印设置及预览页面

关于打印设置,与前面 Word 中的打印设置基本一致。需要提醒的是,打印预览是显示打印效果,所以表格格式设置是否符合要求,以打印预览的显示效果为主。

5.7 实训内容

实训1 表格与单元格的设置

一、实训目的

(1) 掌握工作簿和工作表的基本操作。
(2) 数据的输入。
(3) 单元格格式的设置。

二、实验内容

1. Excel 2010 基本操作

打开 Excel 2010，系统会默认创建一个空白工作簿，如果需要使用模板，可选择"文件"→"新建"→"样本模板"，然后选择自己需要的模板新建工作簿。在此我们使用默认创建的空白工作簿。

一个工作薄默认生成3个工作表，但当前工作表只有一个，如需对某工作表进行操作，必须先激活该工作表，可用单击工作表标签来激活该工作表。

(1) 插入工作表。有时默认生成的3个工作表无法满足用户的实际需要，可能要增加工作表的数目，插入新的工作表，用户可以插入单个工作表，或者同时插入多个工作表。具体操作步骤如下：

1) 插入单个工作表。

① 左键单击工作表标签，确定要插入工作表的位置，例如要在"Sheet1"和"Sheet2"之间插入一个工作表，单击"Sheet2"标签，在"开始"选项卡的"单元格"组中单击"插入"按钮，从弹出的下拉菜单中选择"插入工作表"命令，即可在"Sheet1"和"Sheet2"之间插入一个工作表。

② 右键单击工作表标签，确定要插入工作表的位置，例如要在"Sheet1"和"Sheet2"之间插入一个工作表，右键单击"Sheet2"标签，在弹出的右键菜单中选择"插入(I)"命令，会弹出"插入"对话框，如图5.80所示，选中"工作表"图标，单击"确定"按钮即可。

③ 直接左键单击工作表标签后的"插入工作表"按钮，或按"Shift+F11"组合键，可在所有工作表标签的最后直接插入一个新的工作表。

提示：选定一个工作表标签，按"Shift+F11"组合键，即可在所选定的工作表标签前插入一个新的工作表。

2) 插入多个工作表。需要同时添加多个工作表时，按住"Shift"键，选定与要添加的工作表数目相同的工作表标签，在"开始"选项卡的"单元格"组中单击"插入"按钮，从弹出的下拉菜单中选择"插入工作表(S)"命令，即可在所选择的工作表标签前插入与所选择的工作表标签数目相同的工作表。

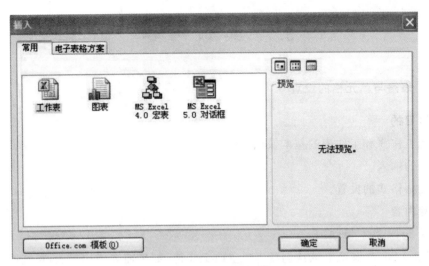

图 5.80 "插入"对话框

(2)重命名工作表。Excel 2010 默认将工作表依次命名为"Sheet1""Sheet2"……既不直观又不便于记忆,用户可根据需要为工作表命名一个直观易记的名称,即重命名。具体操作步骤如下:

1)使用鼠标。双击需要重命名的工作表标签,标签名会呈黑色背景显示,如图 5.81 所示,直接输入新的工作表名,如"原始表",如图 5.82 所示,然后按回车键,或单击标签外的任何位置,完成重命名工作表的操作。

图 5.81　选中工作表名　　　　　　　　图 5.82　重命名工作表

2)使用菜单项。在需要重命名的工作表标签上单击右键,从弹出的菜单中选择"重命名(R)"命令,此时标签名呈黑色背景显示,输入新的工作表名称即可。

2. 数据的输入与编辑

单击"开始"选项卡,输入内容,如图 5.83 所示。

(1)合并单元格。选中 A1:I1,在"开始"选项卡的"对齐方式"组中单击"合并后居中"按钮,将 A1:I1 合并,然后输入"班级成绩表"。

(2)数据填充。

方法一:在序号列选中 A3,输入 1,在"开始"选项卡的"编辑"组中单击"填充"按钮,在弹出的下拉菜单中选择"序列",会弹出"序列"对话框,如图 5.84 所示。设置"序列产生在"为"列","类型"为"等差序列",步长值为 1,终止值为 10,单击"确定",会在 A3:A12 中依次自动填充 1~10(这种方法多使用在输入多个有规律的数字时)。

方法二:在序号列 A3 和 A4 中分别输入 1 和 2,然后选中 A3 和 A4,将鼠标指针移动到所选中单元格的右下角的"填充柄",当指针由空心十字变成小的实心十字时,按住鼠标左键向下拖动,一直拖动到 A12,释放鼠标左键,将会在 A5:A12 中依次自动填充 3~10(以后在使用公式或函数计算时,只用公式或函数计算出第一个值,然后用填充的方法拖动鼠标,会自动计算相对应的其他同行或同列的值)。

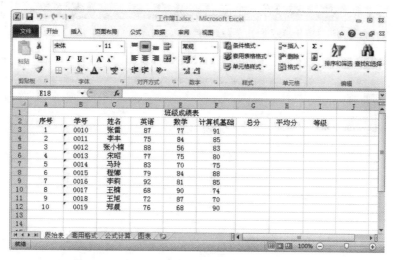

图 5.83　班级成绩表

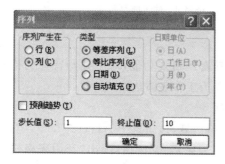

图 5.84　"序列"对话框

图 5.85　行高设置

3.单元格设置

(1)设置行高和列宽。在输入的数据过长时,需要调整行高和列宽,以便完整地显示存放在单元格中的数据。设置行高的具体步骤如下:

1)单击要调整行高的行的行号,在"开始"选项卡中的"单元格"组中单击"格式"按钮,在弹出的下拉菜单中选择"行高(H)"命令,弹出"行高"对话框,如图 5.85 所示。

2)在"行高"文本框中输入行高值,单击"确定"按钮,即可看到设置行高后的效果。

设置行高的另一种方法,把鼠标指针移动到行号显示栏的分界线上,当鼠标指针改变形状后,将其拖动到所需位置即可。

设置列宽与设置行高的操作类似,可以通过菜单或者鼠标来完成。

(2)设置单元格格式。在"学号"一列中输入学号时,先选中 B3:B12,在"开始"选项卡的"单元格"组中单击"格式"按钮,在弹出的下拉菜单中选择"设置单元格格式(E)"命令,弹出"设置单元格格式"对话框。也可以在选中的单元格上单击鼠标右键,在弹出的菜单中选择"设置单元格格式",弹出"设置单元格格式"对话框,在"数字"选项卡中"分类"里选择"文本",如图 5.86 所示,单击"确定"按钮,将 B3:B13 单元格设置为文本格式,然后用数据填充的方法填入学号。

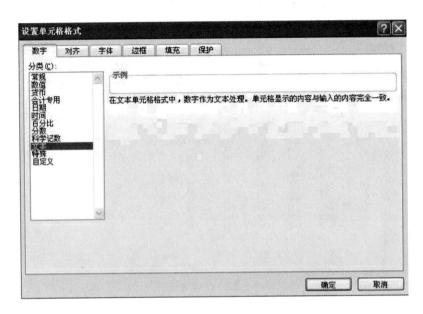

图 5.86 "设置单元格格式"对话框

4. 自动套用格式

(1)套用表格格式。Excel 2010 提供了自动套用格式功能,对于某些特殊的格式,如会计表格等,用户可以通过自动套用格式功能来自动为工作表添加格式。

具体操作步骤如下:

1)在工作薄中选择要设置表格格式的单元格区域,这里选中 A1:I12。

2)在"开始"选项卡的"样式"组中单击"套用表格格式"按钮,弹出"套用表格格式"下拉菜单,用户可以选择自己需要的表格样式,如选择"表样式浅色 1",弹出"套用表格式"对话框。

3)在"套用表格式"对话框中勾选"表包含标题(M)"复选框,单击"确定"按钮,即可看到相应的效果。如果用户要自动套用格式中的部分信息格式,可取消勾选"表包含标题(M)"复选框。

(2)套用单元格格式。Excel 2010 定义了填充色、边框色、字体格式等。使用这些样式的方法如下:

1)选择要设置样式的单元格区域。

2)在"开始"选项卡的"样式"组中单击"单元格样式"按钮,弹出列表框,如图 5.87 所示。

3)单击要应用的单元格样式,即可看到套用单元格样式后的效果。

(3)设置条件格式。用户可以根据所选单元格中的数据显示颜色条的长短,或者使用用户设置的条件,来使单元格显示不同的样式以示区别。具体操作步骤如下:

1)选择要突出显示的单元格区域,如选择 D3:F12 数据区域。在"开始"选项卡的"样式"组中单击"条件格式"按钮,弹出其下拉菜单,在下拉菜单中选择所需要的相应命令,如选择"突出显示单元格规则"→"小于"命令,如图 5.88 所示。

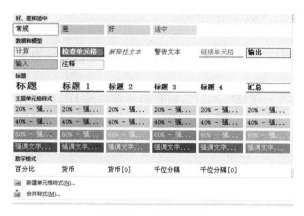

图 5.87　单元格样式

图 5.88　条件格式

2）在弹出的如图 5.89 所示的"小于"对话框中填入相应的数值并设置相应的格式，如填 60，"设置为"选"浅红填充色深红色文本"，即 D3:F12 数据区域，小于 60 的单元格用浅红色填充，单击"确定"按钮，即可看到相应的效果。

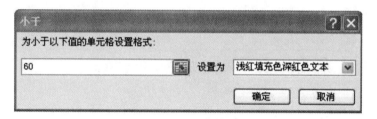

图 5.89　"小于"对话框

实训 2　数据计算与管理

一、实验目的

(1) 掌握基本的公式与函数的应用。
(2) 单元格的引用。
(3) 对数据的排序与筛选。
(4) 分类汇总。

二、实训内容

1. 单元格引用与函数使用

在 Excel 2010 中使用公式或函数进行计算时，需要引用单元格，单元格的引用有 3 种方式，分别是相对引用、绝对引用和混合引用。

(1) 相对引用。

1）用公式计算学生成绩表中的每个学生的总分，操作步骤如下：

① 选中 G3，输入"=D3+E3+f3"，然后回车，G3 中会显示出计算结果，此时再次选中 G3，会看到 G3 中显示的是计算结果，而上方的编辑框中显示的是计算的公式，如图 5.90 所示。

② 使用填充柄来进行数据填充，填充 G4:G12，则可计算其余 9 名学生的总分。如选中

G8,可看到上方编辑框中显示"=D8+E8+F8",这就是相对引用。

2)使用函数计算平均分。操作步骤如下:

①方法一:选中 H3,在"开始"选项卡的"编辑"组中单击"求和"后的箭头,弹出下拉菜单,选中"平均值"命令,如图 5.91 所示。

此时 H3 和上方的编辑框中显示"=AVERAGE(D3:G3)",而我们要求的是 D3:F3 的平均值,所以可以用鼠标选中 D3:F3,按"回车",或者将编辑框中的 G3 改为 F3 后按"回车",即可得到该学生的平均分。

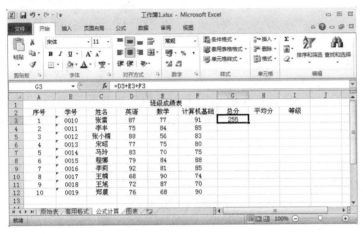

图 5.90 公式计算

图 5.91 平均值

②方法二:选中 H3,单击编辑框前的"插入函数"按钮,也可以在"公式"选项卡的"函数库"组中单击"插入函数"按钮,弹出"插入函数"对话框,如图 5.92 所示,在常用函数中选择平均值函数"AVERAGE",单击"确定"按钮,弹出"函数参数"对话框,如图 5.93 所示,将其中的参数 D3:G3 改为 D3:F3,单击"确定"按钮,即计算出该学生的平均分。

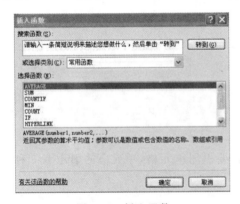

图 5.92 插入函数

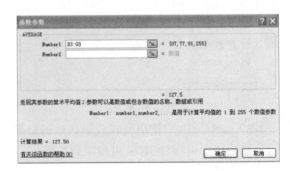

图 5.93 函数参数

③使用填充柄填充数据的方法,填充 H4:H12,即可得出其余学生的平均成绩。此时系统默认显示小数点后 5 位,可以用设置单元格格式的方法,将其改为显示小数点后 2 位。

3)计算等级。将平均分大于等于 80 分的显示为"优秀",其余的显示为"一般",操作步骤如下:

①选中等级列单元格 I3,单击编辑框前的"插入函数"按钮,弹出"插入函数"对话框,在常用函数中选择"IF"函数(判断是否满足某个条件,如果满足返回一个值,如果不满足则返回另一个值)。单击"确定"按钮,弹出"函数参数"对话框。

②在"函数参数"对话框中,在第一行条件表达式中填入"H3>=80",因为要判断平均分是否大于等于 80 分,而平均分在 H 列,第二行表达式值为真时,显示"优秀",第三行表达式值为假时,显示"一般",如图 5.94 所示,然后单击"确定"按钮,即可得到计算结果。

③使用填充柄填充数据的方法,填充 I4:I12,即可得出其余所有学生的等级评定。此时可选中任意一学生的等级,观察编辑框中的内容。

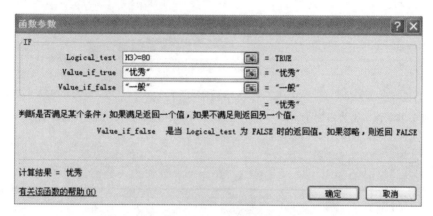

图 5.94　IF 函数参数

(2)绝对引用。建立数据表,如图 5.95 所示,并计算累计销售额,操作步骤如下:

1)选中 C3,单击编辑框前的"插入函数"按钮,在常用函数中选择使用 SUM 函数(计算单元格区域中所有数值的和),单击"确定"按钮,弹出"函数参数"对话框,在单元格区域中输入"＄B＄3:B3",如图 5.96 所示,单击"确定"按钮。

2)用数据填充的方法填充 C4:C14,即可得到其余所有结果,此时可任选一结果,查看编辑框中的内容。此处选择 C8,可看到编辑框中显示为"=SUM(＄B＄3:B8)",此处的＄B＄3 即为绝对引用。

(3)混合引用。用 Excel 2010 建立九九乘法表,操作步骤如下:

1)分别在 A2,A3 中和 B1,C1 中输入 1,2,用填充柄分别向下、向右填充至 9。

2)选中 B2,输入"=＄A2*B＄1",然后按"回车"。

3)选中 B2,用填充柄向右填充至 J2。

4)选中 B2:J2,将光标移动到 J2 单元格的右下角,用填充柄向下填充至第 10 行,如图 5.97 所示,到此九九乘法表已经建立,此时可任选一单元格,查看编辑框中的计算公式。如选择 F7,可看到编辑框中显示为"=＄A7*F＄1",这就是混合引用。

2.排序与筛选

(1)排序。打开班级成绩表,单击"插入工作表"按钮,新插入 2 个工作表,分别命名为"排序"和"筛选",将"公式计算"表中的内容复制,粘贴到"排序"与"筛选"2 个工作表中,打开排序工作表,按数学成绩降序排序。

图 5.95　汽车销售报表

图 5.96　SUM 函数参数

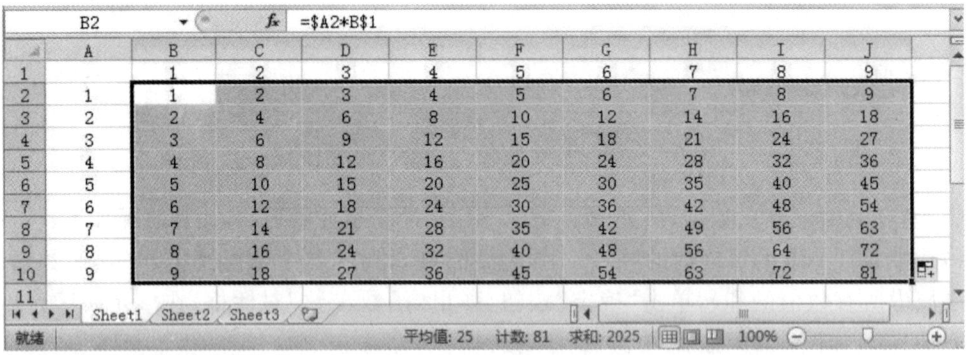

图 5.97　九九乘法表

方法一:选择 E4 数学列任意单元格,在"开始"选项卡的"编辑"组中单击"排序和筛选"按钮,弹出下拉菜单,选择"降序"命令,或者在"数据"选项卡的"排序和筛选"组中单击"降序"按钮,完成排序。

方法二:选择 E4 数学列任意单元格,在"开始"选项卡的"编辑"组中单击"排序和筛选"按钮,弹出下拉菜单,选择"自定义排序"命令,也可在"数据"选项卡的"排序和筛选"组中单击"排序"按钮,弹出"排序"对话框,选择主关键字为"数学",排序依据为"数值",次序为"降序",如图 5.98 所示,然后单击"确定"按钮完成排序。

(2)筛选。

1)自动筛选。打开"筛选"表,筛选出总分大于等于 240 分的学生记录,操作步骤如下:

①选择班级成绩表中 C7 单元格,在"开始"选项卡的"编辑"组中单击"排序和筛选"按钮,在弹出的下拉菜单中选择"筛选"命令,也可以在"数据"选项卡的"排序和筛选"组中单击"筛选"按钮,此时班级成绩表变为可筛选的状态,如图 5.99 所示。

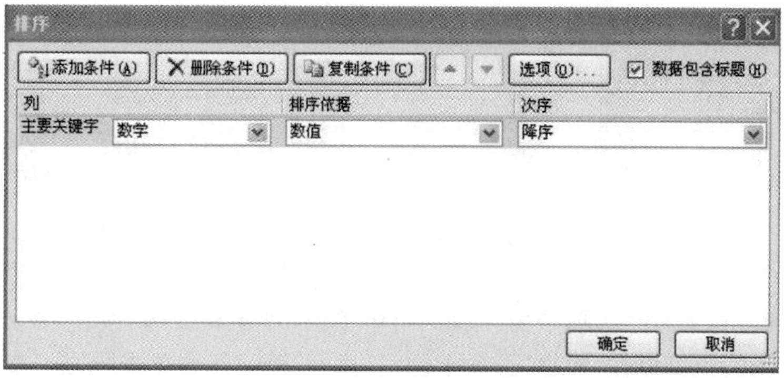

图 5.98　“排序”对话框

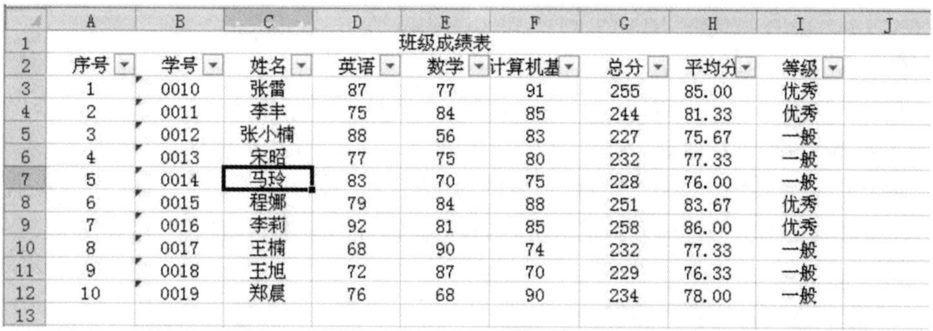

	A	B	C	D	E	F	G	H	I	J
1	班级成绩表									
2	序号	学号	姓名	英语	数学	计算机基	总分	平均分	等级	
3	1	0010	张雷	87	77	91	255	85.00	优秀	
4	2	0011	李丰	75	84	85	244	81.33	优秀	
5	3	0012	张小楠	88	56	83	227	75.67	一般	
6	4	0013	宋昭	77	75	80	232	77.33	一般	
7	5	0014	马玲	83	70	75	228	76.00	一般	
8	6	0015	程娜	79	84	88	251	83.67	优秀	
9	7	0016	李莉	92	81	85	258	86.00	优秀	
10	8	0017	王楠	68	90	74	232	77.33	一般	
11	9	0018	王旭	72	87	70	229	76.33	一般	
12	10	0019	郑晨	76	68	90	234	78.00	一般	
13										

图 5.99　自动筛选

②单击总分 G2 后的小箭头，弹出下拉菜单，光标移到“数字筛选”选项上，弹出子菜单，在弹出的子菜单中选择“大于或等于”命令，如图 5.100 所示，弹出“自定义自动筛选方式”对话框，选择“大于或等于”，在后面编辑栏中填入“240”，如图 5.101 所示，单击“确定”按钮，完成筛选，并在原表中显示筛选结果，如图 5.102 所示。

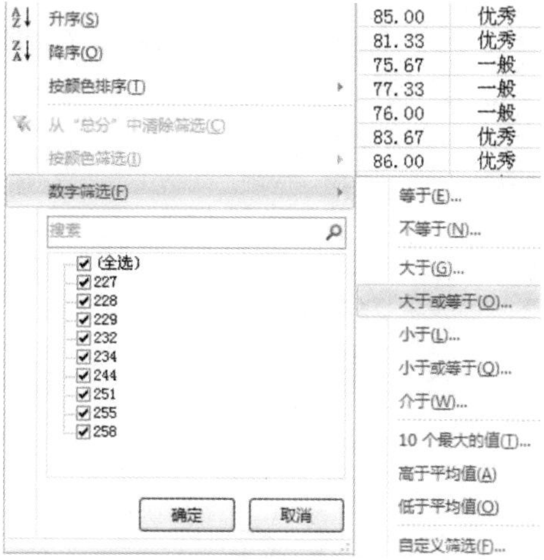

图 5.100　选择“大于或等于”命令

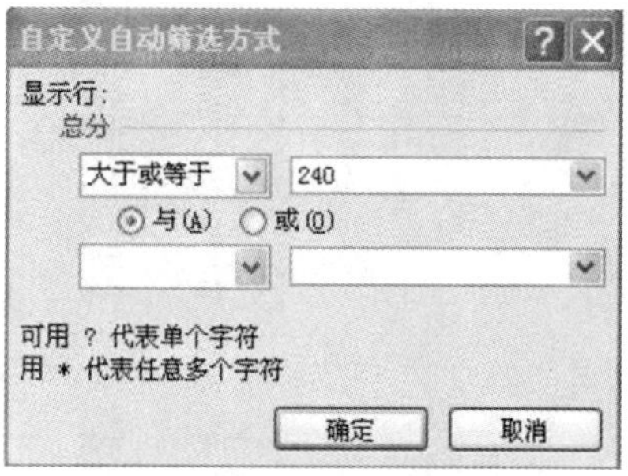

图 5.101　“自定义自动筛选方式”对话框

图 5.102 自动筛选结果

2) 高级筛选。在"开始"选项卡的"编辑"组中单击"排序和筛选"按钮,在弹出的下拉菜单中选择"筛选"命令,也可以在"数据"选项卡的"排序和筛选"组中单击"筛选"按钮,可取消之前的筛选,使数据恢复到未筛选前的状态。使用高级筛选,筛选出英语、计算机基础、平均分都大于等于 80 分的学生记录,操作步骤如下:

①在 D14:F15 区域中输入筛选条件,如图 5.103 所示。

②在"数据"选项卡的"排序和筛选"组中,单击"高级筛选"按钮,弹出"高级筛选"对话框,选中"将筛选结果复制到其他位置"单选框,单击"列表区域"后的"列表区域"按钮,再次单击该按钮,可返回到"高级筛选"对话框。选中班级成绩表 A2:I12,单击"条件区域"后的"列表区域"按钮,选中条件区域 D14:F15,单击"复制到"后的"列表区域"按钮,选择 A17:I24 作为存放筛选结果的位置,如图 5.104 所示,单击"确定"按钮,完成筛选,此时可看到筛选结果,如图 5.105 所示。

图 5.103 高级筛选条件

图 5.104 "高级筛选"对话框

图 5.105 高级筛选结果

3. 分类汇总

Excel 2010 可以对工作表中的数据进行分类汇总，以便于查看数据信息。

新插入一个工作表，命名为“分类汇总”，复制“公式计算”表中的内容，粘贴到“分类汇总”表中，在“姓名”列前新插入一列“性别”，如图 5.106 所示。

	A	B	C	D	E	F	G	H	I	J
1	班级成绩表									
2	序号	学号	性别	姓名	英语	数学	计算机基础	总分	平均分	等级
3	1	0010	男	张雷	87	77	91	255	85.00	优秀
4	2	0011	男	李丰	75	84	85	244	81.33	优秀
5	3	0012	女	张小楠	88	56	83	227	75.67	一般
6	4	0013	男	宋昭	77	75	80	232	77.33	一般
7	5	0014	女	马玲	83	70	75	228	76.00	一般
8	6	0015	女	程娜	79	84	88	251	83.67	优秀
9	7	0016	女	李莉	92	81	85	258	86.00	优秀
10	8	0017	男	王楠	68	90	74	232	77.33	一般
11	9	0018	男	王旭	72	87	70	229	76.33	一般
12	10	0019	男	郑晨	76	68	90	234	78.00	一般
13										

图 5.106　新添“性别”列

按性别以平均分方式汇总，操作步骤如下：

(1)按性别排序(这里我们用升序排序)，选中“性别”列 C5 单元格，在“开始”选项卡的“编辑”组中单击“排序和筛选”按钮，在弹出的下拉菜单中选择“升序”命令。

(2)在“数据”选项卡的“分级显示”组中单击“分类汇总”按钮，弹出“分类汇总” 对话框。

(3)在“分类汇总”对话框中，分类字段选择“性别”，汇总方式选择“平均值”，在“选定汇总项”中选择“英语”“数学”“计算机基础”“总分”“平均分”，并在下方选中“替换当前分类汇总(C)”和“汇总结果显示在数据下方(S)”两个复选框，如图 5.107 所示，单击“确定”按钮，则显示分类汇总结果，如图 5.108 所示。

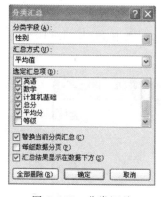

图 5.107　分类汇总

	A	B	C	D	E	F	G	H	I	J
1	班级成绩表									
2	序号	学号	性别	姓名	英语	数学	计算机基础	总分	平均分	等级
3	1	0010	男	张雷	87	77	91	255	85.00	优秀
4	2	0011	男	李丰	75	84	85	244	81.33	优秀
5	4	0013	男	宋昭	77	75	80	232	77.33	一般
6	8	0017	男	王楠	68	90	74	232	77.33	一般
7	9	0018	男	王旭	72	87	70	229	76.33	一般
8	10	0019	男	郑晨	76	68	90	234	78.00	一般
9			男 平均值		75.83333	80.16667	81.66667	237.6667	79.22	
10	3	0012	女	张小楠	88	56	83	227	75.67	一般
11	5	0014	女	马玲	83	70	75	228	76.00	一般
12	6	0015	女	程娜	79	84	88	251	83.67	优秀
13	7	0016	女	李莉	92	81	85	258	86.00	优秀
14			女 平均值		85.5	72.75	82.75	241	80.33	
15			总计平均值		79.7	77.2	82.1	239	79.67	
16										

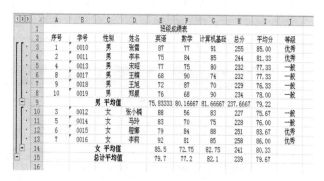

图 5.108　分类汇总结果

实训 3　图表创建

一、实验目的

(1)掌握图表的使用方法。

(2)理解工作表中数据源与图表的关系。

(3)设置图表的布局。

二、实训内容

1. 数据化图表

在 Excel 2010 中,使用图表,可以更直观地显示数据信息和数据之间的关系。

将"公式计算"表中内容复制到"图表"表中,绘制班级成绩表三维簇状图,操作步骤如下:

(1)选中数据源 C2:H12,在"插入"选项卡的"图表"组中,单击"柱形图"按钮,在弹出的下拉菜单中选择"三维簇状柱形图",则在工作表中生成图表,如图 5.109 所示。

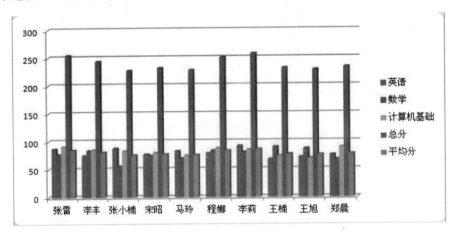

图 5.109 "学生成绩表"的三维簇状柱形图表

(2)删除"总分"系列。

方法一:在"总分"系列上单击鼠标右键,在弹出的菜单中选择"删除"命令,即可删除"总分"系列。

方法二:选中图表,在"图表工具"的"设计"选项卡的"数据"组中单击"选择数据"按钮,弹出"选择数据源"对话框,在"图例项(系列)"中选择"总分"单击"删除"按钮,如图 5.110 所示,然后单击"确定"按钮,即可删除"总分"系列,如图 5.111 所示。

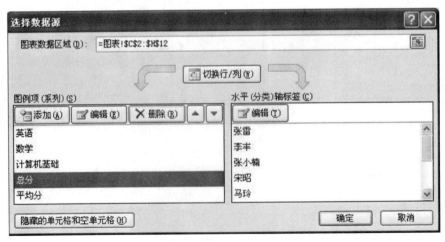

图 5.110 "选择数据源"对话框

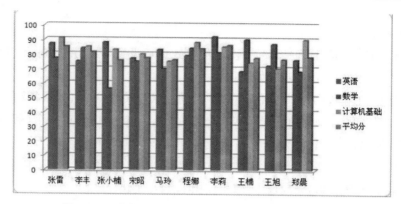

图 5.111 "学生成绩表"删除总分的三维簇状柱形图表

2. 图表布局

给班级成绩表添加图表标题和坐标轴标题具体操作步骤如下：

(1)选中图表,在"图表工具"的"布局"选项卡的"标签"组中单击"图表标题"按钮,在弹出的下拉列表中选择"图表上方",如图 5.112 所示,在图表区域顶部会出现"图表标题"文本框,在其中输入"班级成绩表",作为图表标题。

(2)在"图表工具"的"布局"选项卡的"标签"组中单击"坐标轴标题"按钮,在弹出的下拉菜单中"主要横坐标轴标题"的子菜单中选择"坐标轴下方标题"命令,如图 5.113 所示,在横坐标轴下方会出现"坐标轴标题"文本框,在其中输入"姓名"作为横坐标轴标题。

图 5.112 图表标题选项

图 5.113 横坐标轴标题选项

(3)在"图表工具"的"布局"选项卡的"标签"组中单击"坐标轴标题"按钮,在弹出的下拉菜单中"主要纵坐标轴标题"的子菜单中选择"竖排标题"命令,如图 5.114 所示,在图表区纵坐标轴旁边会出现"坐标轴标题"文本框,在其中输入"分数"作为纵坐标轴标题。完成后效果如图 5.115 所示。

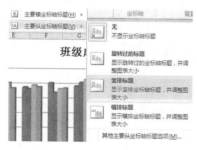

图 5.114 纵坐标轴标题选项

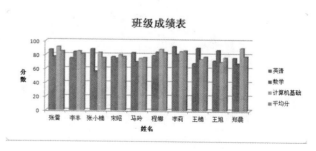

图 5.115 "学生成绩表"的效果图

3. 图表格式设置

Excel 2010 可以根据用户的需要,对图表的格式进行设置,方便用户查看,并使得图表更具美观性。设置图表格式,操作步骤如下:

(1)选中图表,在"图表工具"的"格式"选项卡的形状样式组中,单击"形状效果",弹出下拉菜单,选择"发光"选项,在弹出的发光列表中选择"发光变体"第二行第一个(蓝色,8pt 发光,强调文字颜色 1),如图 5.116 所示。

(2)在"图表工具"的"格式"选项卡的"艺术字样式"组中,选择第一种艺术字样式(填充·茶色,文本 2,轮廓·背景 2),完成设置,效果如图 5.117 所示。

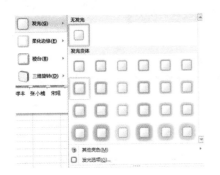

图 5.116　发光效果选项

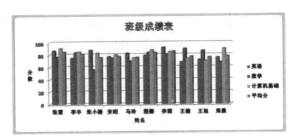

图 5.117　"学生成绩表"的效果图

4. 移动图表

Excel 2010 可根据需要将图表放在原工作表中,或者单独存放在新的工作表中。

将"图表"表中的"班级成绩表"图表移动到新的工作表中。

在"图表工具"的"设计"选项卡的"位置"组中,单击"移动图表"按钮,弹出"移动图表"对话框,选中"新工作表(S)"单选框,在后面输入新工作表的名称,这里使用默认名称 Chart1,如图 5.118 所示。单击"确定"按钮,则可看到在"图表"表前新出现一个名为"Chart1"的工作表,其内容就是刚才的"班级成绩表"图表,如图 5.119 所示。

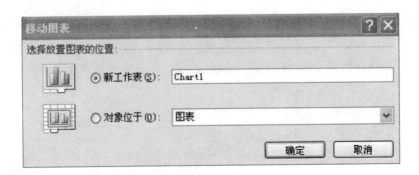

图 5.118　"移动图表"对话框

第 5 章　表格处理软件 Excel 2010

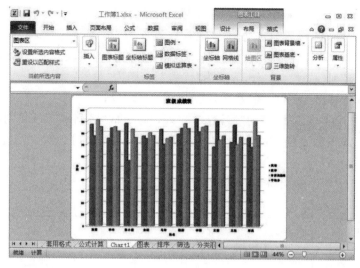

图 5.119　图表

习　　题

1. 创建如图 5.120 所示的成绩表。

图 5.120　成绩表

操作要求如下：
(1) 将单元格设置为自动套用格式"表样式浅色 2"；
(2) 利用公式计算每位同学的总成绩、平均成绩；
(3) 将各位同学按升序排序，主关键字为班级，次关键字为总成绩；
(4) 利用分类汇总，根据班级，对高数、英语、计算机、总成绩进行汇总，汇总方式为平均值。

2. 创建如表 5.2 所示的职业技能考核成绩表，并按要求操作。

表 5.2　职业技术考核成绩表

编号	姓名	性别	年龄	职业	工　种	实验成绩	考试成绩	总　评
1	张帆	男	26	工人	计算机操作员	68	78	
2	赵紫鑫	女	25	秘书	办公应用	69	75	
3	高昊	男	28	工人	计算机操作员	92	89	
4	吴坤	男	29	工人	计算机操作员	75	80	
	平均分							

操作要求如下：
(1)将工作表 Sheet1 设置为自动套用"表样式浅色 15"格式；
(2)在 Sheet1 中，计算各考生的"总评"成绩(总评＝40％×实验成绩＋60％×考试成绩)；
(3)加入"等级"列(总评＞80 分，等级为"优秀"，否则为"一般")；
(4)利用公式计算出"实验成绩"和"考试成绩"的平均分；
(5)取"职业技术考核成绩表"的"实验成绩"列、"考试成绩"列和"总评"列的单元格内容，建立"三维簇状柱形图"，X 轴上的项为姓名(系列产生在"列")，标题为"职业技术考核成绩图"。

3. 创建如表 5.3 所示的成绩表，并按要求操作。

表 5.3　成绩表

	A	B	C	D	E	F	G	H	I
1	学号	姓名	性别	出生年月日	课程一	课程二	课程三	平均分	
2	01	王春兰	女	1980-8-9	80	77	65		
3	02	王小兰	女	1978-7-6	67	86	90		
4	03	王国立	男	1980-8-1	43	67	78		
5	04	李萍	女	1980-9-1	79	76	85		
6	05	李刚强	男	1981-1-12	98	93	88		
7	06	陈国宝	女	1982-5-21	71	75	84		

操作要求如下：
(1)利用公式计算每一位同学的平均分；
(2)将出生日期，全部设为××年××月××日；
(3)将表格按"课程一"这一列由高到低排序；
(4)将表格内容复制至"Sheet2"，命名为"成绩表"，并筛选出姓王并且"性别"为女的同学。

4. 创建如表 5.4 所示的职业技能考核成绩表，并按要求操作。

操作要求如下：
(1)将"实验成绩"和"考试成绩"两个单元格分行显示；
(2)在 A1:E1 中合并及居中所有单元格，将标题行"职业技能考核成绩表"设置为"楷体，加粗；
(3)计算总分(总分＝40％×实验成绩＋60％×考试成绩)，并按总分降序排序；
(4)取"实验成绩"列和"考试成绩"列的单元格内容，建立"簇状柱形图"，标题为"考核成绩图"。

表 5.4　职业技能考核成绩表

序　号	姓　名	实验成绩	考试成绩	总　分					
1	赵芳	65	80						
2	刘品华	50	76						
3	余晓娟	86	89						
4	陈永林	45	53						
5	高海英	87	88						

5.创建如图 5.121 所示的学生成绩表,并按要求操作。

	A	B	C	D	E	F	G	H	I
1	学生成绩表								
2	姓名	学号	班级	高数	英语	计算机	总分	平均分	等级
3	赵1	111001	计算机	85	89	93			
4	赵4	111004	计算机	89	92	86			
5	赵2	111002	计算机	79	80	83			
6	赵3	111003	计算机	87	75	80			
7	赵5	111005	计算机	68	84	75			
8	最高分								
9									

图 5.121　学生成绩表

操作要求如下:
(1)表头"学生成绩表"放在 A1:I1 合并的单元格并居中;
(2)使用公式或函数求出总分、平均分(保留 1 位小数)、等级(以"平均分＞85.0"为"优秀",其他为"一般")和最高分;
(3)表中所有内容水平居中,垂直居中;
(4)表格样式:内框为单实线,外框为双实线;
(5)将此表所在的工作表重命名为"成绩信息表"。

6.创建如图 5.122 所示的产品年销量表,并按要求操作。

	A	B	C	D
1	产品年销量			
2				
3	月份	销售量	销售额	累计销售额
4	1	36	￥43,200.0	
5	2	28	￥33,600.0	
6	3	32	￥38,400.0	
7	4	33	￥39,600.0	
8	5	46	￥55,200.0	
9	6	29	￥34,800.0	
10	7	31	￥37,200.0	
11	8	31	￥37,200.0	
12	9	27	￥32,400.0	
13	10	48	￥57,600.0	
14	11	26	￥31,200.0	
15	12	30	￥36,000.0	
16	合计			
17	平均			

图 5.122　产品年销量

操作要求如下：

(1)按照上图制作 Excel 表格；

(2)使用函数分别计算总销售量和总销售额，存放在 B16 和 C16；

(3)利用公式分别计算月平均销售量和月平均销售额，存放在 B17 和 C17 中（平均销售量＝总销售量÷12）；

(4)使用 SUM 函数，利用绝对引用和相对引用计算累计销售额，存放在 D4～D15 中（比如 D4 中存放 C4＋0，D5 中是 C4＋C5，D6 中是 C4＋C5＋C6，D15 中是 C4＋C5＋…＋C15）。

7. 在单元格区域为 A31:E37 创建如表 5.5 所示商品库存简表，并按要求操作。

表 5.5　商品库存简表　　　　　　　　　　　　　　（单位：元）

编　号	名　称	单　价	数　量	总　价
110	钢笔	24	15	
111	圆珠笔	25	38	
112	签字笔	32	48	
113	铅笔	1.5	62	
114	毛笔	8	19	
115	水彩笔	16	17	

操作要求如下：

(1)用公式计算出总价（总价＝单价＊数量）；

(2)用单元格 A38 显示"统计"，在 C38 和 D38 计算出单价和数量的平均值（保留 2 位小数），在 E38 计算出总价之和；

(3)复制 Sheet1 到 Sheet5，命名为"商品"；

(4)在"商品"中采用自动筛选的功能从中筛选出单价大于等于 16，同时其数量大于 17 且小于 50 的所有记录；

(5)在 Sheet1 中，取"商品库存简表"的"单价"列、"数量"列和"总价"列的单元格内容，建立"三维簇状柱形图"，X 轴上的项为名称（系列产生在"列"），标题为"商品库存图"。

8. 创建如图 5.123 所示的商品销售统计表，并按要求操作。

某商场 9 月份商品销售统计表

商品编号	商品名称	销售量	单价(元)	利润(元)	
1	电冰箱	300	1500	4500	
2	彩电	500	2000	6000	
3	电风扇	150	120	180	
4	微波炉	600	560	7000	
5	手机	1200	1600	13000	
6	电瓶车	3000	1800	45000	
7	PC 机	4000	6000	80000	
8	油烟机	500	3000	60000	
9	洗衣机	400	3400	50000	
合计					

图 5.123　商品销售统计

操作要求如下：

(1)将 Sheet1 表中所有内容水平居中,垂直居中,表标题设为黑体,18 号,行高 30；

(2)将工作表 Sheet1 设置为自动套用"表样式浅色 1"格式；

(3)将 Sheet1 中利润额超过 6000 元的商品记录复制到 Sheet2 中；

(4)对 Sheet1 中的利润一列求总和,并将结果放入 E12 ,并对 Sheet1 按"利润"升序排列各商品内容(不包括合计)。

9.在单元格区域 A15:F20 创建如图 5.124 所示的奖金表,并按要求操作。

计算机信息技术系奖金表					
姓名	性别	基本奖金	出勤奖	贡献奖	合计
刘仁桂	男	1200	100	300	
张敏敏	女	1200	150	200	
王胜利	男	1150	200	200	
李平安	男	1200	150	500	
谷优优	女	1200	200	350	

图 5.124　奖金表

操作要求如下：

(1)在 Sheet1 中利用公式计算出每位职工的"基本奖金""出勤奖"和"贡献奖"的合计结果；

(2)在其下面增加一行,使 A21:B21 区域居中显示"总计",C21:F21 区域中的每个单元格依次显示对应列区域内的求和结果；

(3)将工作表 Sheet1 设置为自动套用"表样式浅色 3"格式；

(4)取"计算机信息技术系奖金表"的"基本奖金"列、"出勤奖"列、"贡献奖"列和"合计"列的单元格内容,建立"簇状柱形图",X 轴上的项为"姓名"(系列产生在"列"),标题为"计算机信息技术系奖金图"。

10.创建如图 5.125 所示的成绩表,并按要求操作。

	A	B	C	D	E	F	G
1							
2	学号	姓名	性别	英语	数学	语文	总分
3		李兰	女	86	85	74	
4		李山	男	80	90	75	
5		蒋宏	男	76	70	83	
6		张文峰	男	58	84	71	
7		黄霞	女	46	83	74	
8		杨芸	女	68	83	70	
9		赵小红	女	85	86	75	
10		黄河	男	57	52	85	
11			平均分				
12							

图 5.125　成绩表

操作要求如下：

(1)利用复制公式的方法,在工作表 Sheet1 的每行总分列计算每个学生三门分数之和；

(2)在每列平均分栏中计算每门课程的平均分;
(3)在单元格 G12 利用公式求出总分最高分;
(4)在学号栏依次输入 0901 到 0908,要求设置成文本格式;
(5)给表格加边框,要求内框:单实线,外框:双实线。
11. 创建如表 5.6 所示的汇率表,并按要求操作。

表 5.6 汇率表

	人民币	英镑	日元
1 美元兑换	6.082	0.625 4	98.631
100 美元	?	?	?
1 人民币兑换	美元	英镑	日元
	?	?	?
100 人民币	?	?	?

操作要求如下:

用公式计算汇率(要求?号部分使用公式计算得出)。

12. 创建如图 5.126 所示的学生成绩单,并按要求操作。

学生成绩单							
学号	姓名	高数	英语	物理	总分	平均分	等级
0901	A	77	77	59			
0902	B	92	90	98			
0903	C	92	69	89			
0904	D	69	55	69			
0905	E	78	88	86			
0906	F	66	90	86			
0907	G	76	79	88			
0908	H	86	85	87			
0909	I	86	79	69			
0910	J	66	79	88			

图 5.126 成绩单

操作要求如下:

(1)创建一个学生成绩单,学号为 0901 到 0910,姓名用字母代替,成绩为高数,英语,物理;
(2)使用"自动求和"求出个人总分;
(3)使用公式或函数求出平均数(保留 1 位小数);
(4)使用函数计算出等级(以"总分"大于等于 240 为优秀,其他为一般);
(5)表内所有内容水平居中,垂直居中;
(6)为表格各列填充不同的颜色。

13. 创建如表 5.7 所示的期末成绩登记表,并按要求操作。

表 5.7　期末成绩登记表

编　号	姓　名	英　语	高　数	思想政治	平均分
001	赵文瑄	68	76	79	
002	钱之江	85	90	86	
003	孙顺平	75	73	79	
004	李丽江	95	67	95	
科目总平均分					

操作要求如下：
(1)给出平均分((英语＋高数＋思想政治)/3)，科目总平均分((科目成绩总和/人数))；
(2)在平均分右边加入"等级"列(平均分＞85分，等级为"优秀"，否则为"一般")；
(3)将表格设置为自动套用"表样式浅色1"格式，保存至Sheet2工作表中，并将此工作表改名为："119101班期末成绩表"(原数据表存储于Sheet1工作表中)。

14.在单元格区域为A29:M30创建如表5.8所示的体重变化统计表，并按要求操作。

表 5.8　一年体重变化统计表

月份	1	2	3	4	5	6	7	8	9	10	11	12
体重	105	106	104	105	107	107	106	108	109	108	109	110

操作要求如下：
(1)利用Excel建立上述一年体重变化统计表；
(2)利用Excel建立全年体重变化图表，如图5.127所示，图表标题为全年体重变化表，分类坐标为月份，数值坐标为重量(市斤)。

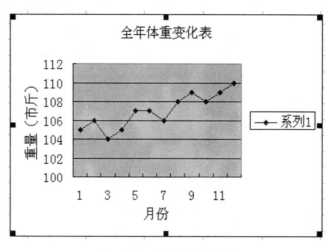

图 5.127　全年体重变化表

15.创建如图5.128所示的学生成绩表，并按要求操作。

	A	B	C	D	E	F	G	H
1				学生成绩表				
2	学号	姓名	性别	高数	英语	物理	总分	平均分
3	0101	A	男	77	77	59		
4	0102	B	男	92	90	98		
5	0103	C	女	92	69	89		
6	0104	D	男	69	55	75		
7	0105	E	男	78	88	86		
8	0106	F	女	66	90	85		
9	0107	G	女	76	79	87		
10	0108	H	男	86	82	83		
11	0109	I	男	86	78	69		
12	0110	J	女	71	79	88		
13								

图 5.128　学生成绩表

操作要求如下：

(1)创建学生成绩表,学号为 0101～0110,姓名用字母代替;

(2)使用公式或函数计算每位学生的总分和平均分(保留 2 位小数);

(3)表内所有内容水平居中,垂直居中;

(4)筛选出英语和平均分都大于 85 分的男生,并保存至 Sheet2 中。

16.创建如表 5.7 所示的期末成绩登记表,并按要求操作。

操作要求如下：

(1)将单元格 A1:F1 合并居中,输入"期末成绩表";

(2)选中 A2:F7,添加边框,内外边框均使用单实线;

(3)使用 AVERAGE 函数分别计算每位学生的平均分和科目总平均分;

(4)取"期末成绩表"中"英语"列、"高数"列、"思想政治"列和"平均分"列的内容,建立"三维簇状柱形图",X 轴上的项为姓名(系列产生在"列"),标题为"期末成绩图"。

第 6 章　演示文稿制作软件 PowerPoint 2010

PowerPoint 2010 是 Office 2010 组件之一，主要用于设计制作会议报告、教师讲义、产品演示和广告宣传等电子幻灯片。制作的演示文稿可以在投影仪或计算机上进行演示，也可以将演示文稿打印出来，制作成胶片。本章主要介绍 PowerPoint 2010 的基本操作方法与技巧。

知识要点

- PowerPoint 2010 的主界面、启动和退出的多种方法。
- 演示文稿的创建。
- 幻灯片内容的创建与编辑。
- 幻灯片的设计方法。
- 演示文稿的放映方式。
- 演示文稿的打包与打印。

6.1　PowerPoint 2010 的基本介绍

本节介绍 PowerPoint 2010 的启动和退出方法、主工作界面以及常用的视图模式。

6.1.1　PowerPoint 2010 的启动和退出

1. 启动 PowerPoint 2010

启动 PowerPoint 2010 的方法有很多种，下面仅介绍常用的 3 种。

(1) 单击"开始"→"所有程序"→"Microsoft Office""Microsoft PowerPoint 2010"即可。

(2) 双击桌面上的"PowerPoint"快捷方式图标，可以快速启动 PowerPoint 2010。

(3) 双击已有的任一 PowerPoint 文件，在启动 PowerPoint 的同时打开该文档。

2. 退出 PowerPoint 2010

退出方法同 Word 2010 和 Excel 2010，在此不赘述。

6.1.2　PowerPoint 2010 的工作界面

PowerPoint 2010 的工作界面如图 6.1 所示。

1. 标题栏

标题栏位于 PowerPoint 工作窗口的最上面，它显示当前正在编辑的文档名称和"Microsoft PowerPoint"等相关信息。在其右侧是常见的"最小化""最大化/还原"及"关闭"按钮。

2. 选项卡

通过展开选项卡的每一个菜单,选择相应的命令完成演示文稿的所有编辑操作。

3. 幻灯片窗格

幻灯片窗格位于 PowerPoint 2010 工作界面的中间,用于显示和编辑当前的幻灯片,可以直接在虚线边框标识占位符中键入文本或插入图片、图表和其他对象。

4. 备注窗格

备注窗格位于幻灯片窗格正下方,主要用来编辑幻灯片的一些"备注"文本,使放映者能够更好地掌握和了解幻灯片展示的内容。

5. 大纲窗格

供设计演示文稿时使用,大纲中包括幻灯片的标题及主要的文本信息,在本区可以快速查看整个演示文稿中的任意一张幻灯片。

6. 状态栏

状态栏显示出当前文档相应的某些状态要素。

图 6.1 PowerPoint 2010 的工作界面

6.1.3 PowerPoint 2010 的视图模式

视图是指在使用 PowerPoint 制作演示文稿时窗口的显示方式,PowerPoint 有 4 种视图方式,从左到右分别是普通视图、幻灯片浏览视图、阅读视图和幻灯片放映视图,单击窗口右下角的相应按钮,可将幻灯片切换到对应的浏览模式。

1. 普通视图

普通视图是 PowerPoint 2010 默认的视图模式,它包含 3 种窗格,即大纲窗格、幻灯片窗格和备注窗格,拖动窗格边框可以调整各个窗格的大小,使用普通视图模式,用户可以非常方便地编辑幻灯片中的文本、图片等,如图 6.2 所示。

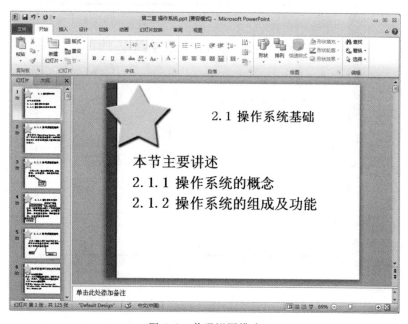

图 6.2 普通视图模式

2. 幻灯片浏览视图

单击视图切换按钮组的第二个按钮或选择"视图"→"演示文稿视图"→"幻灯片浏览"命令,可以同时看到演示文稿中的多张幻灯片,这些幻灯片是以缩略图显示的,这样可以方便地进行添加、删除、移动或复制幻灯片等操作,如图 6.3 所示。

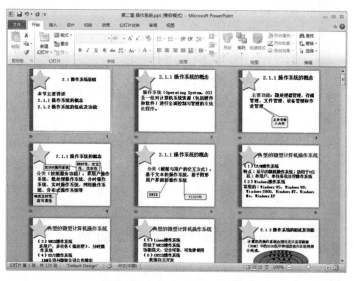

图 6.3 幻灯片浏览视图模式

3.阅读视图

阅读视图可以将演示文稿作为适应窗口大小的幻灯片放映查看,直接在页面上单击即可翻到下一页,如图6.4所示。

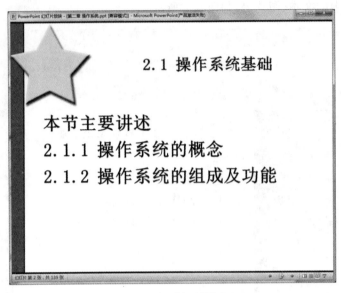

图6.4 阅读视图模式

4.幻灯片放映视图

幻灯片放映视图可以对幻灯片全屏幕放映,如图6.5所示,它主要是从当前幻灯片开始依次展示幻灯片中的文字和图片等信息,把设置的信息以动画效果等生动地显示出来。

图6.5 幻灯片放映视图模式

6.2 演示文稿的创建

在制作演示文稿之前,首先需要创建一个新的演示文稿。

6.2.1 创建演示文稿

PowerPoint 2010 提供了大量精美的专业模板，对于初学者来说，在创建演示文稿时直接套用模板即可；对于一些熟悉幻灯片制作的用户而言，可以自行设计符合个人风格的幻灯片。

启动 PowerPoint 2010 后，选择"文件"→"新建"命令，如图 6.6 所示。

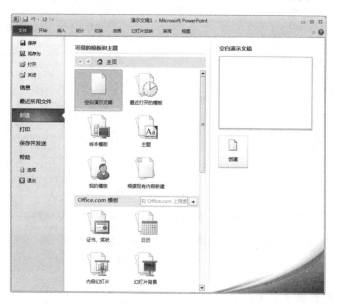

图 6.6 "文件"菜单

在"可用的模板和主题"任务窗格列出了 6 个选项，分别为空白演示文稿、最近打开的模板、样本模板、主题、我的模板和根据现有内容新建，如图 6.7 所示。

图 6.7 "可用的模板和主题"任务窗格

接下来，介绍几种常用的创建演示文稿的方法。

1. 空白演示文稿的创建

一般情况下，每次启动 PowerPoint 2010 后，软件将自动创建一个空白的演示文稿，除此之外,选择"可用的模板和主题"任务窗格中的"空白演示文稿",再单击右侧的"创建"按钮,即可得到一个空白的演示文稿,如图 6.8 所示。

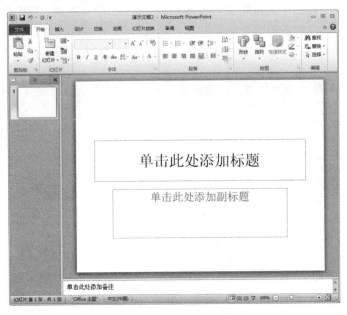

图 6.8　空白演示文稿

2.根据样本模板创建演示文稿

选择"可用的模板和主题"任务窗格中的"样本模板",打开样本模板窗口,如图 6.9 所示,选择一个自己喜欢的模板,单击右侧"创建"按钮或在该模板上双击,即将该模板应用于当前的演示文稿,如图 6.10 所示。

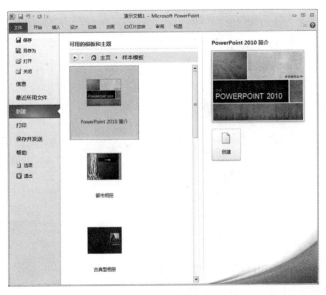

图 6.9　样本模板窗口

第 6 章　演示文稿制作软件 PowerPoint 2010

图 6.10　套用模板创建的演示文稿

3. 根据现有内容创建演示文稿

在"可用的模板和主题"任务窗格中选择"根据现有内容新建"选项,打开"根据现有内容新建"对话框,如图 6.11 所示,选定想用的演示文稿,然后单击"新建"按钮即可。

图 6.11　"根据现有演示文稿新建"对话框

6.2.2　打开演示文稿

打开一个演示文稿,就是将该演示文稿从磁盘中加载到内存,并将其内容显示在演示文稿窗口中。下面介绍几种常用的打开演示文稿的方法。

(1) 启动 PowerPoint 后,选择"文件"选项卡,再选择"最近所用文件"命令,在中间可以显示最近使用过的文件名称,选择所需的文件,即可打开该演示文稿,如图6.12所示。

(2)选择"文件"选项卡,再选择"打开"命令,选择所需的演示文稿后,单击"打开"按钮即可,如图6.13所示。

(3)进入演示文稿所在的文件夹,双击该文件即可打开演示文稿。

6.2.3 保存演示文稿

在制作演示文稿的过程中,需要一边制作一边进行保存,这样可以避免因为意外情况而丢失正在制作的文稿。

第一次保存演示文稿时,需要选择演示文稿保存的路径,输入演示文稿的名称,具体步骤如下:

(1)单击"文件"选项卡,在弹出的下拉菜单中选择"保存"或"另存为"选项。

(2)弹出"另存为"对话框,在"保存位置"下拉列表中选择保存的位置,并在"文件名"文本框中输入演示文稿的名称,然后单击"保存"按钮即可,如图6.14所示。

图6.12 打开最近使用的文件

图6.13 "打开"对话框

第 6 章　演示文稿制作软件 PowerPoint 2010

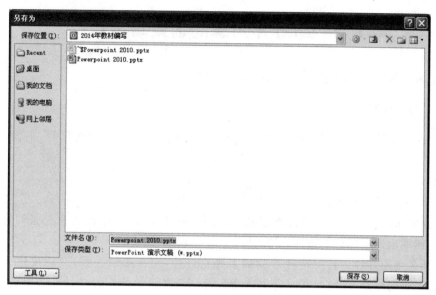

图 6.14　"另存为"对话框

提示：如果保存已经保存过的演示文稿，可以单击快速启动工具栏上的"保存"按钮。为了对已经保存过的演示文稿进行备份，可以单击"文件"选项卡，在弹出的菜单中选择"另存为"命令，在出现的"另存为"对话框中给出新的路径，输入新的文件名，然后单击"保存"按钮即可。

6.2.4　关闭演示文稿

当用户不再对演示文稿进行编辑操作时，就需要关闭此演示文稿。下面介绍几种常用的关闭演示文稿的方法。

(1) 双击文档窗口左上角的 P 按钮。
(2) 选择"文件"选项卡，单击左侧的"关闭"命令。
(3) 单击文件窗口右上角的"关闭"按钮。
(4) 按下"Ctrl+F4"组合键。

提示：对于编辑后没有保存的演示文稿，在进行关闭操作时，将弹出询问是否保存演示文稿的对话框，如图 6.15 所示。如果需要保存，单击"保存"按钮，在弹出的"另存为"对话框中选择保存位置，及输入演示文稿名称即可。如果不需要保存，直接单击"不保存"按钮即可关闭演示文稿。单击"取消"按钮，则是放弃关闭演示文稿的操作，可以继续进行其他操作。

图 6.15　询问是否保存对话框

6.3 幻灯片内容的创建与编辑

创建了演示文稿之后,就可以对幻灯片进行编辑。

6.3.1 幻灯片的编辑

幻灯片的编辑操作主要包括幻灯片的选择、复制或移动、插入和删除等,下面分别进行介绍。

1. 幻灯片的选择

选择幻灯片包括选择单张和多张幻灯片,现在分别予以介绍。

(1)选择单张幻灯片。在幻灯片普通视图或浏览视图模式下,单击任意一张幻灯片,如果该幻灯片的四周出现一黑色的边框,表示该幻灯片已被选中。

(2)选择多张幻灯片。若要选择连续的多张幻灯片,先选中第一张,然后按住"Shift"键,再单击最后一张幻灯片,就可以同时选中这两张幻灯片之间的所有幻灯片。若要选择不连续的多张幻灯片,按住"Ctrl"键单击所有的要选中的幻灯片即可。

2. 幻灯片的复制或移动

(1)利用菜单命令完成。首先选中要复制或移动的幻灯片,然后打开"开始"选项卡,单击"复制"按钮或"剪切"按钮,即将幻灯片移动到剪贴板中,其次定位好幻灯片的位置,单击"粘贴"按钮即可完成幻灯片的复制或移动。

(2)利用快捷键完成。选中要复制或移动的幻灯片,按快捷键"Ctrl+C"或"Ctrl+X"按钮,即将幻灯片移动到剪贴板中,定位好幻灯片的位置之后,按快捷键"Ctrl+V"即可完成幻灯片的复制或移动。

3. 幻灯片的插入

幻灯片的插入一般在普通视图模式下进行,所以要先将视图模式切换到普通视图模式。在幻灯片窗格中,先确定要插入新幻灯片的位置,如果要在一张幻灯片的后面插入新的幻灯片,则选中该幻灯片按"Enter"键可以插入新幻灯片;或者选中该幻灯片后,单击鼠标右键,在弹出的快捷菜单中选择"新建幻灯片"命令即可。

4. 幻灯片的删除

选中欲删除的幻灯片之后,单击"剪贴板"组中的"剪切"按钮,或者按"Delete"键,完成幻灯片的删除。

6.3.2 文本的输入与编辑

在幻灯片中输入文本主要有两种方法,分别是用占位符输入文本和用文本框输入文本。

1. 用占位符输入文本

占位符是一种带有虚线标记的边框,一般由可旋转的文字、表格、图表、图片和剪贴画等内容组成。不同的幻灯片版式由不同的占位符组合而成,在用占位符输入文本之前,用户可以根据自己的需求选择不同的版式。具体步骤为:启动 PowerPoint 2010,打开"开始"选项卡,在"幻灯片"组中单击"版式"按钮,弹出幻灯片版式列表,如图 6.16 所示,用户可在该列表中选择自己所需的版式。

第 6 章 演示文稿制作软件 PowerPoint 2010

图 6.16 "幻灯片版式"列表

用鼠标单击占位符即可出现闪烁的光标,此时直接在占位符中输入文本,如图 6.17 所示。

图 6.17 在占位符中输入文本

注意:幻灯片在应用了某种版式之后,其中的占位符只能删除,不能添加。

2. 用文本框输入文本

(1)打开"插入"选项卡,在"文本"组中单击"文本框"按钮,从弹出的菜单中选择"横排文本框"或"垂直文本框"命令。

(2)单击幻灯片上要输入文本的文本框,出现可供输入的文本框即可输入任何文本,如图 6.18 所示。

图 6.18　用文本框输入文本

3. 格式化文本

格式化文本主要包括字体、字号、大小、颜色等的设置。具体操作步骤如下：

选定要设置的文本，打开"开始"选项卡，在"字体"组中可以进行字体、字号、颜色、大小等的设置；或者选定要设置的文本后，右击鼠标，在弹出的快捷菜单中选择"字体"命令，弹出"字体"对话框，如图 6.19 所示。在该对话框中选择需要的文本格式，单击"确定"按钮即可。

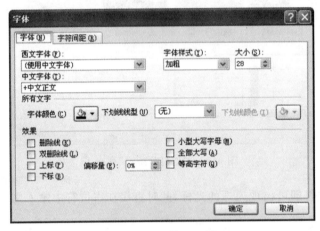

图 6.19　"字体"对话框

4. 文本行距的设置

如果设置段落中行与行之间的距离，先选定要设置行间距的段落文本，打开"开始"选项卡，在"段落"组中单击"行距"按钮，弹出"行距"列表，如图 6.20 所示。选择固定的行间距或单击下方的"行距选项"，打开"段落"对话框，如图 6.21 所示。在"行距"选项区设置好行距，单击"确定"按钮即可。

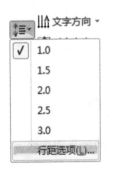

图 6.20　"行距"列表

图 6.21　"段落"对话框

6.3.3 项目符号和编号的插入

1. 添加项目符号

在演示文稿中添加项目符号和编号可以使演示文稿更加有条理,PowerPoint 2010 提供了多种项目符号和编号样式。

如图 6.22 所示,在文本占位符中输入文本后按下"Enter"键,软件会自动插入默认的项目符号。

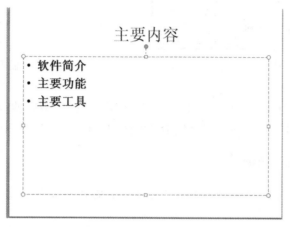

图 6.22 默认项目符号

如果对自动添加的项目符号样式不满意,可以自定义项目符号样式。首先选择需要设置的段落,单击鼠标右键,在弹出的快捷菜单中选择"编号"→"项目符号"命令,打开"项目符号和编号"对话框,如图 6.23 所示。在打开的"项目符号和编号"对话框中单击"项目符号"标签,在该选项卡中单击"自定义"按钮,打开"符号"对话框,如图 6.24 所示。在该对话框中可以选择任意符号将其作为所选段落的项目符号。

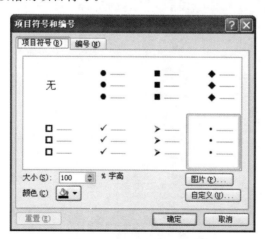

图 6.23 "项目符号和编号"对话框

图 6.24 "符号"对话框

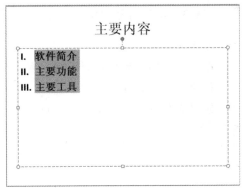
图 6.25 插入"编号"后的效果

2.添加编号

添加编号的操作与添加项目符号类似,首先选择需要添加编号的段落,在弹出的快捷菜单中选择"编号"→"编号"命令,单击列表框中需要的编号样式即可,如图 6.25 所示。

6.3.4 图形和图片的插入

在文稿的演示过程中,直观的图形或图片比文字更具说服力,可以形象、生动地表达作者的意图。

1.图形的插入及编辑

PowerPoint 2010 提供了丰富的自选图形样式,可以用来创建多种简单或复杂的图形。选择"插入"→"插图"→"形状"命令,弹出"形状"列表,如图 6.26 所示,选择一个想用的图形移动到幻灯片中,直接拖动鼠标或单击即可绘制图形。

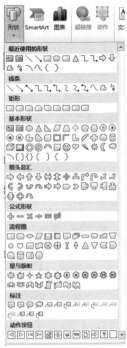
图 6.26 "形状"列表

选中绘制的图形,然后右击,从弹出的快捷菜单中选择"设置形状格式"命令,打开"设置形状格式"对话框,如图 6.27 所示,可以对绘制的图形设置图形的填充效果、格式尺寸和旋转、缩放比例等内容。

图 6.27 "设置形状格式"对话框

2. 插入图片

在 PowerPoint 中可以插入剪贴画,也可以插入来自文件的图片。

(1)插入剪贴画。打开要插入剪贴画的幻灯片,选择"插入"→"图像"→"剪贴画"命令,打开"剪贴画"任务窗格,如图 6.28 所示,在"搜索文字"文本框中输入要搜索图片的关键字,比如输入"花",单击"搜索"按钮,系统自动搜索所需的图片,如图 6.29 所示,单击搜索到的图片,即可将其插入到幻灯片中。

图 6.28 "剪贴画"任务窗格　　　　图 6.29 搜索到的相关图片

(2)插入来自文件的图片。打开要插入图片的幻灯片,选择"插入"→"图像"→"图片"命令,弹出"插入图片"对话框,如图 6.30 所示,在该对话框中选择要插入的图片,单击"插入"按钮即可。

图 6.30 "插入图片"对话框

选中插入的图片,然后右击,从弹出的快捷菜单中选择"设置图片格式"命令,打开"设置图片格式"对话框,如图 6.31 所示,可以对插入的图片进行编辑,完成图片大小、位置、样式等的设置。

图 6.31 "设置图片格式"对话框

提示:在 PowerPoint 中可以插入 SmartArt 图形,SmartArt 图形是信息和观点的视觉表示形式,可以帮助演讲者快速、轻松和有效地传达信息,其中包括列表图、流程图、循环图、层次结构图、关系图、矩阵图、棱锥图和图片等。

使用 SmartArt 图形,只需单击几下鼠标,就可以创建具有设计师水准的插图。

插入 SmartArt 图形的具体步骤如下:

在普通视图模式下,选择需要插入图形的幻灯片,选择"插入"→"插图"→"SmartArt"命令,弹出如图 6.32 所示的"选择 SmartArt 图形"对话框,在左侧的列表框中选择一种类型,再从右侧的列表框中选择子类型,单击"确定"按钮,即可创建一个 SmartArt 图形,效果如图 6.33 所示。

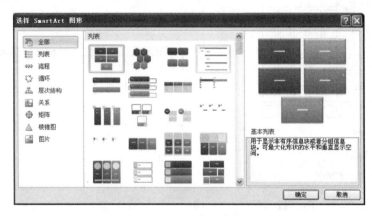

图 6.32 "选择 SmartArt 图形"对话框

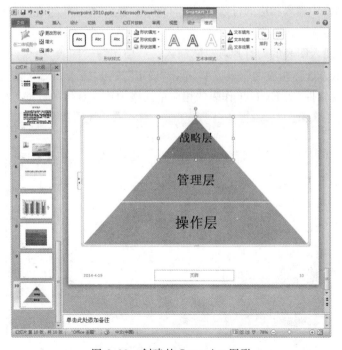

图 6.33 创建的 SmartArt 图形

6.3.5 表格和图表的插入

在演示幻灯片时,表格和图表往往比文字具有更强的说服力,所以一份好的演示文稿应该尽可能用表格和图表来说明问题,这样可以避免大篇幅的文字。

1. 插入表格

(1)选择需要插入表格的幻灯片,选择"插入"→"表格"命令,在弹出的下拉列表中选择相应的选项,如图 6.34 所示,可在幻灯片中生成相应的表格,如图 6.35 所示。

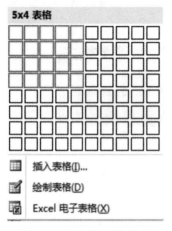
图 6.34 "表格"下拉列表

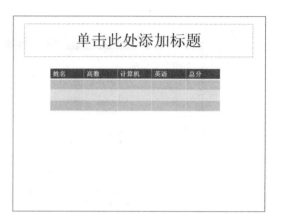
图 6.35 应用表格示例

(2)在选择了带有表格的版式之后,可以直接在相应的占位符中单击"插入表格"按钮,在弹出的"插入表格"对话框中输入相应的行数和列数,再单击"确定"按钮也可在幻灯片中插入表格。

2. 插入图表

(1)选择需要插入图表的幻灯片,选择"插入"→"插图"→"图表"命令,弹出"插入图表"对话框,如图 6.36 所示。选择相应的图表类型,单击"确定"按钮,插入如图 6.37 所示的图表,同时也会启动 Excel 2010 软件,在 Excel 工作表的相应单元格中输入具体的数据可生成相应的图表。

图 6.36 "插入图表"对话框

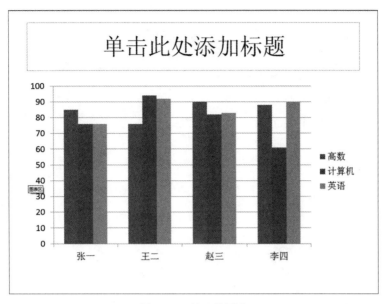

图 6.37 插入的图表

(2)在选择了带有图表的版式之后,可以直接在相应的占位符中单击"插入图表"按钮,在弹出的"插入图表"对话框中选择相应的图表类型,再单击"确定"按钮也可在幻灯片中插入图表。

提示:在插入表格和图表后,在功能区将出现表格和图表工具的"设计""布局"等选项卡,在其中可对表格和图表的样式、颜色、背景等进行具体设置。

6.3.6 超链接的插入

为了丰富 PowerPoint 2010 文档的内容,在幻灯片中可以插入超链接,使其跳转到某张幻灯片或跳转到其他的文档甚至某个网址,超链接的对象可以是任何对象。

选中要创建超链接的文本或图形对象,选择"插入"→"链接"→"超链接"命令,弹出"插入超链接"对话框,如图 6.38 所示,在"链接到"选区中选择需要链接的具体类型,比如:选择"本文档中的位置",在"请选择文档中的位置"栏中选择具体要链接的对象,单击"确定"按钮即可为文本添加超链接,如图 6.39 所示。

图 6.38 "插入超链接"对话框

图 6.39 插入超链接后的效果

提示:在要创建超链接的文本或图形对象上右击鼠标,在弹出的快捷菜单中选择"超链接"命令,也可完成超链接的创建。

6.3.7 影片和声音的插入

PowerPoint 2010 支持多种多媒体文件,可供插入的媒体文件可以是来自文件的视频、来自网站的视频、剪贴画视频、来自文件的音频、剪贴画音频、录制音频等。

1. 视频插入

打开要插入视频文件的幻灯片,选择"插入"→"媒体"→"视频"命令,在弹出的快捷菜单中选择"文件中的视频""来自网站的视频"或"剪贴画视频",比如选择"文件中的视频",弹出"插入视频文件"对话框,如图 6.40 所示。

图 6.40 "插入视频文件"对话框

在"插入视频文件"对话框中选择视频文件所在的路径,选中该视频文件后,单击"插入"按钮,即可在幻灯片中插入视频,如图 6.41 所示。

图 6.41　插入的视频文件

插入视频文件后,同时激活"播放"选项卡,在此可以设置视频的播放时间、播放方式、音量等,如图 6.42 所示。

图 6.42　"播放"选项卡

2. 音频插入

打开要插入音频文件的幻灯片,选择"插入"→"媒体"→"音频"命令,在弹出的快捷菜单中选择"文件中的音频""剪贴画音频"或"录制音频",比如选择"文件中的音频",弹出"插入音频"对话框,如图 6.43 所示。

在"插入音频"对话框中选择音频文件所在的路径,选中该音频文件后,单击"插入"按钮,即可在幻灯片中插入音频,如图 6.44 所示。

图 6.43 "插入音频"对话框

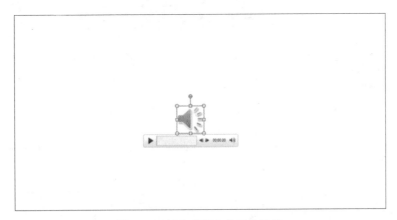

图 6.44 插入音频文件后的效果

插入音频文件后,同时激活"播放"选项卡,在此可以设置音频的播放时间、播放方式、音量等,如图 6.45 所示。

图 6.45 音频文件"播放"选项卡

提示:(1)要想在放映幻灯片时听到连续不断的音乐,可以在图 6.45 中勾选上"循环播放,直到停止"复选框。

(2)单击"编辑"组中的"剪裁音频"按钮,弹出"剪裁音频"对话框,如图 6.46 所示,在此用户可以自己截取相应的音频文件,这是 PowerPoint 2010 独有的功能。

图 6.46 "剪裁音频"对话框

6.3.8 页眉和页脚的设置

在幻灯片中中添加页眉和页脚,可以大大增强其可读性,使幻灯片的内容更加清晰、规范。
选择"插入"→"文本"→"页眉和页脚"命令,弹出"页眉和页脚"对话框,如图 6.47 所示。在该对话框中设置页眉和页脚需要显示的具体内容,单击"全部应用"按钮即可应用到整个演示文稿,如若单击"应用"按钮只可应用到当前幻灯片。

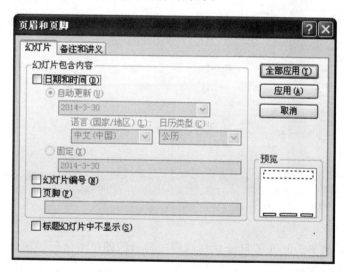

图 6.47 "页眉和页脚"对话框

6.4 幻灯片的设计

演示文稿的母版是所有幻灯片的底版,用于设置所有幻灯片都具有的共同属性,即设置所有幻灯片上都显示共同的内容,比如:整体外观、布局等。幻灯片的母版类型包括幻灯片母版、讲义母版和备注母版,下面主要介绍幻灯片母版的设计。

6.4.1 幻灯片母版的设计

所谓幻灯片母版,实际上是一个用于构建幻灯片的框架。

选择"视图"→"母版视图"→"幻灯片母版"命令,便可查看幻灯片母版,如图6.48所示。幻灯片母版主要包括标题栏、对象区、日期、页脚和数字5种占位符。

标题栏:设置所有幻灯片标题的格式、位置和大小。

对象区:设置所有幻灯片中文字的格式、位置和大小,以及项目符号等。

日期区:为每一张幻灯片自动添加日期,并确定其位置、文字样式。

页脚区:为每一张幻灯片添加页脚,并确定其位置、文字样式。

数字区:为每一张幻灯片自动添加序号,并确定其位置、文字样式。

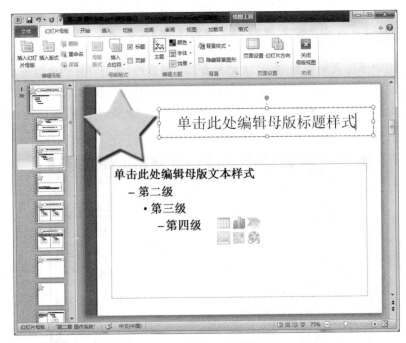

图 6.48 幻灯片母版视图

在标题区中单击"单击此处编辑母版标题样式"字样,即可激活标题区,选中其中的提示文字,并且改变其格式。例如,将标题文本格式改为36号华文新魏、倾斜,添加文字阴影,单击"幻灯片母版"选项卡上的"关闭母版视图"按钮,返回到普通视图中,会发现每张幻灯片的标题格式均发生变化,如图6.49所示。为了查看整体的效果,可以切换到幻灯片浏览视图中浏览。

6.4.2 幻灯片切换效果的设置

所谓幻灯片切换效果,就是指两张连续的幻灯片之间的过渡效果,也就是从前一张幻灯片转到下一张幻灯片之间要呈现出什么效果。用户可以设置幻灯片的切换效果,使幻灯片以多种不同的方式呈现在屏幕上,并且可以在切换时添加声音。

幻灯片切换效果设置的具体操作步骤如下:

(1)在普通视图左侧的"幻灯片"选项卡中,单击某个幻灯片缩略图。

(2)选择"切换"→"切换到此幻灯片"命令,选择一个幻灯片切换效果,如图 6.50 所示。

图 6.49　改变所有幻灯片标题的格式

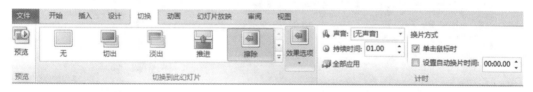

图 6.50　"切换"选项卡

提示:单击"切换到此幻灯片"组中的"其他"按钮,在弹出的下拉列表中可以为幻灯片添加"华丽型"或"动态"切换效果,比如:旋转切换效果。

(3)单击"切换"→"切换到此幻灯片"→"效果选项"按钮,从弹出的下拉列表中更改切换效果的切换起始方向,比如可以将默认的"向右"改为"向左"。

(4)选择"切换"→"计时"→"声音",从弹出的下拉列表中选择需要的声音效果即可为切换效果添加声音。

另外,在"计时"选项卡中还可以设置切换持续的时间、自定义切换方式等。

6.4.3　幻灯片动画效果的设置

为了丰富演示文稿的播放效果,让原本静止的演示文稿更加生动,PowerPoint 提供了丰富的动画效果,可以将动画效果应用于文本、形状、图像或图表等对象上。

打开演示文稿文件,切换到需要设置动画的幻灯片,选择要设置动画的对象,选择"动画"选项卡,在"动画"选项组的"动画"列表中选择所需的动画效果即可,如图 6.51 所示。

图 6.51 "动画"选项卡

如果想要更加个性化的动画效果,单击"高级动画"→"添加动画"按钮,在弹出的"添加动画"列表中选择需要添加的动画即可,如图 6.52 所示。

选择好某一个动画效果之后,可以单击"动画"→"效果选项"按钮,在其下拉菜单中可以选择与该动画对应的运动方向,如图 6.53 所示。另外,选择"动画"选项组最右下角的向下箭头,可以打开相应的对话框,如图 6.54 所示,在此对话框中可以为动画添加声音效果。

图 6.52 "添加动画"列表

图 6.53 选择动画方向

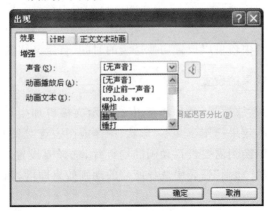

图 6.54 "出现"对话框

提示:(1)PowerPoint 2010 中新增一个"动画刷"工具,功能类似于格式刷,但是动画刷主要用于动画格式的复制,利用它可以快速设置动画效果。

选择已设置动画效果的对象,单击"动画"→"高级动画"→"动画刷"按钮,鼠标变为刷子形状,在需要应用相同动画的对象上单击即可。

(2)设置完动画效果后,用户可以单击"动画"选项卡的"预览"按钮,预览当前幻灯片中设置动画的播放效果,如果觉得动画效果的播放速度不合适,可以在"计时"组的"动画窗格"中调整动画效果的播放速度。

6.4.4 幻灯片的动作设置

在 PowerPoint 中可以向幻灯片中的文本或图形添加动作按钮,具体步骤如下:

(1)打开需要添加动作的文件,选中需要添加动作的对象,单击"插入"→"链接"→"动作",打开"动作设置"对话框,如图 6.55 所示。

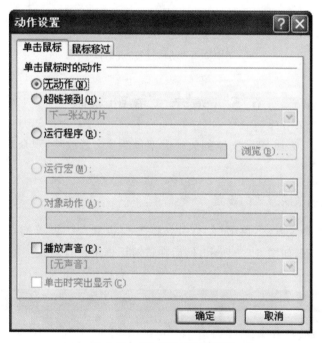

图 6.55 "动作设置"对话框

(2)在"单击鼠标时的动作"区域中选中"超链接到"按钮,在其下拉列表中选择相应的命令,单击"确定"按钮,即可完成为对象添加动作按钮的操作。

(3)选择"动作设置"对话框中的"鼠标移过"标签,在该对话框中可设置鼠标经过时的动作,其设置方法和设置鼠标单击动作方法类似。

提示:在 PowerPoint 演示文稿中如果要用到超链接功能,可以使用超链接来实现,也可以使用"动作按钮"功能来实现。

打开需要创建自定义动作按钮的幻灯片,选择"插入"→"插图"→"形状",在弹出的下拉列表最下方,选择"动作按钮"区域相应的动作按钮,在幻灯片相应位置上单击并按住鼠标不放拖曳到适当位置处释放,弹出"动作设置"对话框,如图 6.56 所示,在该对话框中进行相应的设置即可。

图 6.56 "动作设置"对话框

6.5 演示文稿的放映

在 PowerPoint 2010 中,演示文稿的放映类型包括演讲者放映、观众自行浏览和在展台浏览 3 种。

6.5.1 演示文稿放映方式的设置

具体演示方式的设置方法:单击"幻灯片放映"→"设置"→"设置幻灯片放映"按钮,弹出"设置放映方式"对话框,如图 6.57 所示,然后在该对话框中进行放映类型、放映选项及换片方式等设置。

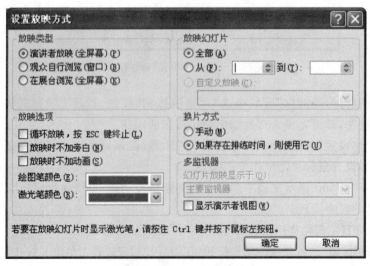

图 6.57 "设置放映方式"对话框

6.5.2 自定义放映幻灯片

自定义放映是最灵活的一种放映方式,通过创建自定义放映方案可以将演示文稿分为几组,并在放映时选择放映某一组而不是全部的幻灯片。

打开需要进行自定义放映的演示文稿,单击"幻灯片放映"→"开始放映幻灯片"→"自定义幻灯片放映"按钮,在弹出的菜单中选择"自定义放映"命令,弹出"自定义放映"对话框,如图 6.58 所示。

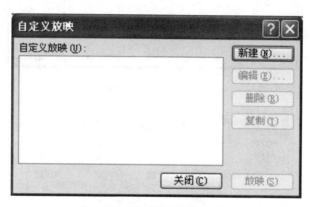

图 6.58 "自定义放映"对话框

在"自定义放映"对话框中单击"新建"按钮,打开"定义自定义放映"对话框,如图 6.59 所示,可以设置幻灯片放映名称,然后在左侧列表框中选择要添加到自定义放映中的幻灯片,单击"添加"按钮。

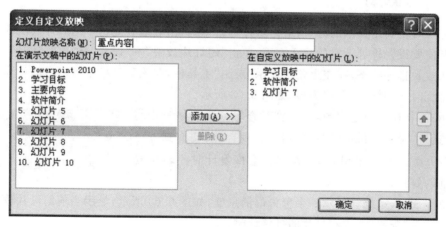

图 6.59 "定义自定义放映"对话框

设置好后单击"确定"按钮,返回到"自定义放映"对话框中,可以看到刚才设置的自定义放映名称,如图 6.60 所示。

单击"放映"按钮可以直接放映自定义设置的幻灯片,单击"关闭"按钮可以返回编辑窗口。在 PowerPoint 2010 编辑窗口中单击"幻灯片放映"→"开始放映幻灯片"→"自定义幻灯片放映"按钮,在弹出的菜单中可以显示刚才所定义的幻灯片名称,选择"重点内容"即可启动自定义放映,如图 6.61 所示。

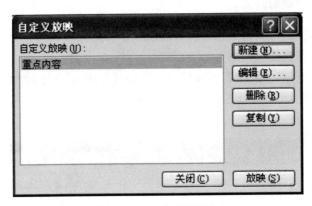

图 6.60　自定义的影片

图 6.61　选择自定义放映

6.5.3　排练计时

排练计时是利用预演的方式,对幻灯片进行排练,精确地分配每个幻灯片放映的时间。

打开需要设置排练计时的演示文稿,单击"幻灯片放映"→"设置"→"排练计时"按钮,将会自动进入放映排练状态,在左上角将显示"录制"工具栏,在该工具栏中可以自动计算出当前幻灯片的排练时间,时间的单位为秒,如图 6.62 所示。

提示:通常在放映过程中,需要临时查看或跳到某一张幻灯片,可通过"录制"对话框中的按钮来实现。➡:切换到下一张幻灯片;⏸:暂时停止计时,再次单击会恢复计时;↻:重复排练当前幻灯片。

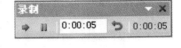

图 6.62　"录制"工具栏

排练完成后,系统会显示一个警告的消息框,如图 6.63 所示,显示当前幻灯片放映的总共时间,单击"是"按钮,完成幻灯片的排练计时。

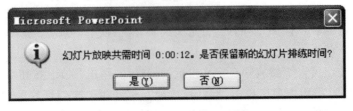

图 6.63　保留排练时间提示框

6.5.4 隐藏幻灯片

放映幻灯片时,系统一般会自动依次放映每一张幻灯片,如果希望在放映幻灯片时不包括某张幻灯片,而又不想将它从演示文稿中删除时,可以将某张幻灯片属性设置为隐藏。被隐藏的幻灯片在放映时会被跳过,直接进入下一张。

选择需要隐藏的幻灯片,单击"幻灯片放映"→"设置"→"隐藏幻灯片"按钮,即可隐藏该幻灯片,如图 6.64 所示。被隐藏的幻灯片编号周围会出现一个边框,其中还有一个斜对角线,表示该幻灯片已经被隐藏。

图 6.64 隐藏幻灯片

提示:如果要显示已经隐藏的幻灯片,单击"幻灯片放映"→"设置"→"隐藏幻灯片"按钮即可。

6.5.5 录制幻灯片演示

PowerPoint 2010 新增了"录制幻灯片演示"的功能,该功能将演讲者演示讲解的整个过程中的声音、激光笔注释等都录制下来,从而使得听众更准确地理解演示文稿的内容。

单击"幻灯片放映"→"设置"→"录制幻灯片演示"右下角的三角按钮,在弹出的下拉列表中选择"从头开始录制"或"从当前新幻灯片开始录制"。

如果选择"从头开始录制",会弹出"录制幻灯片演示"对话框,如图 6.65 所示,在该对话框可以根据需要选择"幻灯片和动画计时"或"旁白和激光笔"复选框。

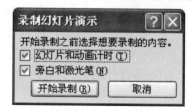

图 6.65 "录制幻灯片演示"对话框

单击"开始录制"按钮,幻灯片开始放映,并自动开始计时。幻灯片结束放映时,录制幻灯片也相应结束,并弹出提示对话框,如图 6.66 所示。

图 6.66　提示对话框

单击"是"按钮,返回到演示文稿窗口并自动切换到幻灯片浏览视图模式,在该窗口中显示了每张幻灯片的演示计时时间,如图 6.67 所示。

图 6.67　录制后的幻灯片

6.6　演示文稿的打包与打印

演示文稿制作完成后,除了可在计算机屏幕上演示之外,如果需要将演示文稿内容输出到纸张上或在其他计算机中放映,可以进行演示文稿的打包、发布与打印操作。

6.6.1　演示文稿的打包

如果计算机上没有安装 PowerPoint 2010 软件,想打开幻灯片演示文稿,需要提前将制作好的演示文稿打包成 CD。

单击"文件"→"保存并发送"→"将演示文稿打包成CD"按钮，如图 6.68 所示。

图 6.68　选择命令

单击"打包成 CD"，弹出"打包成 CD"对话框，如图 6.69 所示。

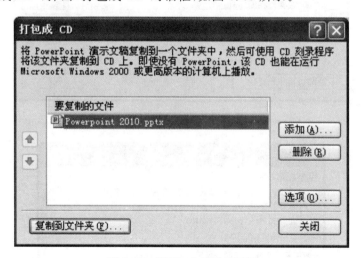

图 6.69　"打包成 CD"对话框

在该对话框中选择"要复制的文件"列表中的选项，单击"添加"按钮，弹出"添加文件"对话框，在其中选择要添加到打包文件夹中的文件，如图 6.70 所示。

选择好文件后单击"添加"按钮，即可在"打包成 CD"对话框的列表中显示添加的文件，如图 6.71 所示。

单击"选项"按钮，可以打开"选项"对话框，如图 6.72 所示，在该对话框中可对打包做一些高级设置，如设置密码。

图 6.70 "添加文件"对话框

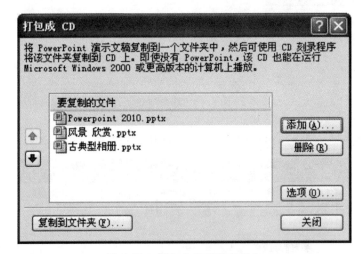

图 6.71 添加文件到列表框中

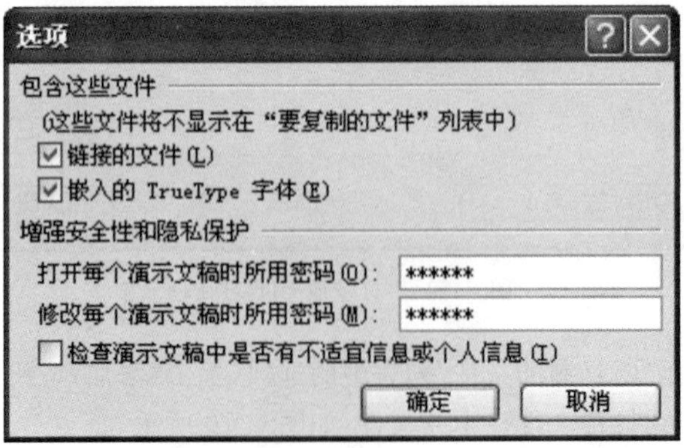

图 6.72 "选项"对话框

设置好后,单击"确定"按钮,返回到"打包成 CD"对话框中,单击"复制到文件夹"按钮,将弹出如图 6.73 所示的对话框。

单击"确定"按钮,弹出提示框,如图 6.74 所示,在这里单击"是"按钮,系统开始自动复制文件到文件夹。复制完成后自动返回到"打包成CD"对话框,并弹出如图6.75所示的对话框。至此,文件已经被打包,并包含一个autorun自动播放文件,可以完成相应的自动播放功能。

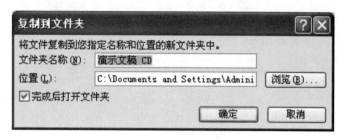

图6.73 "复制到文件夹"对话框

图6.74 提示对话框

图6.75 打包的文件

提示:PowerPoint 2010新增一项功能,即"广播幻灯片",用于向可以在Web浏览器中观看的远程查看者广播幻灯片。远程查看者不需要安装程序,并且在播放时,用户可以完全控制幻灯片的播放进度,远程查看者只需在浏览器中跟随浏览即可。有兴趣的同学可自行使用。

6.6.2 演示文稿的打印

将制作好的幻灯片打印出来可以方便校对其中的文字或永久保存,打开需要打印的包含多张幻灯片的演示文稿,选择"文件"→"打印",弹出打印设置界面,如图6.76所示,右侧显示打印预览界面。

图 6.76 "打印设置"窗口

在"打印设置"窗口中可以设置打印份数,选择相应的打印机,设置打印范围,选择打印内容、颜色等,但一张纸只打印出一张幻灯片太浪费,可以通过设置一张纸打印多张幻灯片来解决此问题,具体操作方法如下:

在"份数"选项后面的文本框中输入需要打印的份数;单击"设置"下面的按钮,在弹出的下拉菜单中选择打印的内容,是打印全部幻灯片或者是部分幻灯片,如图 6.77 所示。

图 6.77 选择打印内容

如果选择"自定义范围"命令,则需要在下面的文本框中输入需要打印的幻灯片编号或幻灯片范围,如图 6.78 所示。

单击"整页幻灯片"按钮,在弹出的菜单中可以选择打印版式和每页打印几张幻灯片,如图 6.79 所示。如选择"6 张水平放置的幻灯片"命令,其效果如图 6.80 所示。

图 6.78　设置需要打印的幻灯片编号

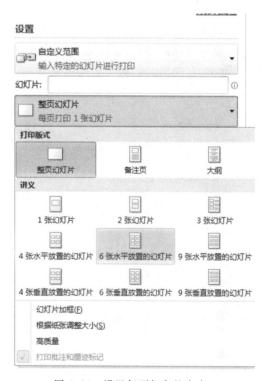

图 6.79　设置每页打印的内容

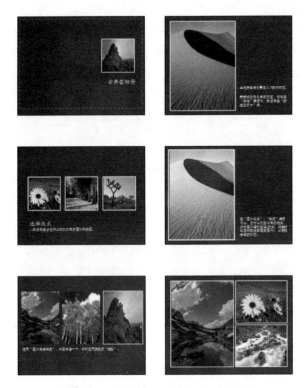

图 6.80　6 张水平放置的幻灯片排列效果

当设置多张幻灯片在同一页面上打印时,就可以设置纵向还是横向版式,然后再单击"颜色"按钮,在弹出的菜单中可以设置打印的颜色,如图 6.81 所示。

将各种参数设置完之后,单击"打印"按钮,即可打印演示文稿内容。

图 6.81　设置打印颜色

6.7 实训内容

实训 1　演示文稿的设计

一、实训目的

(1) 会新建演示文稿。

(2) 会设计幻灯片母版。

(3) 掌握幻灯片版式设计技巧。

(4) 掌握幻灯片的主题与背景的应用。

二、实训内容

1. 新建演示文稿与页面设置

(1) 打开 PowerPoint 2010,如图 6.82 所示。

图 6.82　PowerPoint 工作窗口

　　PowerPoint 的工作窗口与 Word 和 Excel 类似,区别在于其编辑区主要由大纲窗格、演示文稿编辑区和备注区 3 部分组成。

　　(2) 演示文稿的创建,幻灯片的插入、选定、移动、复制和删除。

　　1) 创建演示文稿。在打开 PowerPoint 2010 后,系统自动创建了一个空白的演示文稿,如用户需自己创建演示文稿,可按如下步骤创建:

　　选择"文件"菜单中的"新建"后,可看到右侧出现多种供用户选择的类型,用户可选择需要创建的类型,如选择"空白演示文稿",然后单击右侧的"新建"按钮。

　　2) 插入幻灯片。在"开始"选项卡的"幻灯片"组中单击"新建幻灯片"按钮,可在当前选中的幻灯片后插入新的幻灯片。也可在左侧"大纲窗格"的空白处单击鼠标右键,在弹出的菜单中选择"新建幻灯片"命令,则可在所有幻灯片后插入新的幻灯片。或者可在"大纲窗格"中已有的幻灯片上单击鼠标右键,在弹出的右键菜单中选择"新建幻灯片"命令,则可在当前幻灯片后插入新的幻灯片。

以上方法所插入的新幻灯片都是默认的"标题和内容"版式,如需插入不同版式的幻灯片,可在"开始"选项卡的"幻灯片"组中单击"新建幻灯片"下拉按钮,弹出"Office 主题"选择栏,用户可在其中选择自己需要的幻灯片版式。在此先在第 1 张"标题幻灯片"后插入 3 张"标题和内容"幻灯片,在第 1 张"标题幻灯片"后插入 1 张"两栏内容"幻灯片。操作步骤如下:

①在"开始"选项卡的"幻灯片"组中单击 3 次"新建幻灯片"按钮,即插入 3 张"标题和内容"幻灯片。

②选中第 1 张幻灯片(在"大纲窗格"中第 1 张幻灯片上单击左键),单击"新建幻灯片"下拉按钮,在弹出的"Office 主题"选择栏中,选择"两栏内容"幻灯片版式,即可在第 1 张幻灯片后插入一张"两栏内容"版式的幻灯片。

3)选定幻灯片。在编辑窗口左侧的"大纲窗格"中选定幻灯片,如只选中单张幻灯片,可直接在幻灯片上单击鼠标左键,即可选中该幻灯片。如需选中多张幻灯片,可用"Shift"键和"Ctrl"键辅助选择。在此选中 1,2,3,5 这 4 张幻灯片,操作步骤如下:

①先用鼠标单击选中第 1 张幻灯片,再按住"Shift"键,左键单击第 3 张幻灯片,此时第 1,2,3 这 3 张幻灯片被选中。

②按住"Ctrl"键,单击第 5 张幻灯片,此时第 1,2,3,5 这 4 张幻灯片被选中。

以上操作也可在幻灯片浏览视图中进行。

4)移动幻灯片。将第 4 张幻灯片移动到第 1 张幻灯片后。

方法一:使用鼠标左键拖动。操作步骤如下:

①在"大纲窗格"内,在第 4 张幻灯片上按住鼠标左键不放。

②按住左键拖动鼠标到第 1 张幻灯片后,松开鼠标左键即可。

方法二:使用"剪切""粘贴"命令。操作步骤如下:

①在"大纲窗格"内,在第 4 张幻灯片上单击,选中第 4 张幻灯片。

②在"开始"选项卡的"剪贴板"组中,单击"剪切"按钮(快捷键"Ctrl+X"),或在第 4 张幻灯片上单击鼠标右键,在弹出的菜单中选择"剪切"命令,将第 4 张幻灯片复制到剪贴板中。

③在"大纲窗格"中选中第 1 张幻灯片。

④在"开始"选项卡的"剪贴板"组中,单击"粘贴"按钮(快捷键"Ctrl+V"),或在第 1 张幻灯片上单击右键,在弹出的菜单中选择"粘贴选项"命令中的"使用目标主题"选项,即可将第 4 张幻灯片移动到第 1 张幻灯片后。

5)复制幻灯片。复制第 3 张幻灯片,具体操作步骤如下:

①在"大纲窗格"中单击选中第 3 张幻灯片。

②在"开始"选项卡的"幻灯片"组中单击"新建幻灯片"下拉按钮,弹出"Office 主题"下拉菜单,选择"复制所选幻灯片"命令,则会在第 3 张幻灯片后产生一个完全相同的新幻灯片。

6)删除幻灯片

删除第 2,3,5 这 3 张幻灯片,具体操作步骤如下:

①在"大纲窗格"中按前述选定幻灯片的方法,选中第 2,3,5 这 3 张幻灯片。

②在选中的幻灯片上单击右键,在弹出的菜单中选择"删除幻灯片"命令(快捷键 Delete),即可删除所选的幻灯片。

删除幻灯片的操作也可在幻灯片浏览视图中进行。

（3）页面设置。在"设计"选项卡的"页面设置"组中，单击"页面设置"按钮，弹出"页面设置"对话框，用户可在"页面设置"对话框中对幻灯片的大小、方向等进行设置，也可在"设计"选项卡的"页面设置"组中，单击"幻灯片方向"按钮来改变幻灯片的方向。

2. 设计幻灯片母版

PowerPoint 2010 为用户提供了幻灯片母版设计的功能，用户可根据自己的需要来设计幻灯片母版，并以此为模板来制作自己的演示文稿。

（1）为整个演示文稿应用主题模板"波形"，并将其设计为母版。母版标题框字体为幼圆、40 号。具体操作步骤如下：

1）选择主题模板。在"视图"选项卡的"母版视图"组中单击"幻灯片母版"按钮，幻灯片显示为母版样式，并打开"幻灯片母版"选项卡。在"幻灯片母版"选项卡的"编辑主题"组中单击"主题"按钮，弹出"所有主题"菜单，在其中"内置"的第 2 行第 1 个主题模板"波形"上单击右键，在弹出的菜单中选择"应用于所选幻灯片母版"命令。

2）在幻灯片母版上选中标题框，在"幻灯片母版"选项卡的"编辑主题"组中单击"字体"按钮，在弹出的下拉菜单中选择"幼圆"。

3）用鼠标选中幻灯片母版标题框中的文字，在选中的文字上单击右键，在弹出的"字体"工具栏中将字号改为 40。最后在"幻灯片母版"选项卡的"关闭"组中单击"关闭母版视图"按钮，关闭母版视图，回到普通视图。

（2）在第 3 张后新添加 1 张幻灯片，将其主题设置为"沉稳"。具体操作步骤如下：

1）在"大纲窗格"中选定第 3 张幻灯片。

2）在"开始"选项卡的"幻灯片"组中单击"新建幻灯片"，可在第 3 张后新添加 1 张幻灯片。新添加的幻灯片的主题和标题样式都和母版的相同。

3）在"大纲窗格"中选中新添加的第 4 张幻灯片。

4）在"设计"选项卡的"主题"组中找到"沉稳"主题，在其上单击鼠标右键，在弹出的菜单中选择"应用于选定幻灯片"，即可将第 4 张幻灯片的主题改为"沉稳"。此时可看到第 4 张幻灯片的标题样式已经改变，不再和母版标题样式相同。

注意：由于在演示文稿中，对幻灯片母版上文本的改动会影响标题母版，所以需要在改变标题母版之前先完成幻灯片母版的设置。

3. 设置幻灯片版式和背景

现在分别为 4 张幻灯片设置版式，并制作完成一套演示文稿。

（1）制作第 1 张幻灯片，操作步骤如下：

1）在"大纲窗格"中选中第 1 张幻灯片。

2）在"开始"选项卡的"幻灯片"组中单击"版式"按钮，在弹出的选项栏中选择"波形"主题中的"两栏文本"版式，即可将第 1 张幻灯片的版式设置为"两栏文本"。

3）单击标题框，输入"××学院简介"。

4）单击左侧文本框，在其中输入"教学特色、体系结构、师资力量"，每输完一行按"回车"键换行。

5）在右侧文本框中单击"剪贴画"图标，右侧出现剪贴画选择对话框，在"搜索文字"框中输入"architecture"，然后单击"搜索"按钮，在搜索出的剪贴画中选择第 1 个剪贴画，调整其大小,最后效果如图 6.83 所示。

(2)制作第 2 张幻灯片,操作步骤如下:

1)选中第 2 张幻灯片,设置版式为"标题和内容"。

2)输入标题和文本,通过按"Tab"键增加文本第 2 行和第 4 行缩进量。或在"开始"选项卡的"段落"组中单击"减小、增大缩进级别"来调整缩进量。设置完成后效果如图 6.84 所示。

图 6.83 第 1 张幻灯片

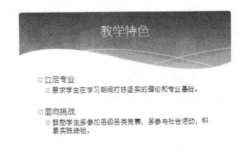

图 6.84 第 2 张幻灯片

(3)制作第 3 张幻灯片,操作步骤如下:

1)选中第 3 张幻灯片,设置版式为"标题和内容"。

2)输入标题"体系结构"。

3)单击文本框,在文本框中单击"插入 SmartArt 图形"按钮,也可在"插入"选项卡的"插图"组中单击"插入 SmartArt 图形"按钮,弹出"选择 SmartArt 图形"对话框,在左侧列表栏中选择"层次结构",然后在层次结构图形中选择"组织结构图",单击"确定"按钮。

4)调整插入的组织结构图,在新出现的"SmartArt 工具"中的"设计"选项卡的"创建图形"组中,单击"添加图形"按钮来添加图形。最后在图形文本框中输入文本,最终效果如图 6.85 所示。

(4)制作第 4 张幻灯片,操作步骤如下:

1)选中第 4 张幻灯片,设置版式为"两栏文本"。

2)添加标题为"师资力量"。

3)在左侧文本框中单击"插入表格"按钮,弹出"插入表格"对话框,在此插入 2 行 4 列的表格。单击"确定"按钮,调整表格位置和大小,并在其中输入数据。

4)在右侧文本框中单击"插入图表"按钮,弹出"插入图表"对话框,在其中选择"簇状柱形图",单击"确定"后在右侧会出现 Excel 工作表,清除其中数据,并按表 6.1 所示的师资人数填入数据,即可看到幻灯片中的图表根据所填入的数据而变化。

关闭右侧 Excel 工作表,并调整图表位置和大小,最终效果如图 6.86 所示。

表 6.1　师资人数

教　授	副教授	讲　师	助　教
15	26	54	23

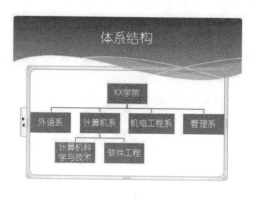

图 6.85　第 3 张幻灯片

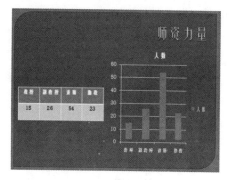

图 6.86　第 4 张幻灯片

(5)为第 2 张幻灯片设置背景。

选中第 2 张幻灯片,在"设计"选项卡的"背景"组中,单击"背景样式"按钮,在弹出的选择框中找到第 10 种背景样式"样式 10",在其上单击鼠标右键,在弹出的右键菜单中选择"应用于所选幻灯片"命令。即可改变第 2 张幻灯片的背景。

4. 设置动画效果

(1)为幻灯片添加超链接,操作步骤如下:

1)选中第 1 张幻灯片。

2)在幻灯片中选中"教学特色"4 个字。

3)在"插入"选项卡的"链接"组中,单击"超链接"按钮,弹出"插入超链接"对话框,在左侧"链接到"选择"本文档中的位置",在中间区域的"请选择文档中的位置"列表框中,选择"2.教学特色",此时在右侧可预览该张幻灯片,如图 6.87 所示。单击"确定"按钮,则可将第 1 张幻灯片中"教学特色"4 个字链接到第 2 张幻灯片。

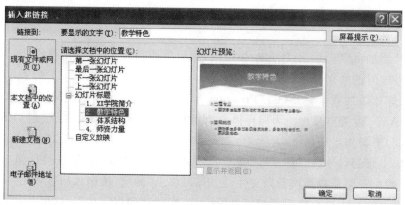

图 6.87　"插入超链接"对话框

4)用上述方法分别将第 1 张幻灯片中的"体系结构"和"师资力量"两行文字分别链接到第 3,4 张幻灯片。

(2)为第 4 张幻灯片添加动画效果,操作步骤如下:

1)选中第 4 张幻灯片左侧表格。

2)在"动画"选项卡的"动画"组中选择"飞入",也可在在"动画"选项卡的"高级动画"组中单击"添加动画",在弹出的下拉菜单中,选择"进入"组中的"飞入"。再单击"效果选项",在弹出的下拉菜单中选择"自左侧"。

3)选中右侧的图表,在"动画"选项卡的"动画"组中选择"随机线条",再单击"效果选项",在弹出的下拉菜单中选择"水平"。

4)最后在"动画"选项卡的"计时"组中,修改动画的触发方式和动画时间等。

实训 2 演示文稿放映

一、实验目的

(1)掌握演示文稿的放映方法。
(2)幻灯片的切换。
(3)演示文稿放映时的排练计时。
(4)自定义放映与打包。

二、实训内容

1. 幻灯片的切换

设置幻灯片的切换方式,将第 1,4 这 2 张幻灯片切换方式设置为"分割",第 2,3 这 2 张幻灯片设置为"显示"。操作步骤如下:

(1)在左侧"大纲窗格"中选中第 1,4 这 2 张幻灯片。

(2)在"切换"选项卡的"切换到此幻灯片"组中,选择"分割",再单击切换方式栏后的"效果选项"按钮,在弹出的下拉菜单中选择"中央向左右展开"命令。

(3)在"大纲窗格"选中第 2,3 这 2 张幻灯片。

(4)在"切换"选项卡的"切换到此幻灯片"组中,选择"显示",再单击切换方式栏后的"效果选项"按钮,在弹出的下拉菜单中选择"从右侧全黑"命令。

每选择一种切换方式或效果选项,即可随即观看切换效果,也可选中设置好切换方式和效果的幻灯片,在"切换"选项卡的"预览"组中,单击"预览"按钮,观看切换效果。

2. 幻灯片的放映

为幻灯片添加背景音乐,并添加动作按钮,然后播放幻灯片,并使用排练计时,观看自己制作的幻灯片放映时的效果。

(1)为幻灯片添加背景音乐(C:\Program Files\Microsoft Office\MEDIA\CAGCAT10\J0214098.WAV),设置声音对象为循环播放,直到停止(此声音文件路径根据 Office 的安装路径不同而不同)。操作步骤如下:

1)选择第 1 张幻灯片,在"插入"选项卡的"媒体"组中,单击"音频"按钮,弹出"插入音频"对话框,按上述声音路径找到该音频文件,选中后,单击"确定"按钮添加音频。

2)此时在幻灯片中央会出现音频工具图标,可拖动其到指定位置,这里将其移动到幻灯片右上角。

3)选中该音频工具图标,可看到新出现的"音频工具"选项卡,在"音频工具"的"播放"选项卡的"音频选项"组中选中"循环播放,直到停止",并设置为"跨幻灯片播放"。

(2)给第2,3这2张幻灯片添加动作按钮,使其能够返回到第1张幻灯片,操作步骤如下:

1)选中第2张幻灯片,在"插入"选项卡的"插图"组中,单击"形状"下拉按钮,在弹出的下拉菜单中,选择最下方动作按钮中的第1个按钮(后退或前一项)。

2)此时光标变为十字形,可在幻灯片中绘制动作按钮,在此在幻灯片右下角绘制动作按钮,绘制完成后,弹出"动作设置"对话框。

3)在"动作设置"对话框中,选择单击鼠标时,超链接到上一张幻灯片,单击"确定"。

4)选中第3张幻灯片,添加动作按钮中第3个按钮(开始按钮),在幻灯片右下角绘制按钮,在"动作设置"对话框中,选择单击鼠标时,超链接到第1张幻灯片。

(3)放映幻灯片,并使用"排练计时"功能,操作步骤如下:

1)选中第1张幻灯片,在"幻灯片放映"选项卡的"设置"组中,单击"排练计时"按钮,此时即开始幻灯片的放映。

2)在放映幻灯片过程中,利用超链接和动作按钮,使每张幻灯片都至少播放一次,在放映结束后,会弹出一个消息框,显示幻灯片的放映时间,并询问是否保留幻灯片排练时间,如选择"是",以后可设置根据排练时间自动放映幻灯片。在此选择"是"。

(4)使用自定义放映功能,放映幻灯片,操作步骤如下:

1)在"幻灯片放映"选项卡的"开始放映幻灯片"组中,单击"自定义幻灯片放映"按钮,在弹出的下拉菜单中选择"自定义放映"命令,弹出"自定义放映"对话框。

2)在"自定义放映"对话框中,单击右侧的"新建"按钮,弹出"定义自定义放映"对话框。

3)在"幻灯片放映名称"文本框中输入"自定义放映 学院简介",然后选中左侧幻灯片,将其按自己需要的放映顺序,添加到右侧的自定义放映幻灯片中,如图6.88所示,完成后单击"确定"按钮,此时可看到"自定义放映"对话框中出现了"自定义放映 学院简介"项,单击"关闭"按钮。

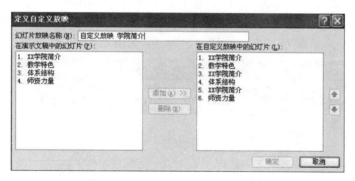

图6.88 "定义自定义放映"对话框

(5)幻灯片的放映设置。在"幻灯片放映"选项卡的"设置"组中,单击"设置幻灯片放映"按钮,弹出"设置放映方式"对话框,如图6.89所示。在此如果设置了自定义放映,则可以选择自定义放映,或者若有排练时间,也可以选择"如果存在排练时间,则使用它"。这里选择使用排练计时,单击"确定"后放映幻灯片,并观察。

放映幻灯片时可单击下方"视图切换按钮组"后的"幻灯片放映"按钮,即从当前所选中的幻灯片开始放映。也可以在"幻灯片放映"选项卡的"开始放映幻灯片"组中单击"从头开始"按钮,从第1张幻灯片开始放映,或者单击"从当前幻灯片开始"按钮,从当前所选中的幻灯片开始放映。

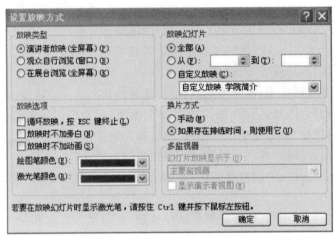

图 6.89 "设置放映方式"对话框

3. 演示文稿打包

如果制作的演示文稿中包含有音乐、视频等媒体文件,或有嵌入项目等,此时用户可将其打包成 CD,以便在其他没有安装 PowerPoint 的计算机上观看。

注意:要观看 PowerPoint 2010 打包好的 CD 文件,必须装有"PowerPoint Viewer"。

将制作的"演示文稿1.PPtx"文件打包到"学院简介"文件夹中,要求包含链接文件,步骤如下:

(1)在"文件"菜单中选择"保存并发送",在弹出的菜单中选择"将演示文稿打包成 CD"命令,单击右侧的"打包成 CD"按钮,弹出"打包成 CD"对话框,如图 6.90 所示。

(2)在"打包成 CD"对话框右侧单击"选项"按钮,弹出"选项"对话框,选中"链接的文件"和"嵌入的 TrueType 字体"复选框,单击"确定"按钮,如图 6.91 所示。

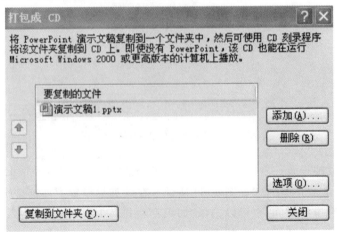

图 6.90 打包成 CD 对话框

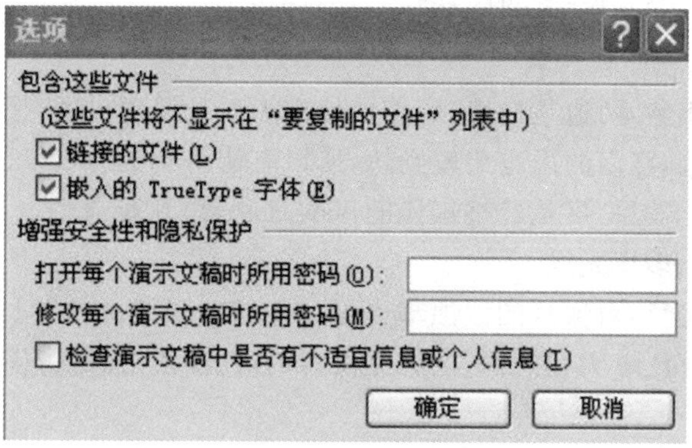

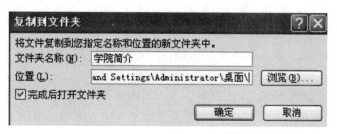

图 6.91 "选项"对话框

(3)在"打包成 CD"对话框左下侧,单击"复制到文件夹"按钮,弹出"复制到文件夹"对话框,在文件夹名称中输入"学院简介",单击"位置"后的"浏览"按钮,选择存放位置到桌面,如图 6.92 所示,单击"确定",会弹出消息提示框,如图 6.93 所示,询问是否要在包中包含链接文件,单击"是",则开始打包,打包完成后,可在桌面查看打包好的文件夹"学院简介"。

图 6.92 "复制到文件夹"对话框

图 6.93 消息提示框

习 题

1. 利用幻灯片的动画技术,制作"我的简介"。
操作要求如下:
(1)创建一个演示文稿,将背景设置纹理为"再生纸";
(2)第 1 张幻灯片,设计一个文本框,内容为"我的简介",设置自定义动画,进入方式为"飞入",方向为自底部;
(3)第 2 张幻灯片中,任意插入一个动作按钮,设置为"单击鼠标超链接到第 1 张";
(4)设置所有幻灯片切换方式:切换方式为水平百叶窗,速度为快速,换片方式为单击鼠标时。

2. 对以下素材按要求制作"苏州园林"演示幻灯片。

苏州园林

走在苏州园林的小巷,两边是白墙,顺着白墙向上看是黑瓦,可能是苏州的孩童较为懂事,没见墙上有涂画的痕迹,江南的雨也比较勤快,所以有清清爽爽的白墙、黑瓦、小巷。白墙黑瓦应该有十分强烈的对比效果,可是经过年代的风吹日晒,黑瓦翻着白,白墙却柔和得在明晃晃的阳光下也没有反射出多少光线。

苏州的园林美仑美奂,对岁月的侵蚀却也无可奈何,"雕梁画柱"只是"朱颜改",当年也许鲜明的朱红艳绿今天都泛着柔和的白,之感觉淡淡的红、淡淡的绿,仿佛几个世纪前的园林梦。

操作要求如下:

(1)新建一个演示文稿,将上述文字包含其中(分 3 张,标题 1 张,每段 1 张);

(2)设置幻灯片的页面方向为纵向,幻灯片的大小设置成 letter 纸张;

(3)将第 1 张幻灯片中"苏州园林"字体设为黑体、加粗,字号为 40;

(4)设置第 1 张幻灯片的切换方式为缩放;

(5)设置所有幻灯片的背景的填充渐变效果,预设颜色为"红日西斜",类型为"射线"。

3. 按要求制作"自我介绍"演示幻灯片。

(1)使用 PowerPoint 创建 3 张空白幻灯片,在第 1 张幻灯片插入任意图片,并设置图片颜色为黑白 50%、置于底层,在图片上输入"自我介绍",底下输入日期;

(2)在第 2 张幻灯片中输入艺术字"个人简介",下面可以输入姓名、班级、学号和出生日期等相关信息;

(3)在第 3 张幻灯片中输入"个人爱好",并配以图片与文字,文字与图片分居两边;

(4)设置幻灯片的切换方式(两种以上),并设置放映方式为循环放映。

4. 按要求制作"计算机基础知识"演示幻灯片。

(1)用向导模式创建空白演示文稿,然后在第 2 张和第 3 张幻灯片间插入 1 张新幻灯片,版式为"空白";

(2)在第 1 张幻灯片内插入艺术字,内容为"计算机基础知识";

(3)第 2 张幻灯片的标题为"目录";文本内容为(要求文本内容分行显示,且每行前面有项目符号◆):计算机基础知识,Windows 7 的基本操作,Word 2010 的基本操作,Excel 2010 的基本操作,PowerPoint 2010 的基本操作;

(4)将第 2 张幻灯片的文本内容以行为单位添加动画,方式自选。

5. 按要求制作"计算机基础知识"演示幻灯片。

(1)用 PowerPoint 制作一个含有 3 张幻灯片的演示文稿,第 1 张幻灯片版式为"标题幻灯片",标题为"计算机应用基础"(楷体_GB2312、60 磅、红色),副标题为"主讲人:学生姓名";

(2)第 2 张幻灯片版式为"文本与剪贴画",标题为"计算机的组成",在左侧文本区中输入文字"显示器、主机、键盘、鼠标等",右侧剪贴画自选;

(3)将全部幻灯片的背景设置为"蓝色";

(4)在第 3 张幻灯片里插入"计算机的组成"的组织结构图。

6. 按要求制作放映演示幻灯片。

(1)制作 5 张 PPT,要求包含 3 种版式,文本内容和图片随机添加;

(2)要求放映时,有动画效果:对第 2 张的文本、图片设置动画,文本设置为"旋转"进入,图片设置为"弹跳"进入；

(3)放映时,自定义放映顺序,奇数张先放映,偶数张后放映,按 1,3,5,2,4 顺序；

(4)设置各幻灯片的切换方式。

7. 按要求制作"某某学院"演示幻灯片。

(1)新建一个演示文稿,介绍某某学院的基本情况,内容自定,至少 3 张；

(2)要求设置两种以上幻灯片的切换方式；

(3)要求第 1 张幻灯片上面插入艺术字"某某学院",中间插入一张剪切画,下面写上年月日；

(4)第 2 张幻灯片用文字形式介绍地理位置、环境、师资力量和硬件设施等；

(5)第 3 张用表格的形式给出学院教职工和学生人数。

8. 按要求制作"自我介绍"演示幻灯片。

(1)用 PowerPoint 制作一个含有 4 张幻灯片的演示文稿。第 1 张幻灯片版式为封面,封面标题为"自我介绍",文字分散对齐、"倾斜"、"粗体"、"阴影"；

(2)第 2 张标题输入"个人基本信息",内容：姓名、性别、年龄、联系地址等。第 3 张输入个人经历；

(3)第 4 张幻灯片建立一张表格,用于记录本学期所学课程的课程名称和成绩；

(4)设置放映方式为"循环放映"。

9. 按要求制作"龙腾四海"演示幻灯片。

(1)第 1 张要求：新建演示文稿,采用"空白"版式,主题样式为"沉稳",主题颜色为"龙腾四海",添加该幻灯片切换效果为"百叶窗"、慢速、无声音；添加艺术字动画效果为"飞入"；

(2)第 2 张要求：在合适位置插入一幅自选图形"正五角星",设置填充色为"黄色"。给所有文字设置"飞入"的动画效果,给自选图形设置"向内溶解"的动画效果；

(3)第 3 张要求：幻灯片背景用填充效果为渐变,预设颜色为孔雀开屏,插入超级链接按钮,单击该按钮可以进入第一张幻灯片；

(4)第 4 张要求：插入一个 4 行 5 列的表格,表格样式为中度样式 1—强调 3,设置所有单元格为"居中"；

(5)第 5 张要求：添加标题"美丽的校园",设置字体格式为黑体、32 号字、加粗。幻灯片背景用"填充效果""纹理""花束"。

10. 按要求制作"组织结构图"演示幻灯片。

(1)为演示文稿设计母版,并至少在母版插入一张图片；

(2)将演讲文稿第 1 张幻灯片标题框字体设为宋体、44 号,标题自定；

(3)在第 2 张幻灯片中插入"组织结构图",从上到下、从左到右依次输入"某某学院、计算机系、电子信息系、外语系、经济系、艺术与设计系、机电工程系、管理系"；

(4)创建 7 个空白文稿,分别为计算机系、直至管理系,使当单击"组织结构图"中的 7 个系时可以分别链接到相应文稿,并为每张幻灯片添加链接可以返回到"组织结构图"文稿。

11. 按要求制作"音乐鉴赏"演示幻灯片。

(1)新建一个新幻灯片,版式为"标题幻灯片",在标题栏输入艺术字"音乐鉴赏",艺术字样式自选；

(2)新建第 2 张幻灯片,内容输入 3 句以上歌词,并配有图片,内容自选,将图片样式设置

为"柔化边缘椭圆";

(3)分别为第2张幻灯片的文本和图片设置不同的动画;

(4)在第2张幻灯片插入音频,内容自选;

(5)为幻灯片设置背景颜色为"深蓝",并应用于整个文档。

12. 按要求制作"唐诗"演示幻灯片。

(1)第1张幻灯片的版式为"标题幻灯片",主标题为"唐诗",隶书,字号66,红色,副标题为"李白",隶书,字号40;

(2)在第1张幻灯片插入剪贴画,并将其设置为置于底层,图形大小为:高度10.74cm,宽度15.12cm;

(3)第2张幻灯片版式为"标题和内容"。标题为"静夜思",华文行楷,字号66,紫色,内容为"床前明月光,疑是地上霜。举头望明月,低头思故乡。",华文行楷,字号66,紫色,居中;

(4)将主题设置为"凸显";

(5)将第2张幻灯片的标题动画设置为"进入-缩放",内容动画设置为"进入-轮子"。

13. 按要求制作"互联网的利弊"演示幻灯片。

(1)制作一个至少有3张的幻灯片,第1张幻灯片的版式为"标题幻灯片",主标题为"互联网的利弊"。第2张为互联网的优点,第3张为互联网的不足,具体内容自己编写;

(2)除第1张幻灯片,其他都必须插入页眉和页脚,页脚内容为"互联网";

(3)将幻灯片的背景纹理设置为"沙滩";

(4)为第2张和第3张添加返回按钮,返回到第1张幻灯片;

(5)为每一张幻灯片设置不同的切换效果,并设置为循环放映。

14. 按要求制作"PowerPoint2003应用讲座"演示幻灯片。

(1)第1张幻灯片为"标题"版式,在标题栏中输入"PowerPoint2003应用讲座",在副标题栏中输入"计算机应用培训班"。其中主标题中,英文字体设置为"Times New Roman",中文字体设置为"黑体"加粗,中英文字号大小都为60lb,标题分成中、英文两行;副标题采用44lb,楷体加粗,颜色为红色;

(2)第2张幻灯片为"图片与标题"版式,在图片栏中插入一张图片,在文本栏中输入"图片示例";

(3)对图片设置自定义动画,动画为"形状",效果为"菱形",对文本设置动作为"飞入",方向为"自右侧";

(4)第3张幻灯片为"空白"的新幻灯片,插入如下艺术字:"我心飞翔",样式为"填充-蓝色",字体为加粗、40lb;

(5)将全部幻灯片切换效果设置成"擦除"。

15. 按要求制作"超级链接"演示幻灯片。

(1)创建超级链接。在演示文稿中第1张幻灯片前插入一张幻灯片作首页。幻灯片有4个按钮,依次为简历、高考情况、个人爱好、生源所在地。利用超级链接分别指向下面的4张幻灯片。

(2)设置动作按钮。每张幻灯片都有一个指向第1张幻灯片的动作按钮,这可通过在"幻灯片母版"中加入一个矩形动作按钮,通过设置超级链接返回到幻灯片首页。

第 7 章 常用软件

掌握计算机常用工具软件,可以发挥计算机的潜能,提高工作效率。本章主要介绍常用的音频播放软件、汉化翻译软件、压缩与解压缩软件与下载软件。

知识要点

- 音频播放软件。
- 汉化翻译软件。
- 压缩与解压缩软件。
- 下载软件。

7.1 音频播放软件

目前有很多专门用来播放各种媒体文件的软件,这些软件与 Windows 中内置的播放器相比,支持的音频格式更多、功能更强、播放效果更好。本节就以多米音乐播放器为例,介绍使用音频播放器播放音频文件的方法。

7.1.1 多米音乐播放器概述

多米音乐播放器是一款集本地音乐播放、在线音乐播放、歌曲搜索、歌曲下载、分享音乐到新浪微博、人人网等多功能于一体的完全免费的手机音乐软件,支持多种音乐格式播放(MP3/MP3PRO,ACC/ACC+,M4A/MP4,WMA 等),完美的播放音质、华丽的界面、简洁的操作、个性化的元素以及多米首创的与电脑端多米同步歌曲列表的功能,让用户无论是在家中还是户外,无需数据线,轻松管理和播放音乐,实现好音乐自然来。多米音乐播放器的特点如下:

(1) 多米聚合互联网上数百万高品质的音乐资源,给用户以最高质量的音乐享受。

(2) 基于最先进的 P2P 传输技术,让各种高质量的 MP3、MV 音乐能够准确搜索、极速下载,无需等待,一点即播。

(3) 整合 MP3 音频、MV 视频、歌词、图片等音乐资源,同步歌词滚动显示和拖动定位播放。

(4) 多米提供最方便快捷的音乐管理功能,能一键记录用户所喜欢的音乐,列表管理操作简单、功能强大,同时也可以非常方便地将喜欢的歌曲、视频分享给好友。

(5) 软件精小、操作简洁,占用极少 CPU 与内存资源,优秀的用户体验设计、注重细节,广大用户无需指导即可轻易上手。

7.1.2 多米音乐主窗口

选择"开始"→"所有程序"→"多米音乐"命令,打开其工作窗口,如图 7.1 所示。由图可以看出,多米播放器主要由左、右两个部分组成。左部分是搜索区,右部分是播放列表区。多米播放器工作界面中各组成元素的功能如下:

(1)声音调节杆:单击并拖动滑动条上的滑块,可以调节音量的大小。
(2)"上一首"按钮:单击该按钮,可播放当前正在播放歌曲的上一首歌曲。
(3)"暂停"按钮:单击该按钮,可暂停当前正在播放的歌曲。
(4)"停止"按钮:单击该按钮,可停止当前正在播放的歌曲。
(5)"下一首"按钮:单击该按钮,可播放当前正在播放歌曲的下一首歌曲。
(6)"播放队列"按钮:单击该按钮,用户可以在其中选择过去播放过的歌曲。
(7)"搜索你感兴趣的音乐":用户可以在其中输入想要收听的歌曲名称。
(8)"歌词"按钮:单击主界面右下角"歌词"按钮,可以显示歌词,并且任意拖动歌曲进度条,歌词自动同步当前歌曲播放位置。
(9)"均衡器"按钮:单击该按钮,可以打开"均衡器"窗口,如图 7.2 所示,用户可在均衡器中对多米播放器播放时的音质及音量进行调节。

图 7.1 "多米音乐"主窗口

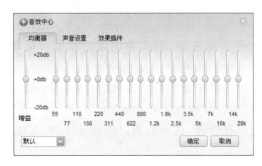

图 7.2 "均衡器"窗口

图 7.3 右击"播放队列"中歌曲后弹出的菜单

第7章 常用软件

(10)"我的音乐云"按钮:若用户有自己的多米播放器账号,用户可以将自己喜爱的歌曲添加到音乐云里面。

(11)单击"播放队列"按钮,底部出现"添加""删除""查找""顺序"4个按钮。右击选取一首歌曲,弹出菜单。如图7.3所示,用户可以下载该歌曲,或者播放该歌曲,也可以给播放队列里的歌曲重新排序。除此之外,用户还可以删除该歌曲,清空播放队列里的歌曲等。

(12)"添加"按钮:用户可以选择在播放队列里添加本地所有的音乐文件。

(13)"查找"按钮:用户可以单击"查找",输入关键字,在播放队列里查找歌曲,如图7.4所示。

(14)"顺序"按钮:用户可以选择播放队列里歌曲的播放模式,如图7.5所示。

(15)"换肤"按钮:在播放器的右上角,单击"换肤"按钮,用户可以自己选择播放器的背景皮肤。

图7.4 "查找"

图7.5 "顺序"播放

7.1.3 多米音乐播放器的基本操作

现在介绍多米音乐播放器使用过程中的基本操作。

1. 播放音乐

多米音乐播放器最主要的功能是播放音乐,在播放队列中选择要播放的音频文件,单击"播放"按钮,即可播放选中的歌曲。在播放的过程中,用户通过单击"上一首"按钮、"暂停"按钮、"下一首"按钮,对播放过程进行控制。除此之外,用户还可根据自己的喜好调节均衡器,调节时只要单击均衡器窗口左下角的"默认"下拉按钮,即可从弹出的下拉菜单中选择合适的均衡器效果,如图7.6所示。

2. 编辑播放队列

多米播放器的播放队列非常地人性化,用户可以通过单击播放队列窗口的按钮来编辑播放队列,在编辑播放队列的过程中可以选择添加"本地音乐文件""本地音乐目录"等选项。用户还可以将播放队列中重复的文件、损坏的文件删除。使用"排序"按钮,可以按歌名、歌手、播放次数、添加时间的顺序进行排序。

3. 歌词秀

当用户开始播放音乐时,可以单击右下角"歌词"按钮,多米播放器便会自动联网查找歌词,且在播放音乐的同时,歌词会随着歌曲同步显示。用户可以自己对歌词进行设置,单击歌词上面的设置按钮,选择歌词显示的颜色,单行、双行与卡拉OK模式等,如图7.7所示。

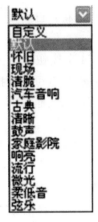 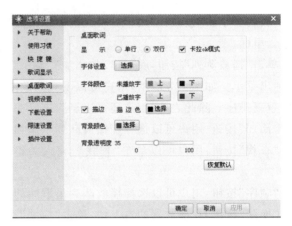

图 7.6 默认　　　　　　　　图 7.7 "歌词按钮"的设置

4．更换皮肤

多米播放器内置了多种不同的播放界面，即通常所说的皮肤，用户可根据个人的喜好选择需要的皮肤。在播放器的右上角单击"换肤"按钮，即可弹出更换皮肤的界面。除了界面上已有的皮肤，用户还可以选择自己喜欢的图片作为背景皮肤，单击界面上的加号，即可从本地选择喜爱的图片，如图 7.8 所示。除了可更换背景皮肤之外，多米播放器还可以更换主题，调整颜色。

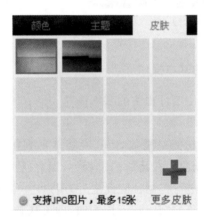

图 7.8 更换"皮肤"

7.2　汉化翻译软件

在浏览网页或阅读英语资料时，经常会碰到不熟悉的单词，此时，用户就可以使用金山词霸查阅该单词的汉语意思，方便阅读。

7.2.1　金山词霸概述

金山词霸的功能如下：

(1)多语言查询。金山词霸除了可以进行简单的英译汉、汉译英之外，还支持更多语言的相互翻译,如日语、汉语、西班牙语、阿拉伯语等。

(2)词典查询。金山词霸的词典查询更加智能化。新增模糊听音查词,即根据相似发音或汉语拼音就可搜索到查询的单词;也能通过模糊的记忆查到单词,若输入的单词不正确,词霸会提供拼写建议,列出不同词典中与输入词最相近的一些词,并提供链接,支持全面互联网搜索。

(3)单词词库。金山词霸有多种单词词库。用户可以根据自己的需求背诵测试单词,从大学英语四、六级到 IBT,GRE 等。

(4)词霸朗读。金山词霸支持中、英文单词及短语的真人发音,发音标准。

(5)生词本。用户在背诵单词时,遇见自己不会的单词或者生词,可以将其加入自己的生词本中,以便之后拿出来背诵。

(6)老词新背。金山词霸采用构词法背单词,按照记忆曲线科学背诵。

7.2.2 金山词霸主窗口

选择"开始"→"所有程序"→"金山词霸"命令,将打开"金山词霸"主窗口,如图 7.9 所示,该界面主要由输入栏、工具栏、目录栏和显示窗格组成。

图 7.9 "金山词霸"主窗口

1.输入栏

输入栏用于输入要查找的中/英文单词或词汇。当输入完要查找的单词后,单击"查一下"按钮,将在显示窗格中显示解释的全部内容。

2.工具栏

工具栏包括一些控制按钮,单击这些按钮可以获取帮助,查找前一个或后一个单词,或是选择是词典、翻译还是句库。

3.目录栏

单击目录栏里的选项选择该单词的扩展。

4. 显示窗格

显示窗格主要用于显示查询结果。该窗格的上方有"显示/隐藏目录栏"按钮、"添加生词本"按钮、"英式与美式发音"按钮、"语法信息"按钮、"划译"按钮、"取词"按钮等,单击各按钮可完成相应的操作。

7.2.3 翻译单词

使用金山词霸进行中/英文查询的具体操作步骤如下:

(1) 在输入栏中输入要查询的中/英文单词或词汇,如输入"can"。

(2) 输完后单击"查一下"按钮,或者按"回车"键,将在显示窗格中显示查询结果,如图 7.10 所示。

(3) 如果用户要知道该单词的发音,可单击单词下"喇叭"图标(用户可自行选择英式发音或美式发音),即可读出将该单词发音。

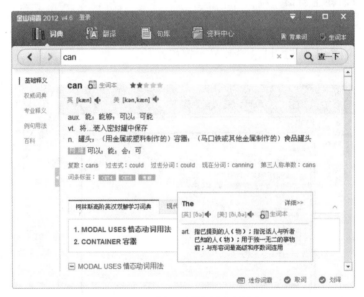

图 7.10 "金山词霸"翻译单词

7.3 压缩与解压缩软件

为了节约磁盘空间,出现了压缩软件 WinRAR。WinRAR 是一款功能强大的压缩包管理器,该软件可用于备份数据,缩减文件的大小;解压缩 RAR,ZIP 及其他类型格式文件,并且可以新建 RAR 及 ZIP 等格式的压缩类文件。

7.3.1 WinRAR 概述

(1) 强大的压缩与解压缩功能。WinRAR 完全支持 RAR 及 ZIP 压缩包,并且可以解压缩 CAB,ARJ,LZH,TAR,GZ,ACE,UUE,BZ2,JAR,ISO,Z,7Z,RAR5 格式的压缩包。

(2) "最快"RAR 压缩方式比以前更快。WinRAR 在 DOS 时代就一直具备这种优势,经过多次试验证明,WinRAR 的 RAR 格式一般要比其他的 ZIP 格式高出 10%～30%的压缩率,尤其是它还提供了可选择的、针对多媒体数据的压缩算法。

(3)可以解压缩 ZIP 压缩文件。WinRAR 可以对使用"增强压缩"模式创建的 ZIP 压缩文件进行解压缩。

(4)防止人为操作失误。WinRAR 可防止人为的添加、删除等操作,保持压缩包的原始状态。

(5)有效的病毒保护功能。WinRAR 软件提供的病毒保护功能,可以有效地防止解压有潜在危险的文件,如.EXE,SCR 和.PIF 等;选择病毒扫描软件可扫描压缩文件内病毒。

7.3.2 压缩文件

使用 WinRAR 压缩文件与压缩文件夹的方法相同,下面以压缩文件夹为例进行介绍。其具体操作步骤如下:

(1)在 WinRAR 界面的文件列表中选择要压缩的文件夹,如图 7.11 所示。

图 7.11　WinRAR 界面

(2)单击工具栏中的"添加"按钮,弹出"压缩文件名和参数"对话框,如图 7.12 所示。

(3)在"压缩文件名"下拉列表框中输入压缩文件的名称,也可单击"浏览"按钮,在弹出的"查找压缩文件"对话框中选择路径,如图 7.13 所示。

(4)在"压缩文件名和参数"对话框中的"更新方式"下拉列表中选择更新方式;在"压缩选项"选项组中选中"添加恢复记录(E)"和"测试压缩的文件(T)"复选框;在"压缩文件格式"选项区中选中"RAR"单选按钮;在"压缩方式"下拉列表中选中压缩文件的方式。

计算机应用基础

图 7.12 设置压缩文件参数

图 7.13 查找压缩文件

(5)设置完成后,单击"确定"按钮,打开压缩文件夹界面,在该界面中显示了文件夹压缩的进度,如图 7.14 所示。

(6)文件压缩完成后,将在 WinRAR 界面的文件列表中显示创建的压缩文件,如图 7.15 所示。

图 7.14 压缩文件进度

图 7.15 查看压缩文件

7.3.3 创建分卷压缩文件

有时用户可能需要使用网络将压缩文件传递给其他用户,如果该压缩文件太大就会受到限制。这往往会对用户造成困扰。用户可以将创建的文件分为几个小的压缩文件,然后再发送给其他用户。我们将其称为分卷压缩,分卷压缩的具体操作步骤如下:

(1)要在磁盘中找到要进行压缩的文件,并且将其全部放在一个文件夹中。

(2)用鼠标右键单击该文件,在弹出的快捷菜单中单击"添加到压缩文件(A)"按钮,这时会弹出"压缩文件名和参数"对话框。

(3)在"切分为分卷(V),大小"栏的下拉列表框中输入分卷的大小,如 5MB,那么就会以 5MB 大小进行分卷压缩。

(4)设置完成后,单击"确定"按钮,就可以开始压缩了,生成 5MB 大小的压缩文件,WinRAR 会自行以 XX.part1,XX.part2 等命名生成的压缩文件。

7.3.4 解压缩文件

既然有压缩文件,那么就需要解压缩文件,以查看其中的内容。解压缩文件一般有以下两种方法:

1. 快速解压缩

在需要解压缩的文件上单击鼠标右键,从弹出的列表中单击"解压到当前文件夹(X)"按钮,就可以开始解压缩文件。解压缩完成后,将创建一个与压缩文件同命名的文件来存放解压缩后的文件。

2. 指定存放位置解压缩

指定存放位置解压缩是将文件解压到当前压缩文件的位置。具体操作步骤如下:

(1) 打开"WinRAR"窗口,在文件列表中选择要解压缩的文件。

(2) 在工具栏中单击"解压到"按钮,弹出"解压路径和选项"对话框,如图 7.16 所示。

(3) 在该对话框中的"目标路径"下拉列表中选择存放解压文件夹的路径;在"更新方式"选区中选中"解压并替换文件(R)"单选按钮;在"覆盖方式"选区中选中"覆盖前询问(K)"单选按钮。

(4) 设置完成后,单击"确定"按钮,就可以开始解压缩文件了,同时并弹出"解压缩进度条"对话框,如图 7.17 所示。

(5) 解压缩完成后,打开存放在解压缩文件的文件夹,就可以看到解压缩后的文件。

图 7.16 "解压路径和选项"对话框

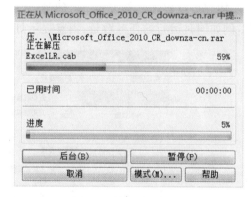

图 7.17 解压缩文件进度

7.4 下 载 软 件

有时我们需要从互联网上下载所需要的软件与文件资料。下面以迅雷为例,介绍下载软件的使用方法与技巧。

7.4.1 迅雷软件概述

1. 多资源超线程

迅雷拥有多资源超线程技术,可以显著地提升下载速度。

2. 智能磁盘缓存

迅雷拥有智能磁盘缓存技术,有效防止了高速下载时对硬盘的损伤,使用户不必担心下载速度过大时对硬盘的损伤。

3. 病毒保护

迅雷拥有病毒保护功能,可以和杀毒软件配合使用,保证下载文件的安全性,以免造成病毒对电脑文件的损坏。

4. 任务管理器

迅雷拥有强大的任务管理器,能够把不同状态的任务进行分类,以免造成当下载任务过多时引起任务列表杂乱的问题。

5. 错误诊断

迅雷拥有错误诊断功能,可以帮助用户解决下载失败的问题。

6. 信息提示

迅雷拥有智能的信息提示功能,用户可根据提示的信息进行操作,不会出现用户不会操作而无法下载的现象。

7. 智能操作

迅雷智能的操作会给用户带来更多的便捷。例如,用户可以单击迅雷主界面右上角的"打开文件热键"按钮,设置下载完成后电脑处于关机、待机或关闭迅雷状态。

8. 设置

用户可以单击迅雷主界面上的"常规设置"按钮,根据自己的需求进行设置,如图7.18所示,例如同时运行的任务数量、消息提示灯等。

图 7.18 迅雷"系统设置"对话框

7.4.2 下载文件

单击"开始"→"所有程序"→"启动迅雷5"命令,打开"迅雷"对话框,如图7.19所示。

(1)首先要确定下载文件,复制链接,然后打开迅雷软件,单击工具栏里的"新建"按钮,如

图7.20所示。或者右键单击所要下载的文件,选择"使用迅雷下载",如图7.21所示。

(2)单击"新建任务"对话框右下角的"文件夹"按钮,选择下载路径,如图7.22所示。

(3)设置完路径之后,单击"新建任务"对话框右下角的"立即下载"按钮。当下载完成之后,电脑屏幕右下方会出现下载完成的提示,如图7.23所示。

图7.19 "迅雷"对话框

图7.20 迅雷"新建任务"对话框

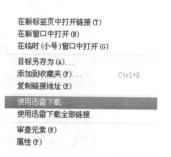

图7.21 使用迅雷下载

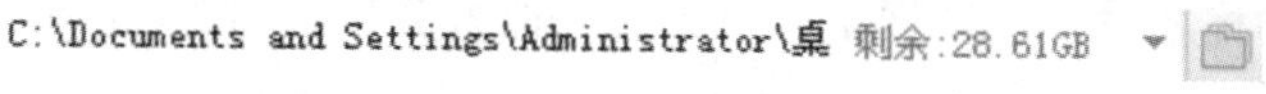

图7.22 设置下载路径

图 7.23　迅雷下载完成提示框

7.5　实训内容

实训 1　音频播放软件的应用

1．实验内容
(1)在线搜索播放歌曲。
(2)将搜索的歌曲下载到本地。
2．实训环境准备
(1)计算机可以正常上网。
(2)计算机需要安装"多米音乐"音频软件。
3．实验步骤
(1)首先在"开始"菜单里打开音频播放器"多米音乐"。
(2)打开"多米音乐"之后,在搜索栏里输入要听的歌曲的名称,如"南山南",如图 7.24 所示。

图 7.24　搜索歌曲

(3)输入歌曲名称之后,单击"搜索",有关的歌曲就会显示出来,选择自己想听的歌曲并双击,歌曲就会播放,如图 7.25 所示。

第7章 常用软件

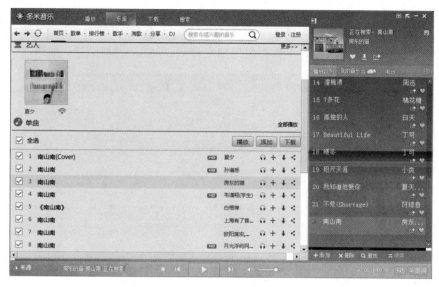

图 7.25　歌曲搜索显示

(4)单击播放列表上面的 图标,如图 7.26 所示。或者直接在播放列表上选择要下载的歌曲,单击右键,在弹出的菜单中选择"下载歌曲",如图 7.27 所示。

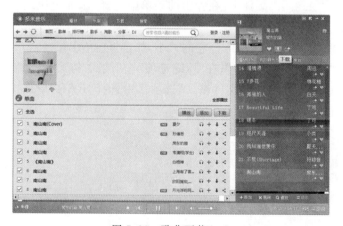

图 7.26　歌曲下载(一)

图 7.27　歌曲下载(二)

实训 2　文件的压缩与解压缩

1. 实验内容

(1)压缩一个内容大于 100MB 的文件。
(2)分卷压缩一个内容大于 100MB 的文件。
(3)将压缩的文件进行解压缩。

2. 实训环境准备

(1)计算机已经安装 WinRAR 压缩软件。
(2)需要准备至少大于 100MB 的文件。

3. 实验步骤

(1)文件的压缩。右击选择需要压缩的文件夹,如"王东岳"文件夹,在弹出的菜单中选择"添加至'王东岳.rar'(T)",弹出"正在创建压缩文件 王东岳.rar"对话框,如图 7.28 所示。

图 7.28 "正在创建压缩文件 王东岳.rar"对话框

(2)分卷压缩文件。

1)右击选择需要压缩的文件夹,如"王东岳"文件夹,在弹出的菜单中选择"添加至压缩文件(T)",弹出"压缩文件文件名和参数"对话框。

2)在"切分为分卷(V),大小"栏的下拉列表框中输入分卷的大小,如选择 50MB。

3)在"更新方式"下拉列表中选择"添加并替换文件";在"压缩选项"选项组中勾选"添加恢复记录(E)"和"测试压缩的文件(T)"复选框;在"压缩文件格式"选项区中选择"RAR"单选按钮;在"压缩方式"下拉列表中选择"标准",如图 7.29 所示。

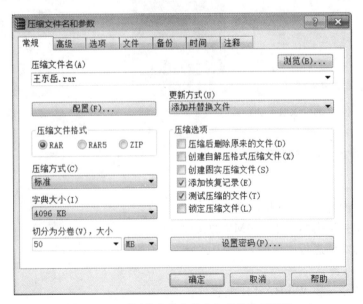

图 7.29 "压缩文件文件名和参数"对话框

4)设置完成后,单击"确定"按钮,文件就会进行分卷压缩了。本例压缩出来的文件是以 50MB 为单位的分卷压缩,共有 2 个压缩包,分别是王东岳.part1.rar 和王东岳.part2.rar。

(3)解压缩文件。

方法一:右击选择需要解压缩的文件,如"王东岳.rar"压缩文件,在弹出的菜单中选择"解压至当前文件夹(X)",弹出"正在从 王东岳.rar 中提取"对话框,如图 7.30 所示。

方法二:1)右击选择需要解压缩的文件,如"王东岳.rar"压缩文件,在弹出的菜单中选择"解压文件(A)",弹出"解压路径和选项"对话框,如图 7.31 所示。

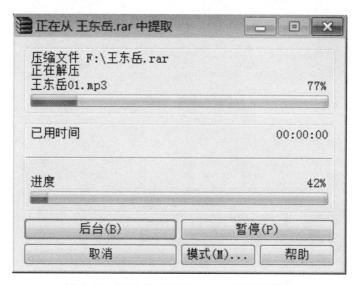

图 7.30 "正在从 王东岳.rar 中提取"对话框

图 7.31 "解压缩路径和选项"对话框

2)在右侧对话框中的目标路径选择 F 盘;在"更新方式"选区中选择"解压并替换文件(R)"单选按钮;在"覆盖方式"选区中选择"跳过已经存在的文件(S)"单选按钮;在"其他"选区中选择"在资源管理器中显示文件(X)"复选框。

3)设置完成后,单击"确定"按钮,就可以开始解压缩文件了,同时并弹出"正在从 王东岳.rar 中提取"对话框。

4)解压缩完成后,打开存放在解压缩文件的文件夹,就可以看到解压缩后的文件。

参 考 文 献

[1] 卞诚君.完全掌握 Office 2010 高效办公超级手册[M].北京:机械工业出版社,2011.

[2] 神龙工作室,王作鹏,殷慧文,Word/Excel/PPT——2010 办公应用从入门到精通[M].北京:人民邮电出版社,2013.

[3] 王永祥,延丽平,谭咏梅.计算机应用基础项目教程——Windows 7＋Office 2010[M].北京:科学出版社,2013.

[4] 孟强,张娟.中文版 Office 2010 实用教程[M].北京:清华大学出版社,2013.

[5] 文杰书院.电脑基础入门教程(Windows 7＋Office 2010 版)[M].修订版.北京:清华大学出版社,2014.

[6] 吴华,兰星 等.Office 2010 办公软件应用标准教程(配光盘)[M].北京:清华大学出版社,2012.

[7] 卢湘鸿.计算机应用教程(Windows 7 与 Office 2010 环境)[M].8 版.北京:清华大学出版社,2014.

[8] 张海波.精通 Office 2010 中文版[M].北京:清华大学出版社,2012.